Ingrid Stephan



# Büroprozesse in der Übungsfirma

2. Auflage



Bestellnummer 43000

Bildungsverlag EINS

Haben Sie Anregungen oder Kritikpunkte zu diesem Produkt?
Dann senden Sie eine E-Mail an 43000_002@bv-1.de
Autoren und Verlag freuen sich auf Ihre Rückmeldung.

***Erklärung der Symbole***

*Zu den nebenstehenden Sachinformationen finden Sie im zugehörigen Arbeitsbuch ein oder mehrere Arbeitsblätter.*

*Unter den angegebenen Internetadressen finden Sie nützliche Informationen zum Thema.*

*Zur Vertiefung der nebenstehenden Sachinformationen finden Sie unter BuchPlusWeb Prozesse, Teilprozesse, Arbeitsabläufe und komplexe Handlungssituationen.*

*Die in diesem Werk aufgeführten Internetadressen sind auf dem Stand der Drucklegung Anfang 2011. Die ständige Aktualität der Adressen kann vonseiten des Verlags nicht gewährleistet werden. Darüber hinaus übernimmt der Verlag keine Verantwortung für die Inhalte dieser Seiten.*

**www.bildungsverlag1.de**

Bildungsverlag EINS GmbH
Hansestraße 115, 51149 Köln

ISBN 978-3-427-**43000**-1

# Vorwort

Die Neubearbeitung dieses Buches in der 2. Auflage wurde durch zahlreiche Neuerungen in vielen Bereichen der Büroorganisation erforderlich. Außerdem wurde in jedem Kapitel ein typischer Büroprozess in einem Ablaufdiagramm dargestellt, um die Lernenden für die standardisierten Arbeitsabläufe im Büro und deren kontinuierliche Verbesserung zu sensibilisieren.

In vielen Unternehmen und beruflichen Schulen gibt es Übungsfirmen, die den Auszubildenden bzw. den Schülerinnen und Schülern helfen, möglichst realitätsnah die Arbeit im kaufmännischen Bereich eines Unternehmens kennenzulernen.

Das vorliegende Buch ist so konzipiert, dass die Schülerinnen und Schüler Schritt für Schritt ihre Kompetenzen auf ein anspruchsvolles und praxisgerechtes Niveau anheben können. Dabei steht prozessorientiertes und qualitätsbewusstes Arbeiten im Vordergrund.

Inzwischen haben viele Unternehmen Maßnahmen getroffen, um die Qualität der Büroarbeit zu sichern und ständig zu verbessern. Das Ergebnis ist bekannt: Mit der Zufriedenheit der Mitarbeiter erhöht sich die Produktivität. Schon kleine Veränderungen führen zu einer erheblichen Qualitätsverbesserung. Dem wurde durch die Aufnahme der Q-Tipps (Qualitäts-Tipps) in das Lehrbuch Rechnung getragen. Die Schülerinnen und Schüler werden für einen kontinuierlichen Verbesserungsprozess im Büro sensibilisiert, indem sie Einblick in die Verzahnung der Büroprozesse mit den Geschäftsprozessen bekommen, die es laufend anzupassen gilt.

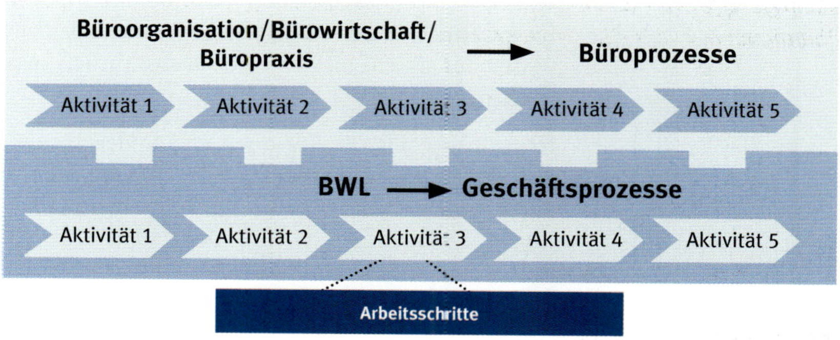


Anhand von typischen Kernprozessen im Bürobereich werden die Inhalte realitätsnah und lernfeldorientiert vorgestellt und bearbeitet. Unterschiedliches Vorwissen der Lernenden wird durch Maßnahmen zur Binnendifferenzierung methodisch aufgefangen.

Jedem Lernfeld ist ein Organizer als Einstiegsseite vorangestellt, die Kapitel beginnen jeweils mit einer Einstiegssituatiton mit Fallbeispielen. Diese einleitenden Organisations- und Lernhilfen verdeutlichen durch Grafiken und kurze Texte die jeweiligen Lerninhalte und deren Vernetzung. Die zugrunde liegende gedankliche Struktur macht durch Aktivierung des vorhandenen Wissens die Lerninhalte eingängiger und verknüpft das hinzukommende

Fachwissen untereinander und mit dem bereits Erlernten und erleichtert somit den Lernprozess.

**Web-based Training – „BuchPlusWeb"**

Die Arbeit im Büro ist stark geprägt durch Büroprozesse. Diese internen Prozesse unterstützen die Geschäftsprozesse. Dabei sind Anfang und Ende klar definiert. Der jeweilige Büroprozess läuft nach bestimmten Mustern oder Regeln ab (standardisierte Arbeitsabläufe). Diese werden den Veränderungen im Arbeitsprozess ständig angepasst, sodass ein kontinuierlicher Verbesserungsprozess entsteht.

Die Tätigkeiten im Büro- und Verwaltungsbereich fordern von den zukünftigen Mitarbeiterinnen und Mitarbeitern ein hohes Maß an Selbstständigkeit und eigenverantwortlichem Handeln. Im buchbegleitenden Web-based Training (WBT) – folgend als „BuchPlusWeb" bezeichnet – werden die angehenden Bürofachkräfte prozessorientiert auf ihre zukünftigen Aufgaben vorbereitet.

Die Inhalte des „BuchPlusWeb" sind integrativer Bestandteil dieses Lehrbuches. Die Schülerinnen und Schüler lernen anhand eines Modellunternehmens in typischen Handlungssituationen die grundlegenden Büroprozesse in einem Unternehmen kennen. In komplexen Aufgabenstellungen setzen sie sich mit den typischen Arbeitsabläufen auseinander und verbreitern und festigen ihr Fachwissen. Sie entwickeln selbstständig und mithilfe von multimedialen Methoden (z.B. Wikis, Bürotagebuch) Lösungsmöglichkeiten und vertiefen ihr Wissen.

Im Lehrbuch finden Sie in jedem Kapitel beispielhafte Teilprozesse mit Hinweisen auf „BuchPlusWeb", wo sie ausführlich zusammenhängend dargestellt werden.

Ich wünsche allen Kolleginnen und Kollegen sowie Schülerinnen und Schülern viel Freude und Erfolg mit diesem Lehrbuch.

Ingrid Stephan

# Inhalt

# 1 Arbeitswelt »Büro«

## Unternehmensidentität

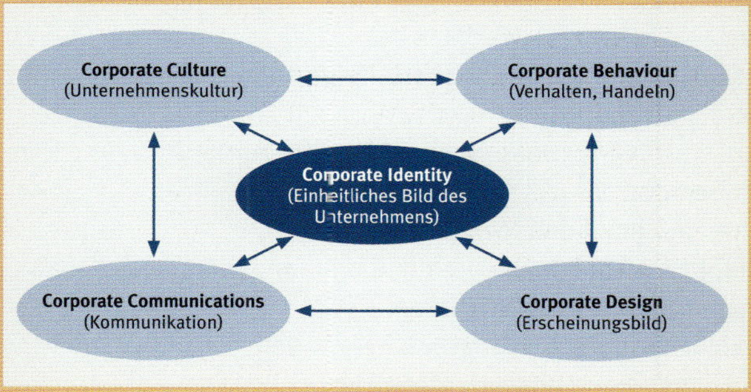


## Personale Voraussetzungen

**Hard und Soft Skills**

**Handlungskompetenz**

**Richtlinien für die Gestaltung von Arbeitsplätzen**

- Arbeitsschutzgesetz
- Bildschirmrichtlinie
- Bildschirmarbeitsverordnung
- Unfallverhütungsvorschriften
- DIN- und DIN EN-Normen
- ...

**Arbeitsumgebung**

- Raumluft und -klima
- Arbeitsplatzbeleuchtung
- Lärm
- Farbgestaltung
- Pflanzen
- Strahlungen

**Büroraumplanung**

- Einpersonenbüro
- Mehrpersonenbüro
- Großraumbüro
- Kombibüro
- Bench-Arbeitsplatz

**Bildschirmarbeitsplatz**

- Bürodrehstuhl
- Arbeitstisch
- Bildschirm

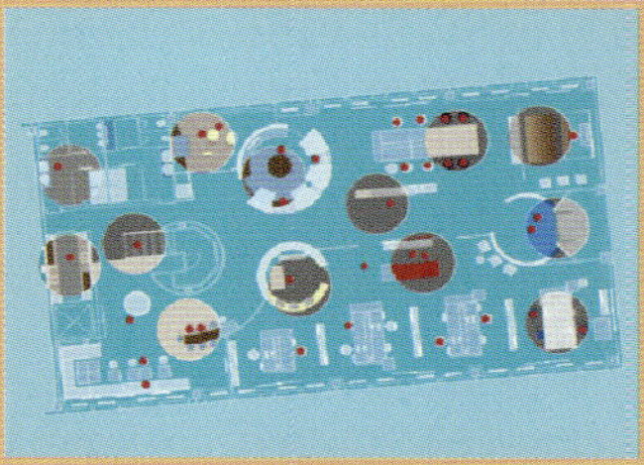

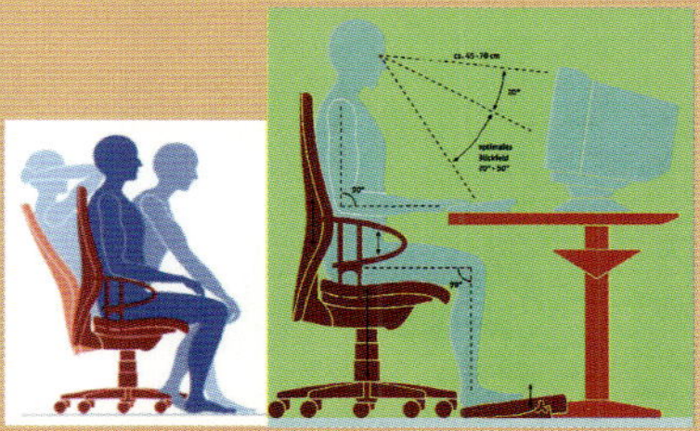

1

*Lernziele*

- Die Bedeutung der Corporate Identity für das Unternehmen und seine Mitarbeiter verstehen.
- Sich den Anforderungen im Büro bewusst sein und sich entsprechende Verhaltensweisen aneignen.
- Die Bedeutung der Ergonomie und Anthropometrie für die Gestaltung des Büroarbeitsplatzes verstehen.
- Die Voraussetzungen für Gesundheit und Sicherheit am Bildschirmarbeitsplatz kennen.
- Die vorhandene Büroausstattung ergonomisch und flexibel zur Bewältigung konkreter beruflicher Aufgaben nutzen.
- Einflüsse der Arbeitsumgebung auf den Menschen bewerten.
- Belastungen am Arbeitsplatz erkennen und richtig damit umgehen.
- Gesundheitsvorsorge am Arbeitsplatz praktizieren.
- Die Bedeutung der Flexibilisierung der Büroarbeit begründen.
- Büroprozesse erkennen, verstehen und weiterentwickeln.
- Über aktuelle Entwicklungen und Visionen Bescheid wissen.

## 1.1 Unternehmensidentität

*Fallbeispiel*

Die Mode | Idee GmbH ist ein Großhandelsunternehmen, das überwiegend Damen- und Herrenmode in seinem Sortiment führt. Die Qualität der Konfektionen ist hochwertig, der Preis angemessen. Auf dem Markt können sich die Produkte gegenüber anderen Marken jedoch nur begrenzt durchsetzen. In einem Workshop soll nach den Ursachen geforscht werden. Als Ergebnis – aus vielen Verbesserungsvorschlägen – wurde das Ziel gesetzt, dem Unternehmen eine eindeutige Identität zu geben.

Die Unternehmensidentität (Corporate Identity) zählt zu den am häufigsten genannten Begriffen in der Arbeitswelt. Damit ist das einheitliche Eigenbild eines Unternehmens gemeint. Es umfasst die gesamte Selbstdarstellung nach außen und innen. Das Erscheinungsbild, das Verhalten und die Kommunikation gegenüber der Öffentlichkeit sind formal und inhaltlich so abzustimmen, dass das Unternehmen möglichst klar, einheitlich und sympathisch dargestellt wird. Die Bekanntheit und Akzeptanz einer Firma und ihrer Produkte soll dadurch erhöht werden.

### 1.1.1 Corporate Culture

Unter Unternehmenskultur ist die Art der internen und externen Kommunikation zu verstehen. Sie besteht aus Werten, Normen und Verhaltensweisen, die auf verschiedene Arten ausgedrückt werden: Beziehungen, Kommunikation, einheitliches Auftreten.

### 1.1.2 Corporate Behaviour

Corporate Behaviour ist die Arbeitsweise und das Verhalten eines Unternehmens nach innen (gegenüber Mitarbeitern) und außen (gegenüber Kunden und der Öffentlichkeit). Dazu gehören auch ethische Regeln des Verhaltens.

1

Teilbereiche der Corporate Identity

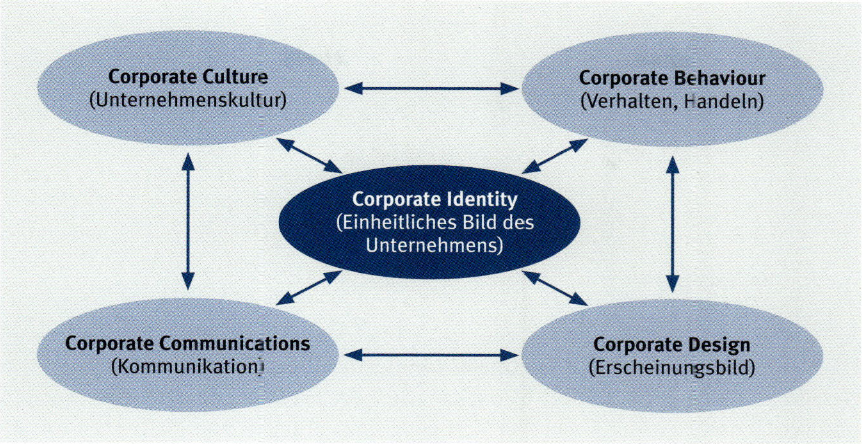


### 1.1.3 Corporate Communications

Corporate Communications ist die Zusammenfassung aller Kommunikationsbereiche. Mithilfe der Kommunikationsstrategie werden Inhalte von Identität, Kultur, Sprache und Design gebündelt und aufeinander abgestimmt. Zu den Kommunikationsmitteln zählen beispielsweise alle Printmedien und audio-visuelle Medien sowie der gezielte Einsatz von Kleidung und Werbung.

### 1.1.4 Corporate Design

Mit dem Corporate Design ist der sichtbare Teil eines Unternehmens als Ausdruck und Bestandteil der Corporate Identity gemeint. Es ist das visuelle Erscheinungsbild, das auch sinnlich (Sehen, Hören, Fühlen usw.) wahrgenommen wird. Die Verwendung formaler Gestaltungskonstanten (z. B. Logo, Typografie, Farbe) auf Briefbögen, bei Produktgestaltung und Verpackung erzeugt ein einprägsames Bild.

*Arbeitsblatt 1*
*Wir lernen unsere Patenfirma kennen*

Durch das Corporate Design gewinnt ein Unternehmen ein klares Profil nach außen.

## 1.2 Personale Anforderungen

*Fallbeispiel*

Susanne Maier besucht das Berufskolleg an der Kaufmännischen Schule Stuttgart, sie ist gut befreundet mit Kathrin Müller, die eine Ausbildung zur Bürokauffrau in der Mode | Idee GmbH macht. Die MODE-CONNECTION GmbH ist Patenfirma der Übungsfirma Mode | Idee GmbH. Susanne arbeitet sehr gerne in der Übungsfirma und hat dort viele Büroprozesse kennengelernt. Deshalb möchte sie nach dem Abschluss des Berufskollegs bei der Firma Mode | Idee GmbH eine kaufmännische Ausbildung machen. Nach Gesprächen mit Firmenangehörigen, ihren Eltern und Lehrern ist sie davon überzeugt, dass sie den Anforderungen in einem kaufmännischen Beruf gerecht wird.

1

## 1.2.1 Soft Skills und Hard Skills

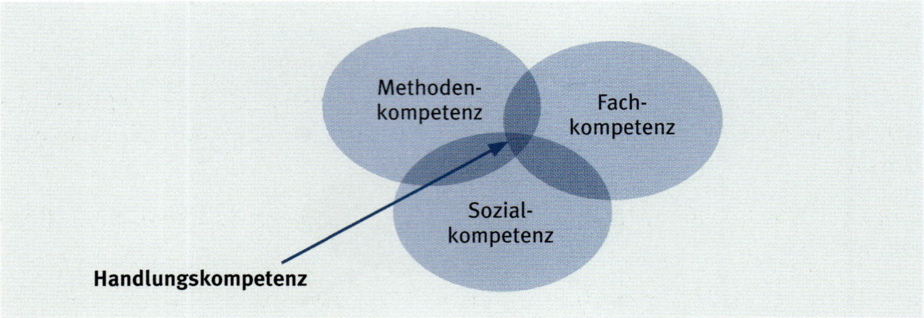


*Arbeitsblatt 2*
*Personale Anforderungen*

Die rasante Zunahme und der schnelle Wandel des Wissens in allen Bereichen von Gesellschaft, Wissenschaft und Technik machen die Fähigkeit des problemlösenden und vernetzten Denkens sowie wertbezogene Einstellungen und Haltungen unverzichtbar. Neben der Fachkompetenz gewinnen deshalb die Methoden- und Sozialkompetenz – auch Soft Skills genannt – zunehmend an Bedeutung. Diese drei Elemente ergänzen und bedingen sich zu umfassender Handlungskompetenz. Durch eine entsprechende Schulbildung, aber auch durch ständige Fortbildung im späteren Berufsleben wird die Handlungskompetenz des Einzelnen gefördert und gefestigt.

| Fachkompetenz | Methodenkompetenz | Sozialkompetenz |
|---|---|---|
| **= Hard Skills**<br>Fachkenntnisse, die während eines Studiums oder einer beruflichen Ausbildung erworben und in der Regel durch Prüfungen nachgewiesen werden. | Fähigkeiten wie selbstständiges Lernen, selbstständiges Planen und Beherrschung von Methoden zur Problemlösung u. Ä. m. | In einer Gruppe arbeiten und dabei seine Persönlichkeit entfalten. Sich einordnen können, Anerkennung der Leistung anderer u. Ä. m. |
| | **= Soft Skills**<br>alle Eigenschaften, die über die fachliche Qualifikation hinausgehen und die Persönlichkeit prägen, z. B. | |
| • Fachwissen<br>• Sprachkenntnisse<br>• Auslandserfahrung<br>• Praxiserfahrung<br>• PC-Kenntnisse | • Leistungsbereitschaft<br>• Ausdauer<br>• Konzentrationsfähigkeit<br>• Konfliktfähigkeit<br>• Kritikfähigkeit | • Teamfähigkeit<br>• Kreativität<br>• Kontaktstärke<br>• Lernbereitschaft<br>• Reflexionsbereitschaft |

Tipp

Die **Zusammenarbeit im Team** verbessert sich durch **Standards** und **klare Absprachen.**

Ein **Standard** beschreibt, wie man auf einfache Art und Weise etwas erledigt. Standards müssen von allen Mitarbeitern akzeptiert werden. Nur so kann verhindert werden, dass Fehler wiederholt auftreten. Standards sichern also den Stand einer erreichten Verbesserung ab.

### 1.2.2 Umgangsformen

Die Umgangsformen sind vom **Corporate Behaviour** abzuleiten.

#### Höflichkeit am Arbeitsplatz

Neben der **Höflichkeit** sind **Selbstbeherrschung, Hilfsbereitschaft** und **Toleranz** wünschenswerte Eigenschaften, die zu einem möglichst reibungslosen Miteinander beitragen.

**Folgende Regeln helfen, dem Ziel – optimales Verhalten am Arbeitsplatz – näherzukommen:**

- Zeigen Sie **Hilfsbereitschaft** und lassen Sie sich nicht um jede Gefälligkeit bitten!
- Seien Sie **pünktlich** und **zuverlässig!**
- Bringen Sie Ihren Kollegen und Mitmenschen **Toleranz** entgegen!
- Zeigen Sie Ihren Kollegen gegenüber **Kooperationsbereitschaft!**
- Vermeiden Sie es, mit Ihren Kenntnissen **zu prahlen!**
- Spielen Sie sich **nicht** in den Vordergrund!
- Machen Sie **keine sarkastischen Bemerkungen!**
- Tratschen Sie **nicht** über andere!
- Versuchen Sie immer das Positive hervorzuheben und **Negatives** aufzufangen!
- Machen Sie sich **nicht** über andere lustig!

#### Begrüßung – Bekanntmachung – Empfang – Verabschiedung

- **Wer reicht wem die Hand?**

Wer in der Betriebshierarchie den höheren Rang einnimmt, reicht – unabhängig von Geschlecht und Alter – als Erster die Hand. Ein Auszubildender sollte *nicht* dem Chef als Erster die Hand hinstrecken, sondern abwarten, ob der Chef einen Handschlag überhaupt wünscht. Der Händedruck darf *nicht* zu **stark** und *nicht* zu **schlaff** sein.

- **Wie wird bekannt gemacht?**

Stellt sich jemand selbst vor, so kann er dazu verschiedene Formen benutzen:

BEISPIEL:

| Falsch | Richtig |
|---|---|
| **Eine Frau/ein Mann stellt sich vor** | |
| Guten Tag, ich bin **Frau/Herr Schmidt.**<br>Ich heiße **Frau/Herr Schmidt.**<br>Ich bin **Frau/Herr Schmidt.** | Guten Tag, mein Name ist **Julian(e) Schmidt.**<br>Mein Name ist **Julian(e) Schmidt.**<br>Ich bin **Julian(e) Schmidt.** |

***Sie wollen eine andere Person jemandem vorstellen:***
*Ich möchte Sie mit Juliane Schmidt bekannt machen.*

***Die korrekte Antwort ist:***
*Guten Tag, Frau Schmidt. Oder:*
*Guten Tag, Frau Schmidt. Schön, dass wir uns jetzt auch persönlich kennenlernen.*

Bei Namensgleichheit in einer Abteilung oder Firma ist es zweckmäßig, sich immer mit **Vor- und Zunamen** vorzustellen. Titel werden bei der Selbstvorstellung üblicherweise nicht genannt.

1

BEISPIEL:
*„Ich bin Juliane Hofmann, die Stellvertreterin von Frank Maier-Schulze."*

Beim Bekanntmachen durch Dritte ist im Berufsleben die Hierarchiestufe entscheidend. So wird immer derjenige, der auf der Betriebsleiter eine Stufe höher steht, der anderen Person vorgestellt. Titel oder kurze Zusatzinformationen zum Namen, die sich auf die berufliche Position beziehen, werden mitgenannt. Doppelnamen dürfen nicht abgekürzt werden.

- **Wie hält man es mit dem Aufstehen bei der Begrüßung?**

Wenn eine moderne Frau zur Begrüßung einer Person aufstehen möchte, so bekundet sie damit Respekt. Die althergebrachte Regel, dass eine Frau bei einer Begrüßung grundsätzlich sitzen bleibt, hat heute keinen Bestand mehr – zeitgemäßer ist es, zur Begrüßung immer aufzustehen.

- **Wie wird gegrüßt?**

Grundsätzlich grüßt immer derjenige zuerst, der einen Raum betritt. Ob aus dem Gruß eine Begrüßung mit Handschlag wird, hängt oft von den Gepflogenheiten am jeweiligen Arbeitsplatz ab. In einem Großraumbüro kann eine allmorgendliche Begrüßung mit Handschlag durchaus unangebracht sein. Hat man dagegen einen Mitarbeiter längere Zeit nicht gesehen oder verabschiedet sich ein Mitarbeiter für längere Zeit, weil er Urlaub macht, dann kann die Begrüßung oder Verabschiedung auch mit Handschlag erfolgen.

## Gespräche

- **Distanzzonen**

Im Gespräch mit dem Chef, Arbeitskollegen und Kunden wird unbewusst ein mehr oder weniger großer Abstand eingehalten. Die Verhaltenswissenschaftler sprechen von Distanzzonen, die in vier Kategorien eingeteilt werden:

1. **Intime Zone:** Sie reicht vom direkten Körperkontakt bis hin zu 50 cm Abstand. Diese Distanzzone bleibt nur sehr vertrauten Personen vorbehalten, sie ist im Berufsleben mit größter Vorsicht zu behandeln.
2. **Persönliche Zone:** Sie reicht von 50 cm bis zu 1 m und ist der Abstand, der bei einer Begrüßung eingehalten wird (2-mal die Armlänge).
3. **Gesellschaftliche Distanzzone:** Die dritte Zone beträgt etwa ein bis zwei Meter oder etwas mehr. Dieser Abstand kann durch einen Tresen oder Schreibtisch verstärkt werden. Man bezeichnet sie deshalb auch als Distanzvergrößerer. Will man seinem Gesprächspartner näherkommen, steht man zur Begrüßung auf und geht um den Schreibtisch herum. Dies hilft, eine entspannte Gesprächsatmosphäre vorzubereiten.
4. **Öffentliche Distanzzone:** In dieser Zone wird kein persönlicher Kontakt hergestellt. Auch der direkte Blick-

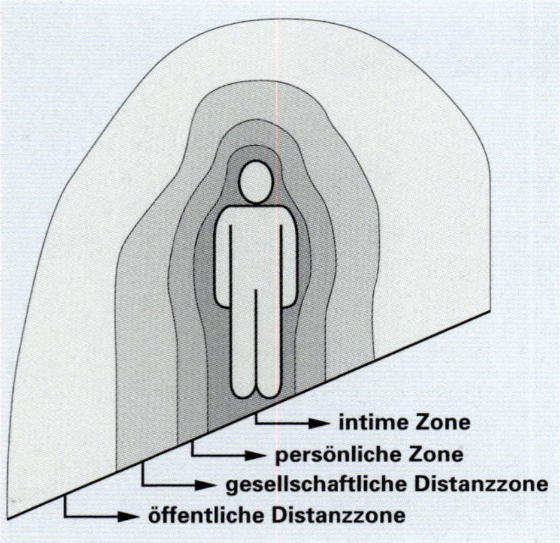

kontakt unterbleibt (z. B. Redner, der in mehreren Metern Entfernung zum Publikum spricht).

- **Blickkontakt**

Schaut ein Gesprächspartner seinem Gegenüber während eines Gesprächs in die Augen, gilt er als offen, selbstsicher und ehrlich. Schaut er aber am anderen vorbei, so wird ein Gefühl von Unsicherheit und Desinteresse geweckt. Wie lange ein Blickkontakt dauern darf, ohne dass der Angeschaute irritiert oder gar verärgert wird, ist von Situation zu Situation verschieden.

*Tipp:* Falls es Ihnen schwerfällt, Blickkontakt zu halten, schauen Sie Ihrem Gesprächspartner einfach auf die Nasenwurzel – er wird keinen Unterschied merken.

- **Zuhören**

Während eines Gesprächs sollte keiner der Gesprächspartner in Unterlagen blättern oder aus dem Fenster schauen. Ein solches Verhalten signalisiert Desinteresse. Zeigen Sie Ihrem Gesprächspartner, dass Sie ihm aktiv zuhören, indem Sie ihn ausreden lassen, ihn durch „Ja" oder „Genau" oder durch kleine Gesten positiv verstärken.

- **Hände in den Taschen**

In einer entspannten Gesprächsatmosphäre ist es durchaus erlaubt, die Hände in den Taschen des Sakkos bzw. Damenblazers zu deponieren. Dies signalisiert Entspanntheit und Lässigkeit.

- **Körpersprache**

Ein wichtiges Hilfsmittel, seinem Gesprächspartner eindeutig etwas mitzuteilen, ist der richtige Einsatz von **Mimik** und **Gestik.**

*dominierend*

*unterwürfig*

*feindselig*

*freundlich*

**Mimik** heißt, mit dem Gesicht zu sprechen. Dabei ist besonders auf die Kopfhaltung, Stirn, Augenbrauen, Augen und Mund zu achten. Beobachten und analysieren Sie Ihre Gesichtszüge im Spiegel. Ein guter Beobachter kann einem Mienenspiel sehr viel entnehmen. Vermeiden Sie bei dieser **nonverbalen** Kommunikation starke Übertreibungen.

**Gesten** können etwas über Ihre Einstellung oder Gefühle verraten. So bedeutet Achselzucken eine Aussage, die etwas infrage stellt. Vor der Brust verschränkte

Arme können unter Umständen Barrieren zum Gesprächspartner aufbauen. Hastige und unruhige Bewegungen signalisieren Unsicherheit.

Ein weiteres wichtiges Element der Körpersprache ist die **Körperhaltung**. Stehen Sie vor einem Publikum, dann lassen Sie die Hände locker an der Seite herunterhängen oder halten Sie beide Hände locker vor dem Bauch. Auf keinen Fall sollten die Hände hinter dem Rücken verborgen werden.

*Arbeitsblatt 3*
*Wir gestalten eine gute Arbeitsatmosphäre*

- **„Small Talk" richtig gemacht**

Der „Small Talk" hat einen negativen Touch bekommen. Das kommt daher, dass abgedroschene Themen wie z. B. „das Wetter" Gesprächsinhalt sind. Richtiger „Small Talk" befasst sich mit Themen wie Tagesgeschehen, Gespräche über Kunst, Sehenswürdigkeiten, Hobbys oder Sport, Konzerte, Literatur usw. Der „Small Talk" ist im Berufsleben ein Anfang der Kommunikation zwischen Fremden. Fremde brauchen zunächst ein leichtes Gesprächsthema, um sich nicht zu nahe zu treten und sich so besser kennenzulernen.

## 1.3 Büroarbeitsplatz

*Fallbeispiel*

Das Unternehmen Mode I Idee GmbH verbessert ständig seine Büro- und Bildschirmarbeitsplätze. Dadurch hat sich auch der Gesundheitszustand von Anke Sanders erheblich verbessert. Ihr Bildschirmarbeitsplatz erfüllt alle gesetzlichen Anforderungen und befindet sich außerdem in einer schönen, angenehmen Arbeitsumgebung. Umso erstaunter ist Frau Sanders, als sie in der Mittagspause in einer Fachzeitschrift der Berufsgenossenschaft einen Bericht über die Richtlinien zum Arbeitsschutz und zur Einrichtung ergonomischer Büroarbeitsplätze liest. In einer Befragung wurde festgestellt, dass

- viele Unternehmen noch keine **Arbeitsplatzanalyse** vorgenommen haben,
- sich die meisten **Bildschirmgeräte** als mangelhaft erwiesen haben,
- Tische und Stühle zu wünschen übrig lassen,
- die gesamte Büroausstattung mangelhaft ist,
- Klagen über das Raumklima zu verzeichnen sind.

Achtzig Prozent aller Kosten in der Verwaltung sind Aufwendungen für das Personal. Wenn man weiter berücksichtigt, dass der größte Teil der arbeitenden Menschen seinen Arbeitsplatz in einem Büro hat, dann ist offensichtlich, dass es einer sorgfältigen Planung und Gestaltung jedes Arbeitsplatzes bedarf. Zumal Arbeitsmediziner und -organisatoren festgestellt haben, dass sich ungünstige Arbeitsverhältnisse negativ auf die Arbeitsleistung auswirken.

Die Grundlage zu dieser Erkenntnis wurde durch die Ergonomie gelegt. Die **Ergonomie** ist die Wissenschaft vom Menschen in seiner Arbeitswelt. Im Einzelnen ist damit die Anpassung der Arbeitsmittel und Arbeitsbedingungen im Büro an die gesundheitlichen und physischen Bedürfnisse des Menschen gemeint. Dabei werden die wissenschaftlichen Ergebnisse der Medizin, der Psychologie, der Physiologie sowie soziale und ökologische Aspekte berücksichtigt. Die Ergonomie hat aber auch die Erkenntnisse der **Anthropometrie** zu berücksichtigen. Darunter ist die Lehre von den Maßverhältnissen des menschlichen Körpers zu verstehen, die bei der Gestaltung der Arbeitsplätze und der Arbeitsmittel zu berücksichtigen sind.



## 1.3.1 Gesetzliche Grundlagen

**Richtlinien für die Gestaltung der Arbeitsplätze findet man in Gesetzen, Bestimmungen und Verordnungen. Die wichtigsten Fundstellen zum Thema „Büro“ sind:**

- Arbeitsschutzrahmenrichtlinie,
- Arbeitsschutzgesetz (**ArbSchG**),
- Arbeitssicherheitsgesetz (**ASiG**),
- Bildschirmrichtlinie,
- Bildschirmarbeitsverordnung (**BildscharbV**),
- Arbeitsstättenverordnung (**ArbStättV**),
- Arbeitsstättenrichtlinien (**ASR**),
- Betriebssicherheitsverordnung (**BetrSichV**),
- Produktsicherheitsrichtlinie,
- Geräte- und Produktsicherheitsgesetz (**GPSG**),
- Bau- und Gewerbeordnung,
- Unfallverhütungsvorschriften (**VBG 104** „Arbeit an Bildschirmgeräten“),
- Umweltschutzbestimmungen (z. B. Umgang mit gefährlichen Arbeitsmitteln),
- DIN-Normen (**DIN** = Deutsches Institut für Normung e. V.),
- **DIN EN** = die Norm entspricht der EU-Norm,
- **ISO** = International Organization for Standardization (internationale Norm).

*früher*

*heute*

## 1.3.2 Büroraumplanung

Die Planung für die Arbeitsräume sollte von der **organisatorischen Aufgabenstellung** und den **gewählten Arbeitsformen** (Einzel- oder Gruppenarbeit) ausgehen.



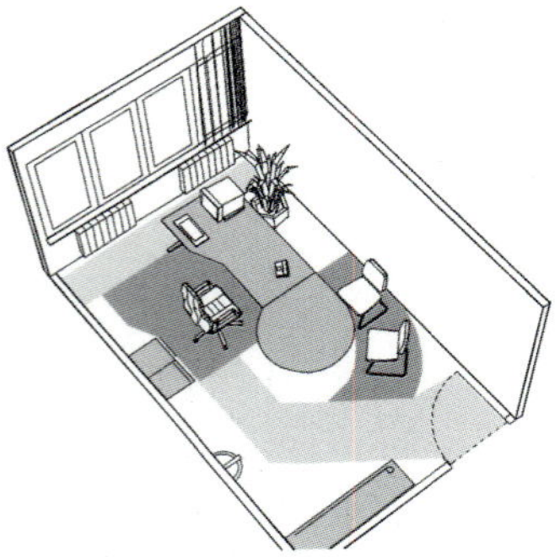

**Zellenbüro**

Das Zellenbüro ist meist den Vorgesetzten vorbehalten. Es können vertrauliche Gespräche mit Mitarbeitern oder Geschäftspartnern geführt werden. Andere Mitarbeiter werden durch die Besucher nicht gestört. Der Einpersonenraum gewährleistet eine individuelle Arbeitsweise und garantiert die größte Ruhe bei der Arbeit. Die Isolation wirkt sich nachteilig auf die Kommunikation mit den anderen Mitarbeitern aus. Die Arbeitsmittel müssen dabei alle im gleichen Raum untergebracht sein; denn Registratur oder Kartei sollen sich am Arbeitsplatz befinden, um unnötige Wegzeiten zu vermeiden.

**Gruppenbüro**

Ein Gruppenbüro besteht aus zwei bis vier Arbeitsplätzen. Diese Gruppe gehört vom Arbeitsablauf organisatorisch zusammen. Die Raumausnutzung ist besser als beim Einpersonenraum. Das Gruppenbüro hat den Vorteil, dass die Mitarbeiter eng zusammenarbeiten. Akten können von Tisch zu Tisch gereicht werden. Teure Arbeitsmittel werden gemeinsam benutzt und müssen daher nur einmal angeschafft werden. Auch Ablagen werden von mehreren Mitarbeitern benutzt. Aber: Besucher oder Telefongespräche stören die ganze Gruppe. Sehr störend wirkt sich die Summation der Arbeitsgeräusche aus, die der Einzelne an Maschinen und Geräten macht und die dann häufig die Grenze zur Lärmbelästigung überschreitet.

*Arbeitsblatt 4*
*Büroarbeitsplatz*

**Großraumbüro**

**Das Großraumbüro gibt es in unterschiedlichen Formen:**

- ungegliederter Großraum
- Bürosaal
- Bürolandschaft
- Raum-in-Raum-System (Open-Space-Büro)

Als das Großraumbüro eingeführt wurde, glaubte man, die wirtschaftlichste Anordnung für die Bürotätigkeit gefunden zu haben. Für die Einrichtungskosten pro Einzelplatz stimmte dies genauso wie für die Anschaffung der teuren Großgeräte, wie z. B. Fotokopierer oder Drucker. Aber die Leistungsfähigkeit der Mitarbeiter sank! Ernüchterung machte sich breit. Was war falsch an diesem Konzept? Durch die Sichtnähe des Vorgesetzten war zwar eine 100%ige Kontrolle der Mitarbeiter gegeben, aber jeder Mensch braucht die Möglichkeit, für kurze Zeit abzuschalten und sich innerlich auf den nächsten Arbeitsschritt vorzubereiten. Auch benötigt jeder einen kleinen persönlichen Bereich. Fehlt dieser, dann sind Arbeitsunlust, ein Zurückgehen der Arbeitsleistung und ein erhöhter Krankenstand die Folgen.

Abhilfe brachte die Schaffung von **Bürolandschaften und Raum-in-Raum-Systemen** (Open-Space-Büro). Das Open-Space-Büro zeichnet sich vor allem dadurch aus, dass die Arbeitsplätze ganz ohne Wände, zumindest aber ohne raumhohe Wände auskommen. Durch gestalterische Elemente, sog. Raumteiler wie Regalwände, Kübelpflanzen und geschickte Anordnung der Gruppen- und Einzelarbeitsplätze, wird das Großraumbüro optisch wieder in kleinere Einheiten zerlegt. Dadurch bekommt der Einzelne das Gefühl, in einem überschaubaren Umfeld – ohne permanente Überwachung – zu arbeiten. Ein willkommener Effekt ist auch, dass die unvermeidbaren Arbeitsgeräusche teilweise durch die Einrichtungsgegenstände gedämpft werden.

**Kombibüro**

Eine Mischform vorhandener Konzepte findet man im Kombibüro. Diese Raumform vereint die Vorteile des Großraumbüros mit denen des Einpersonenbüros. In einem großen Gemeinschaftsraum befinden sich viele kleine individuell gestaltete Arbeitsräume. Dadurch bleibt die Verbindung zu den anderen Mitarbeitern erhalten und man hat gleichzeitig einen persönlichen Arbeitsbereich, der besonders für kreative Tätigkeiten wichtig ist.

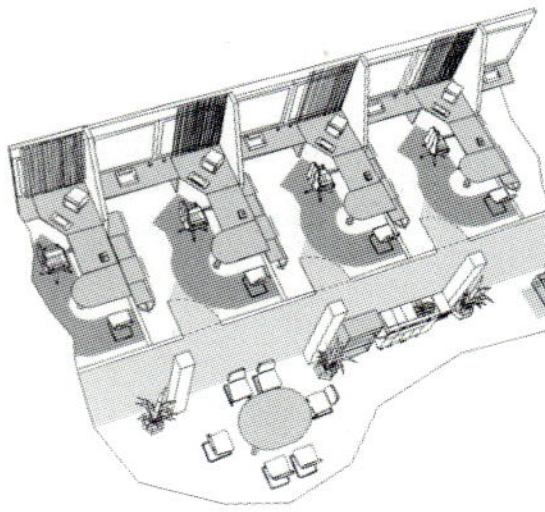

**Bench-Büroarbeitsplatz**

*Teamarbeit mit ständigem Informationsaustausch*

*Teamarbeit mit individuellen Arbeitsphasen*

Täglich neue Arbeitsbedingungen erfordern dynamische und flexible Arbeitsplätze. Ein Bench-Büroarbeitsplatz (bench = engl. Bank, Werkbank) ist ein Gemeinschaftsarbeitstisch für mehrere Mitarbeiter. Teamarbeit und Informationsaustausch stehen im Vordergrund. Jeder kann arbeiten, wie es die Situation gerade erfordert. Durch die klare Anordnung wird das Miteinander in einer kommunikativen Atmosphäre gefördert. Jeder kann dazukommen, sich einen Platz suchen und mit der Arbeit beginnen. Ein störungsfreies Arbeiten wird durch Raumteiler, Sicht- und Schallschutzelemente möglich. In den „Caddys" befinden sich die Arbeitsmittel und Unterlagen der Mitarbeiter.

|  | Klassische Büroraumformen | | | |
|---|---|---|---|---|
|  | **Zellenbüro** | **Gruppenbüro** | **Großraumbüro** | **Kombibüro** |
| **Vorteile** | • ungestörtes, kreatives und konzentriertes Arbeiten<br>• laute Tätigkeiten stören niemanden<br>• individuelle Regelung der Beleuchtung und des Raumklimas<br>• individuelle Raumgestaltung<br>• gut geeignet für Beratungsgespräche<br>• Statussymbol<br>• Privatsphäre | • kommunikative Teamarbeit<br>• prozessorientierte Gruppenarbeit<br>• kurze Wege zu Technik-, Besprechungs- und Regenerationsbereichen<br>• fördert Teamgeist<br>• schnelle und gezielte Kommunikation | • gute Voraussetzungen für Teamgeist und Teamarbeit<br>• schnelle Kommunikation<br>• fließende Arbeitsabläufe<br>• gleichwertige Arbeitsplätze<br>• flexible Organisations- und Kommunikationsstrukturen<br>• kurze Wege<br>• höchstmögliche Flächennutzung | • Zufriedenheit der Mitarbeiter nimmt zu<br>• Arbeitsklima, Stil der Zusammenarbeit u. Ä. lassen sich individuell beeinflussen<br>• Wechsel zwischen konzentrierter Einzelarbeit und kommunikativer Teamarbeit<br>• Gliederung in Organisationseinheiten<br>• gemeinsame Nutzung der Arbeitsmittel |
| **Nachteile** | • weniger geeignet für prozessorientierte Teamarbeit<br>• geringer Kontakt zu den Mitarbeitern – Gefahr der Isolierung<br>• hoher Raumbedarf | • wechselseitige Störungen<br>• eingeschränkte Privatsphäre<br>• geringere Konzentrationsmöglichkeit | • mehr Lärm<br>• mangelnde Vertraulichkeit<br>• Klima und Beleuchtung nicht individuell regulierbar<br>• wenig Rückzugsmöglichkeiten | • Störungen in den Durchgangsbereichen<br>• wenig Platz für die individuelle Ablage |

## 1.3.3 Der Bildschirmarbeitsplatz

Die Arbeit am Bildschirm stellt sowohl in **physischer** (körperlicher) als auch in **psychischer** (geistiger) Hinsicht besonders hohe Anforderungen. Die Verbesserung der Sicherheit am Arbeitsplatz und die Vermeidung von arbeitsplatzbedingten Erkrankungen stellen deshalb eine ständige Herausforderung für den Arbeitgeber dar. Sowohl Bildschirmarbeitsplätze als auch Arbeitsplätze, an denen kein Bildschirmgerät steht, sind nach ergonomischen Gesichtspunkten zu prüfen und zu gestalten.

Bei der Bildschirmarbeit können je nach dem Schwerpunkt der Tätigkeit unterschiedliche Belastungen und damit verschiedenartige Beschwerden auftreten, z. B. an Rücken und Wirbelsäule sowie im Hals-/Nacken- und Schulterbereich, an den Augen, im Kopf oder an Armen und Händen.

### Richtiges Sitzen

Die meisten Büroangestellten verbringen fast 75 % ihrer Arbeitszeit im Sitzen. Zwei Faktoren können dabei zu Erkrankungen führen: Der Bürodrehstuhl entspricht nicht den ergonomischen Anforderungen oder der Mensch verhält sich falsch beim Sitzen. Häufig sind Fehler in beiden Bereichen festzustellen. Die Folgen sind verschiedenartige Erkrankungen der Rückenmuskulatur und/oder der Wirbelsäule. Das Sitzen bei der Arbeit ist deshalb im Zusammenhang von Belastung und Beanspruchung und persönlichem Verhalten zu sehen. Von Mensch zu Mensch bestehen aber erhebliche Unterschiede in den Körpermaßen, Proportionen und im Gewicht. Deshalb muss ein Bürodrehstuhl so konstruiert sein, dass er sich allen Anforderungen anpassen lässt.

## Die Sitzuhr

Wenn wir nicht gerade schlafen, sitzen wir buchstäblich rund um die Uhr. Im Büro, im Auto, in unserer Freizeit. Allein im Büro sind dies hochgerechnet auf die Lebensarbeitszeit etwa 70 000 Stunden.

**Die Anforderungen an einen Bürodrehstuhl sind in DIN 4550 und DIN 4551 geregelt:**

***Arbeitsblatt 5 Bürodrehstuhl***

- Sitztiefe: 38 bis 44 cm
- Sitzbreite: 40 bis 48 cm
- Breite der Rückenlehne: 36 bis 48 cm
- stufenlose Verstellbarkeit der Sitzhöhe von 42 bis 53 cm
- stufenlose Verstellbarkeit der Rückenlehne von 17 bis 24 cm über dem Sitz
- Drehbarkeit des Stuhloberteils
- kipp- und rollsichere Konstruktion durch mindestens fünf bewegliche Rollen
- Sicherung gegen unbeabsichtigtes Lösen vom Oberteil
- Standardsicherheitsmaß: Stuhlsäule bis Innenkante der Rolle mindestens 19,5 cm

An einen Bürodrehstuhl, der ein **dynamisches Sitzen** gewährleistet, sind folgende **arbeitsmedizinische** Forderungen zu stellen:

*Statische Arbeit*

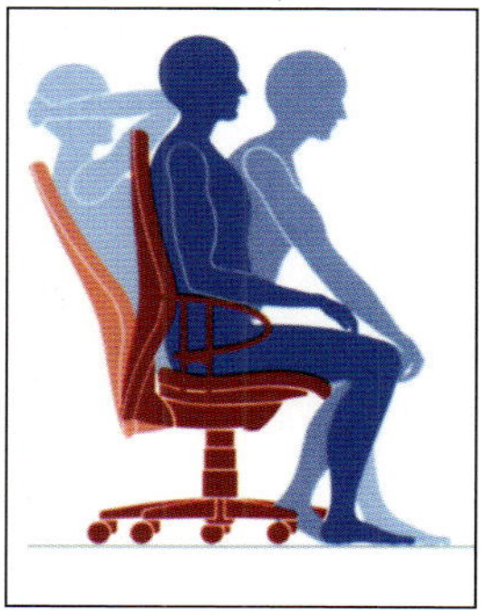

*Dynamische Arbeit*

- Die Rückenlehne soll durch ein Pendelgelenk permanent neigbar sein und bis unter die Schulterblätter oder höher reichen.
- Der Bewegungswiderstand der Rückenlehne sollte sich individuell auf das Körpergewicht einstellen lassen.
- Der Arbeitsstuhl sollte einen verstellbaren Abstützpunkt im Lendenwirbelbereich besitzen, um die Wirbelsäule in ihrer natürlichen Form zu unterstützen.
- Die leicht gepolsterte, anatomisch geformte Sitzfläche sollte neigbar sein und so auf jeden Haltungswechsel reagieren können.
- Eine Sitzfederung soll beim Hinsetzen die Wirbelsäule entlasten.
- Eine Anbringungsmöglichkeit höhenverstellbarer Armlehnen sollte gegeben sein.
- Rückenlehne und Sitzfläche sollten mit einem atmungsaktiven Bezug ausgestattet sein.

1

### Die korrekte Sitzhaltung

Eine korrekte Sitzhaltung hängt von der richtigen Einstellung der Sitzhöhe ab. Die Sitzhöhe muss so gewählt werden, dass der Winkel zwischen Ober- und Unterschenkel ca. 90° beträgt. Die Füße müssen ganzflächig am Boden oder auf der Fußstütze aufstehen. Das Gesäß muss die Sitzfläche ganzflächig besitzen. Dabei liegt die Rückenlehne ganzflächig dem Rücken an. Die Höhe der Rückenlehne muss so eingestellt sein, dass der Lendenbausch die Wirbelsäule etwa in Höhe der Gürtellinie abstützt. Bei entspannter Haltung hängen die Oberarme locker am Körper und die Unterarme bilden eine waagerechte Linie zur Arbeitsebene. Die Ober- und Unterarme bilden dabei ungefähr einen rechten Winkel. Vermeiden Sie verkrampfte, einseitige Körperhaltungen. Dies bedeutet: Sitzen Sie **bewegungsreich,** verändern Sie häufig Ihre Sitzhaltung. Man unterscheidet eine vordere, mittlere und hintere Sitzhaltung. Auch ein Wechsel zwischen sitzender und stehender Tätigkeit kann zur Vermeidung von körperlichen Beschwerden beitragen. Stehen Sie häufig auf. Man spricht in diesem Zusammenhang vom **dynamischen Sitzen** bzw. vom **dynamischen Arbeitsstil.**

Web

Viele Beschwerden und Haltungsschäden sind auf falsches Sitzen zurückzuführen.

**Ursachen für falsches Sitzen sind:**

- falsche Sitzhöhe,
- Flachsitz,
- Lehne hinten fixiert,
- fehlende Beckenstütze,
- Zwangshaltung durch falsche Beleuchtung.

Ein Bürodrehstuhl muss sich dem **natürlichen Bewegungsablauf** des Menschen anpassen lassen, ihn unterstützen und so wenig wie möglich bestimmte Sitzhaltungen aufzwingen. Er muss durch Form und Gestaltung einerseits eine offene Bewegung zulassen, andererseits Halt und Stütze bieten.

## Arbeitstische

Nach **DIN 4543** muss die Tischfläche eines Bildschirmarbeitsplatzes 1 600 mm × 800 mm groß sein und eine reflexionsarme Oberfläche haben. Nach **DIN 4549** betragen die Abmessungen für einen Schreibtisch 1 560 × 780 mm. Ist der Bildschirmarbeitstisch oder der Schreibtisch nicht höhenverstellbar, muss er 720 mm hoch sein. Ideal ist aber ein höhenverstellbarer Schreibtisch, wobei der Verstellbereich zwischen 680 mm und 760 mm liegen sollte. Ein höhenverstellbarer Büroarbeitsstuhl ist heute die Regel, seltener aber der höhenverstellbare Schreibtisch. Beide bedingen sich jedoch gegenseitig. Ein Büroarbeitsstuhl sollte dem vorgegebenen Tisch angepasst werden können und umgekehrt.

Neuerungen ermöglichen mithilfe einer **computergesteuerten Elektronik** eine schnelle und individuelle Einstellung der Schreibtischhöhe. Der Nutzer schiebt dazu seine persönliche Chipkarte in den dafür vorgesehenen Schlitz am Schreibtisch, und die Schreibtischhöhe wird nach den gespeicherten Daten eingestellt.

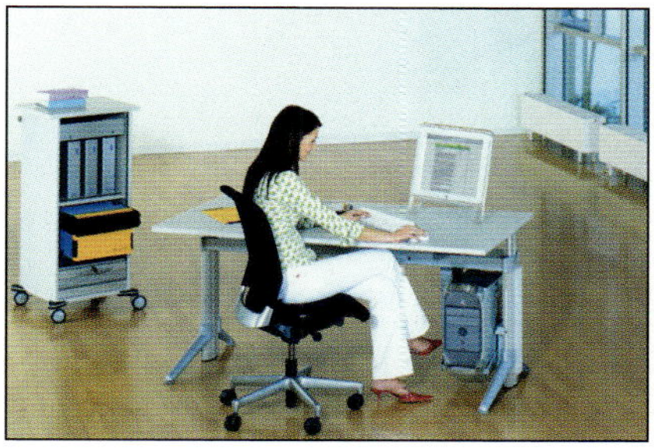

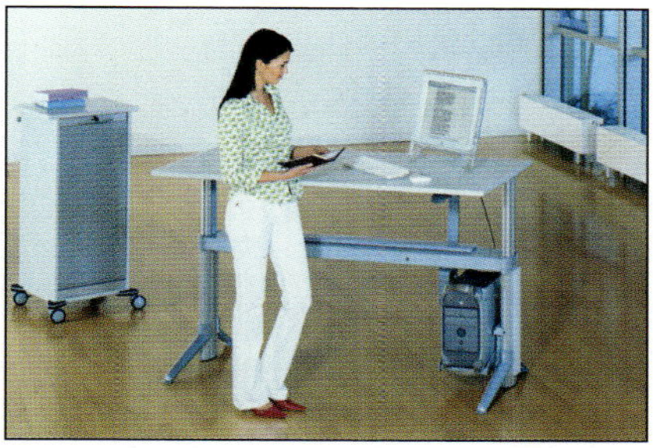

Je häufiger Unterlagen benötigt werden, desto näher sollten sie am Arbeitsplatz untergebracht sein. Sie sollten so am Schreibtisch verstaut werden, dass sie bequem zu erreichen sind. Ein schneller Zugriff wird dadurch gewährleistet.

Die Tischfläche eines Bildschirmarbeitsplatzes muss so bemessen sein, dass eine flexible Anordnung der Arbeitsmittel (Bildschirm, Tastatur, Maus, Vorlagenhalter usw.) möglich ist.

## Drei-Zonen-Arbeitsplatz

Da heute schon fast an jedem Arbeitsplatz ein Computer steht, ist ein Drei-Zonen-Arbeitsplatz zu empfehlen.

Drei-Zonen-Arbeitsplätze sind je nach Hersteller sehr unterschiedlich gestaltet. Als gemeinsames Merkmal weisen sie folgende Eigenschaften auf:

- eine Zone für Arbeiten im Sitzen,
- eine Zone für die Bildschirmarbeit im Sitzen,
- eine Zone für die Arbeit im Stehen mit einer permanent erhöhten Arbeitsfläche.

## Fußstütze

Wenn trotz Verstellmöglichkeiten die ergonomisch günstige Arbeitshaltung nicht erreicht werden kann, z. B. die Füße des Benutzers stehen nicht ganzflächig auf dem Fußboden auf, so kann mit einer verstellbaren **Fußstütze** ein Ausgleich erreicht werden. Die Fußstütze verhindert ein Überstrecken der Beinmuskulatur und ein zu festes Aufliegen der Oberschenkel auf der Sitzfläche, was zu Durchblutungsstörungen führen kann.

**Zugestellte Büroflächen** versperren den Blick auf das Wesentliche. Prüfen Sie, was Sie an Ihrem Arbeitsplatz wirklich brauchen!

Q Tipp

## 1.3.4 Arbeitsumgebung

*Arbeitsblatt 6 Arbeitsumgebung*

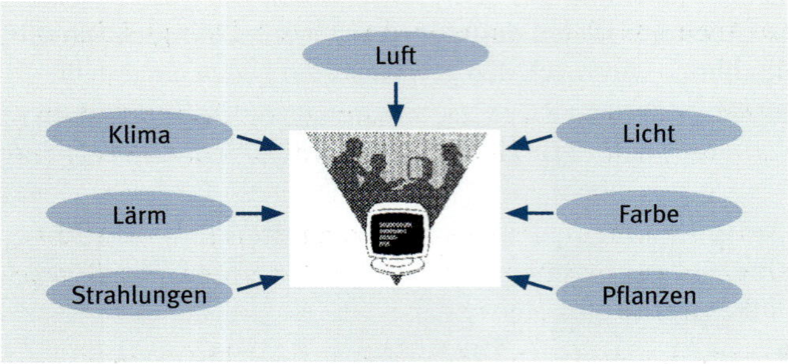


Das **Wohlbefinden** und **Konzentrationsvermögen** und damit die **Leistungsfähigkeit** hängen in hohem Maße von der Arbeitsumgebung ab. Die Arbeitsumgebung wird von verschiedenen Faktoren beeinflusst.

### Raumluft und -klima

Ein angenehmes Raumklima hängt vom richtigen Zusammenspiel der sogenannten Klimafaktoren ab. Es handelt sich hierbei vor allem um die **Raumtemperatur**, die **Luftbewegung** und die **Luftfeuchtigkeit**.

Der Temperaturbereich, bei dem sich der Mensch bei der Büroarbeit wohlfühlt, liegt in der Regel bei ca. **22 °C**. Die Luftfeuchtigkeit darf 40 % nicht unter- sowie 65 % nicht überschreiten. Ein einfaches Mittel, um eine zuträgliche **Luftfeuchtigkeit** und gesunde Luftbewegung zu erzielen, ist die Lüftung durch geöffnete Fenster. Hygienefachleute empfehlen die Belüftung von Büroräumen nach folgendem Schema:

| Stoßlüftung bei ganz geöffnetem Fenster | |
|---|---|
| • Frühjahr: 16 bis 20 Minuten/Tag<br>• Herbst: 12 bis 15 Minuten/Tag | • Sommer: 25 bis 30 Minuten/Tag<br>• Winter: 4 bis 6 Minuten/Tag |

Bei der Belüftung darf auf keinen Fall eine dauerhafte Zugluftbelastung auftreten, eine Belästigung, die jeder bei Kippstellung der Fenster (Dauerlüftung) schon erfahren hat.

### Licht und Arbeitsplatzbeleuchtung

Das natürliche Sonnenlicht ist für die Gesundheit und das Wohlbefinden des Menschen unerlässlich. Ein strahlender Frühlingstag steigert unsere Aktivität, ein grauer Herbsttag legt sich schwer auf das Gemüt. Wir werden müde und die Arbeit will nicht gelingen. In der heutigen Kunstlichtwelt wird häufig vergessen, dass der Lebensrhythmus von der Sonne bestimmt wird. Deshalb muss das künstliche Licht dem Tageslicht möglichst ähnlich sein.

**Forderungen an einen richtig ausgeleuchteten Arbeitsplatz sind:**

- Die Beleuchtung richtet sich nach der **Art der Tätigkeit** (Lesen, Bildschirmarbeit, Zeichenbrett ...).

- Die Beleuchtungsstärke sollte **mindestens 500 Lux** (Lux = Einheit für die Beleuchtungsstärke) betragen.
- Der **Raum und die Arbeitsfläche eines Schreibtisches** sollten **gleichmäßig** ausgeleuchtet sein.
- Das Licht sollte aus der **„richtigen Richtung“** kommen (bei Rechtshändern in der Regel von links, damit beim Schreiben kein störender Schattenwurf entsteht).
- Am Bildschirmarbeitsplatz müssen die Leuchten so angebracht sein, dass von ihnen keine **Blendwirkung** ausgehen kann und **Reflexionen** und **Spiegelungen** auf dem Bildschirm vermieden werden.
- Die **Leuchtmittel** (Birnen, Leuchtstäbe, Halogenbrenner) dürfen nicht flimmern.

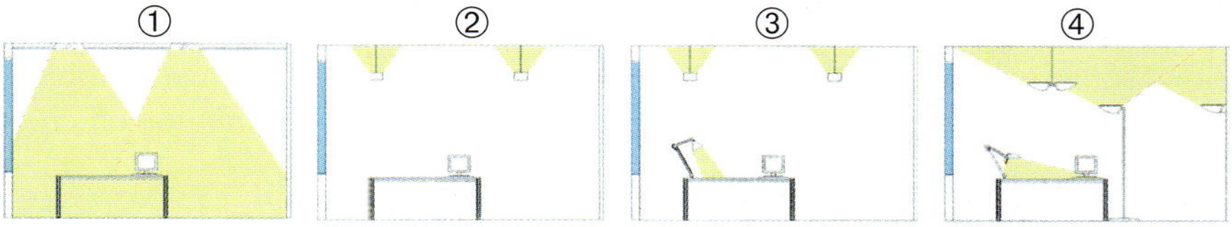


*1. Direktbeleuchtung; 2. Indirektbeleuchtung; 3. Zweikomponentenlicht;*
*4. Zweikomponentenlicht mit Arbeitsplatzleuchte*

## Lärm

Lärm kann sehr belastend sein. Ständiger Lärm stört die Konzentration, macht nervös und trägt letztendlich zur Minderung der Leistungsbereitschaft und -fähigkeit bei. In den Büros wird deshalb der Schallpegel so niedrig wie möglich gehalten. An Arbeitsplätzen, an denen überwiegend geistig gearbeitet wird, soll ein Geräuschpegel von ***55 dB*** (Dezibel = Maß für den Schalldruck) nicht überschritten werden. Bei überwiegend mechanisierten Bürotätigkeiten liegt der Maximalwert bei ***70 dB.*** Bei sonstigen Tätigkeiten liegt der Beurteilungspegel bei ***85 dB.*** Mit Maschinenunterlagen, schallschluckenden Wänden, Decken, Teppichböden, Vorhängen und Stellwänden (Höhe etwa 1,20 m) kann eine gewisse Geräuschdämpfung erreicht werden.

**Wirkung von Lärm**

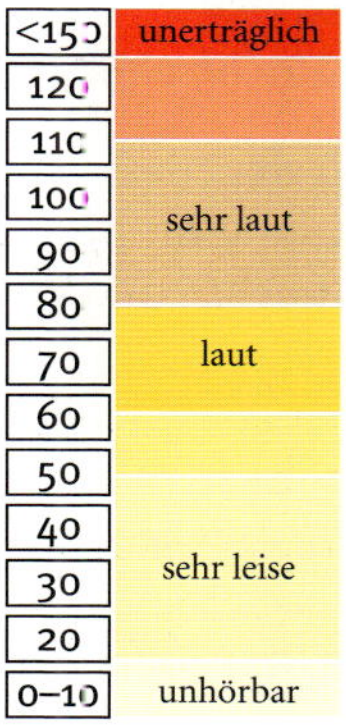


*Quelle: VBG*

## Farbgestaltung

Farben beeinflussen das menschliche Verhalten. Die im Büro verwendeten Farbtöne sollten eine harmonische Einheit bilden. Bei der Farbwahl ist die Kenntnis der jeweiligen Farbwirkungen eine wichtige Voraussetzung. Nicht ohne Grund bedienen sich Großbetriebe bei der Gestaltung ihrer Büroräume eines Farbdesigners.

Unter dem Gesichtspunkt der psychologischen Wirkung auf Menschen werden Farben in kalte und warme Farben eingeteilt. Als kalte Farben gelten blaue und grüne Farbtöne. Als warme werden Rot, Orange und Gelb eingestuft. Bei der Gestaltung der Räume sind neben der Farbwirkung noch weitere Gesichtspunkte

1

zu berücksichtigen. Dies sind: Form, Größe und Lage des Raumes, Lage des Arbeitsplatzes, Art und Dauer der Arbeit, Farbe und Intensität der Beleuchtung.

BEISPIELE:

- *In Räumen mit **starkem Besucherverkehr** wirken Grüntöne **beruhigend** und fördern Aufgeschlossenheit und Kontaktfreudigkeit.*
- *In Arbeitsräumen, in denen **monotone Tätigkeiten** ausgeführt werden, bringen größere Farbkontraste eine positive Wirkung.*
- *Gelbe Farbtöne ergeben eine freundliche und anregende Ausstrahlung für die Arbeitsräume und regen zu geistiger Tätigkeit und Aktivität an.*
- *Für Räume mit wenig Sonnenlicht bieten sich warme Farbtöne an.*

## Pflanzen

Pflanzen im Büro sind für den Menschen nützlich. Sie schaffen eine individuelle Arbeitsumgebung und bringen Farbe in den Raum. Dabei sorgen sie für Wohlgefühl und eine lebendige Atmosphäre. Sie fördern eine positive Stimmung und helfen bei der Stressbewältigung.

Pflanzen tragen zur Verbesserung des Raumklimas bei. Sie beeinflussen die Luftfeuchtigkeit und verbessern die Luftqualität, indem sie bei Licht Kohlenstoffdioxid aufnehmen und Sauerstoff abgeben sowie Staub und Schadstoffe binden.

## Strahlungen

- **Hochfrequente Strahlungen**

Nach der massiven Verbreitung von Mobilfunktelefonen hat die hochfrequente Strahlung im Büro eine nicht zu unterschätzende Bedeutung gewonnen. So können hochfrequente Strahlungen zu einer Erwärmung des Körpergewebes führen und in massiver Dosis das zentrale Nervensystem schädigen und die Leistung der Augen beeinträchtigen. Insbesondere beim Gebrauch von Handys mit einer Leistung im Bereich von **5 Watt** sollte der empfohlene Mindestabstand zur Sendeantenne strikt eingehalten werden.

- **Ultraviolette Strahlungen**

Ultraviolette Strahlungen gehen vor allem von Halogenlampen ohne Schutzglas aus. Dies kann zu Bindehautentzündungen der Augen und einer höheren Bereitschaft von Hautkrebs führen. Schreibtischlampen, die sehr nah am Körper stehen, sollten unbedingt mit einem Schutzglas versehen sein.

## Ergonomie am Arbeitsplatz

Wie vermeide ich gesundheitliche Beeinträchtigungen?

| Nr. | Teilprozess | Hilfsmittel | Bemerkung |
|---|---|---|---|
| 1 | Büromöbel richtig nutzen |  | Betriebliche Ausstattung |
| 2 | Bürostuhl optimal einstellen und richtig besitzen → Bürostuhl individuell einstellen → Dynamisches Sitzen; Bürostuhl individuell einstellen → Richtige Körperhaltung einnehmen → Dynamisches Sitzen | Gebrauchsanweisung<br>Checkliste:<br>Den Bürostuhl richtig einstellen | Beratung |
| 3 | Arbeitstisch nutzen/einstellen → Höhenverstellbar? Ja → Richtige Höhe einstellen/speichern → Dynamisches Arbeiten möglich; Nein → Höhenausgleich durch Fußstütze → Dynamisches Arbeiten möglich | Gebrauchsanweisung |  |
| 4 | Arbeitsmittel anordnen → Arbeitsmittel am Schreibtisch in Griffweite positionieren |  |  |
| 5 | Büro-Gymnastik regelmäßig durchführen |  | Gymnastik-Treff zu festen Zeiten |
| 6 | Gesund arbeiten | Ergonomie-Pass<br>Plakat |  |

***Zusammenfassung***

1 Die **Corporate Identity** umfasst ein einheitliches Erscheinungsbild mit einprägsamen Symbolen, Bildern oder Farben (Corporate Design), ein einheitliches Auftreten, das sich an bestimmten Regeln orientiert (Corporate Culture), das entsprechende Kommunikationsverhalten (Corporate Communications) und Regeln des Verhaltens von Unternehmen und Mitarbeitern (Corporate Behaviour).

2 Die personalen Anforderungen an den arbeitenden Menschen im Büro umfassen **Fach-, Sozial-** und **Methodenkompetenz.**

3 Das **äußere Erscheinungsbild** eines Menschen wird von seinen **Umgangsformen,** seiner **Kleidung** und **Körperpflege** geprägt.

4 Die **Ergonomie** ist die Wissenschaft, die sich mit der Anpassung der Arbeitsmittel und -bedingungen an die physischen, psychischen und gesundheitlichen Bedürfnisse des Menschen beschäftigt.

## Zusammenfassung

1

5 Die **Anthropometrie** ist die Lehre von den Maßverhältnissen des menschlichen Körpers, die bei der Gestaltung des Arbeitsplatzes und der Arbeitsmittel berücksichtigt werden müssen.

6 Angewandte Ergonomie und Anthropometrie erhöhen die berufliche **Leistungsbereitschaft** und **Leistungsfähigkeit** des Menschen.

7 Die **Arbeit am Bildschirm** stellt sowohl in physischer (körperlicher) als auch in psychischer (geistiger) Hinsicht besonders hohe Anforderungen.

8 Die Anforderungen an einen Bildschirmarbeitsplatz sind in der Bildschirmarbeitsverordnung (BildscharbV) geregelt.

9 Die zusätzliche Einrichtung eines **Steharbeitsplatzes** fördert den Wechsel der Körperhaltungen bei der Arbeit und trägt so zu einem **dynamischen Arbeitsstil** bei.

10 Man unterscheidet die klassischen Büroformen: **Zellen-, Gruppen-, Großraum- und Kombibüros.**

11 Der **Bench-Arbeitsplatz** ist ein Gemeinschaftstisch für mehrere Mitarbeiter, die ständig im Team arbeiten.

12 Die Arbeitsumgebung wird durch die Faktoren **Luft, Licht, Klima, Lärm, Strahlungen** und **Farbe** beeinflusst.

## Aufgaben

1 Susanne blättert die Zeitungen nach Stellenangeboten durch. Dabei fällt ihr auf, dass in den Annoncen sich wiederholende Eigenschaften aufgeführt sind: *Teamgeist, Kreativität, Eigeninitiative, Organisationstalent.* Warum legen die Firmen gerade auf diese Eigenschaften besonderen Wert?

2 Bei einer Arbeitsplatzdiskussion tauchen immer wieder die Begriffe „Ergonomie" und „Anthropometrie" auf. Was verstehen Sie darunter?

3 Die Mode | Idee GmbH hat sich entschlossen, aus den zu klein gewordenen Räumen auszuziehen und ein neues Bürohaus zu bauen. Bei der Konzeption der einzelnen Büroräume bestehen noch Meinungsverschiedenheiten über die Vor- und Nachteile von

- Zellenbüros,
- Gruppenbüros
- Großraumbüros und
- Kombibüros.

Nehmen Sie zu den vier Raumformen Stellung. In welcher Büroform würden Sie gerne arbeiten? Begründen Sie Ihre Wahl.

4 Außerdem sollen die Bildschirmarbeitsplätze mit neuen Bürostühlen ausgestattet werden. Welche Anforderungen sind an einen guten Bürodrehstuhl zu stellen?

5 Was verstehen Sie unter einem „dynamischen Arbeitsstil"?

6 Viele körperliche Beschwerden und Haltungsschäden entstehen durch falsches Sitzen. Begründen Sie diese Aussage.

7 Nennen Sie möglichst viele Faktoren der Arbeitsumwelt „Büro". In welcher Weise beeinflussen sie die Leistungsbereitschaft und -fähigkeit der Menschen?

## Öko-Tipps

Öko-Tipps

1

- **Be-** und **entlüften** Sie die Räume, in denen PCs stehen, ausreichend.
- Auch bestimmte **Grünpflanzen** (Grünlilie, Philodendron, Efeu und Drachenbaum) können als „Schadstofffilter“ in Büroräumen dienen.
- Einige Hersteller bieten einen sogenannten **Öko-Papierkorb** an, der in bis zu vier Bereiche unterteilt werden kann. Ein Klappdeckel verhindert Geruchsbelästigung.
- Eine **ergonomisch gestaltete Tastatur** entlastet Finger- und Unterarmmuskulatur.
- Schalten Sie nach Büroschluss das Licht aus.
- Schalten Sie abends und am Wochenende die Klimaanlage ab und fahren Sie die Heizung von 22 auf 18 Grad herunter.

## Mindmapping

HOT

### Methodenbeschreibung

Mindmapping ist eine Methode, bei der sprachliches und bildhaftes Denken gefördert wird. Ein Mindmap ist eine visuelle Darstellung von Beziehungen, Assoziationen und Ideen. Die Verwendung von Mindmaps beim Lernen fördert den optimalen Einsatz beider Gehirnhälften.

Das Hauptthema wird in die Mitte eines Blattes geschrieben. Die Gedanken werden als Schlüsselwörter auf abgehende Hauptäste notiert. Jeder Hauptast kann durch weitere Äste verzweigt werden. Auf dem Papier entsteht eine Gedankenlandkarte.

BEISPIEL:

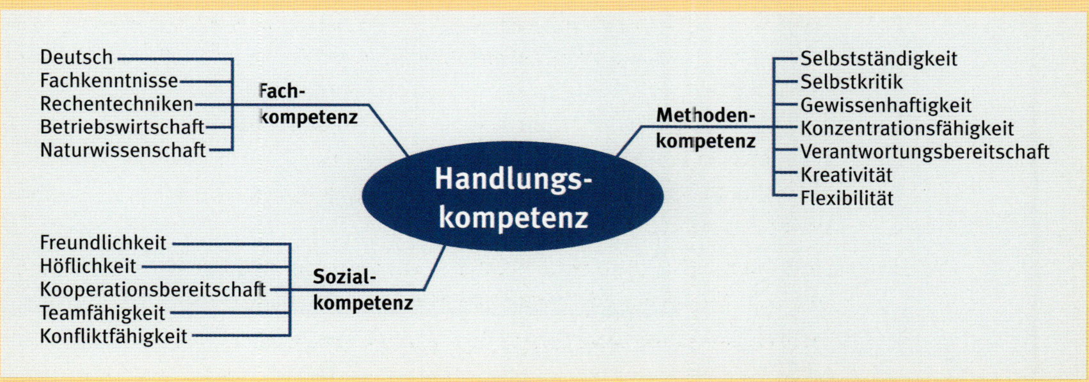


### Wie wird ein Mindmap erstellt?

1. Schreiben Sie in die Mitte eines leeren Blattes das zentrale Thema. Setzen Sie das Thema in einen Kreis, ein Rechteck oder eine Wolke.

HOT

1

2. Die gesammelten Schlüsselwörter werden auf Hauptäste um das Hauptthema geschrieben. Jeder Ast kann durch weitere Begriffe auf abgehenden Ästen ergänzt werden.

3. Verwenden Sie möglichst nur Schlüsselwörter in Form von Substantiven, Adjektiven und Verben, keine ganzen Sätze oder Satzfragmente. Auf einem Ast steht immer nur ein Schlüsselwort.

4. Ergänzen Sie Ihr Mindmap durch Bilder und Symbole. Bestehende Zusammenhänge können Sie durch Verbindungspfeile verdeutlichen. Wichtige Begriffe erhalten ein Ausrufezeichen oder offene Punkte ein Fragezeichen.

**Arbeitsauftrag**

*Setzen Sie das Mindmapping zur Wiederholung des Kapitels „Arbeitswelt Büro" ein. Die Sichtbarmachung der Zusammenhänge erleichtert Ihnen das Lernen.*

***Erstellen Sie zu folgenden Themen ein Mindmap:***

- *Anforderungen an den arbeitenden Menschen im Büro*
- *Büroarbeitsplatz*
- *Belastungen am Arbeitsplatz*
- *Gesundheitsvorsorge*
- *Telearbeitsplatz*
- *Flexibler Arbeitsplatz*
- *Callcenter*

# 2 Zeit- und Selbstmanagement

2

**Terminplanung**

**feste und bewegliche Termine**

**Terminkalender**
**Terminplaner**
**Terminmappen**
**Planungstafeln**

**Für Unterlagen,**

- die an einem bestimmten Termin bearbeitet werden müssen,
- die nicht sofort erledigt werden können.

**Wiedervorlage**
Tage 1–31
Monate 1–12

Termine müssen konsequent in beiden Systemen auf dem neuesten Stand gehalten werden.

**Elektronische Terminverwaltung**

**Software, z. B. Outlook:**

- Kalenderfunktion
- Terminüberschneidungsfunktion
- Notizbuchfunktion
- Adressbuch
- Uhrenfunktion

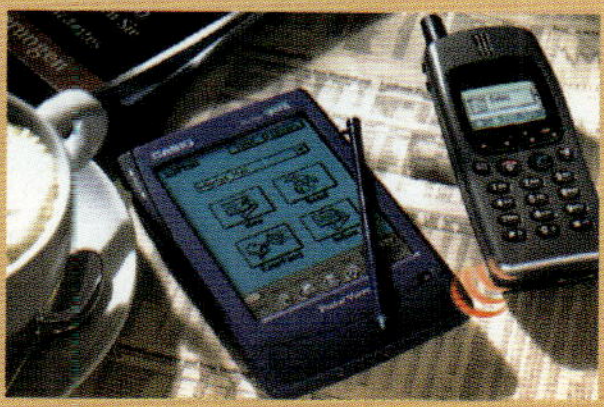

*Lernziele*

- Die Bedeutung der Terminplanung und -überwachung erkennen.
- Feste und bewegliche Termine unterscheiden.
- Die Bedeutung von Fristen erkennen.
- Hilfsmittel der Terminkontrolle kennen und einsetzen.
- Termine koordinieren.
- Einen Terminplan erstellen.
- Softwareprogramme zur Terminplanung und -überwachung wirtschaftlich einsetzen.
- Mögliche Zeitdiebe und -fallen erkennen und ausschalten.

## 2.1 Effektives Zeit- und Selbstmanagement

*Fallbeispiel*

Karin Kunze, Mitarbeiterin in der Abteilung Sekretariat der Übungsfirma MODE CONNECTION GmbH, ist deprimiert. Auf ihrem Schreibtisch stapeln sich Berge von Papier. Wegen der ständigen Unterbrechungen durch Unvorhergesehenes kommt sie nur noch selten dazu, die eingegangene Post vollständig zu bearbeiten. Das kann so nicht weitergehen! Sie bespricht mit ihrer Lehrerin für Büroorganisation, Frau Seeberger, das Problem. Frau Seeberger greift die Problematik auf und führt gleich in der darauffolgenden Woche ein Seminar für effektives Zeitmanagement mit allen Mitgliedern der Übungsfirma durch.

Diese **Regeln** helfen, **einfache** und **schnell** umsetzbare Strategien zu erlernen, die ein effektives Zeitmanagement ermöglichen:

- Setzen Sie sich **Ziele** und verfolgen Sie diese konsequent.
- **Teilen** Sie große Ziele in viele **kleine Schritte** und setzen Sie sich jeweils einen zeitlichen Rahmen.
- **Überprüfen** Sie Ihre Ziele. Gegebenenfalls müssen die Ziele neuen Situationen angepasst werden.

- Setzen Sie **Prioritäten.**
- Legen Sie also fest, **welche Ziele** Ihnen wirklich wichtig sind.

- Schalten Sie **Zeitfallen** aus.
- **Die häufigsten Zeitfallen sind:**
  - keine Ziele,
  - keine oder falsche Prioritäten,
  - Überlastung, Überforderung, Inkompetenz,
  - Jasager-Mentalität,
  - mangelndes Delegationsvermögen,
  - faule, inkompetente Mitarbeiter,
  - moderne Kommunikation (Bearbeitung von E-Mails, SMS usw.).

- Planen Sie Ihre **Zeit** optimal.
- Führen Sie statt eines Terminkalenders ein **Zeitplanbuch.** Dafür empfiehlt sich ein **Ringbuchordner** im Format DIN A6 oder, wenn Sie häufig am PC arbeiten, ein gutes **Zeitplanprogramm** (z. B. Outlook). Das Zeitplanbuch hat den Vorteil, dass es genügend Platz für Eintragungen bietet. Alle Aufgaben werden möglichst als Ziel formuliert und in Stichworten notiert. Langfristige Ziele können in kleine Schritte zerlegt und lückenlos in einer übersichtlichen Form dargestellt werden.

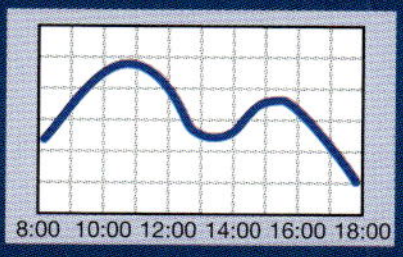


- Berücksichtigen Sie Ihren **Lebensrhythmus** bei der Planung.
- Achten Sie darauf, dass Sie die **wichtigsten Aufgaben** dann erledigen, wenn Sie am **leistungsfähigsten** sind.
- **Tiefpunkte** in Ihrer Leistungskurve können Sie für unwichtige Arbeiten oder Routineaufgaben nutzen.

- Reservieren Sie sich Zeiträume für **Unvorhergesehenes.**
- Das **Verhältnis 60 : 40** hat sich bewährt. Verplanen Sie also nur 60 Prozent Ihrer Zeit und reservieren Sie 40 Prozent für unvorhergesehene Dinge.

- Planen Sie angemessene **Pausen** ein.
- Kurze Pausen von **fünf bis zehn Minuten** ungefähr **jede Stunde** fördern die Konzentration und Leistungsfähigkeit.

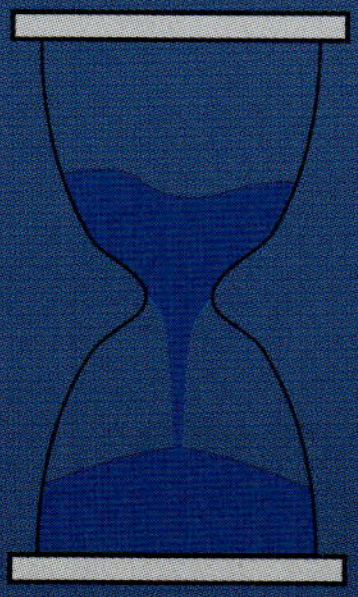

- Achten Sie darauf, dass Ihre **Tagespläne** so gestaltet sind, dass Sie sich nicht überfordern.
- Verschaffen Sie sich am **Vorabend** einen Überblick über die am kommenden Tag **zu erledigenden Aufgaben** und überprüfen Sie die dafür eingeplante Zeit.
- Planen Sie in den Tagesablauf etwas ein, was Ihnen **Freude** bereitet.
- Bereiten Sie den **abgelaufenen Tag** nach. Die fünf Minuten lohnen sich: Die erkannten Schwächen und Fehler werden Sie nicht mehr wiederholen.

## 2.2 Terminplanung

*Fallbeispiel*

Herr Seelmann, Geschäftsführer der Übungsfirma MODE CONNECTION GmbH, kontrolliert in der Abteilung Rechnungswesen die Belege und stellt fest, dass einige Rechnungen zu spät bezahlt worden sind. Dadurch ging der Übungsfirma ein Betrag von

60,00 EUR verloren. In dem wöchentlichen Ausbildungsgespräch macht Herr Seelmann Susanne auf den Verlust aufmerksam. Zusammen erarbeiten sie eine Checkliste, die Susanne helfen soll, in Zukunft solche Pannen zu vermeiden.

*Arbeitsblatt 1*
*Zeitmanagement 1*

Ein wichtiger Teil der Büroarbeit ist die Planung der Arbeitszeit. Gemeint ist damit die Wahrnehmung, Überwachung und Einarbeitung von Terminen in den täglichen Arbeitsablauf. Durch ein vorausschauendes Zeitmanagement wird Stress reduziert, was letztlich qualitativ bessere Arbeitsergebnisse nach sich zieht.

**Werden Termine übersehen oder vergessen, kann das für alle Beteiligten unangenehme Folgen haben:**

| Es wurde vergessen, | | Folgen: |
|---|---|---|
| • den Zahlungstermin einzuhalten | → | • kein Skontoabzug, Zahlung von Verzugszinsen und Mahngebühren |
| • Material nachzubestellen | → | • Maschinen müssen stillgelegt werden |
| • dem Schuldner eine Rechnung zu schicken | → | • die Forderung verjährt unter Umständen |
| • einen Kundenbesuch zu verlegen | → | • der Kunde muss warten oder noch einmal kommen und ist verärgert |

**Unter einem Termin versteht man den Zeitpunkt (Tag, Uhrzeit), an dem etwas Wichtiges stattfindet, z. B.:**

- Geburtstag,
- Beginn und Ende der Ferien,
- Klassenarbeit,
- Arztbesuch.

Termine müssen richtig geplant werden. Voraussetzung dafür ist, dass die Hintergründe eines Termins bekannt sind. Deshalb ist es zweckmäßig, sich vor jeder Terminplanung einige Fragen zu stellen:

!

Weshalb findet der Termin statt?
Wer kommt zu diesem Termin?
Wann findet der Termin statt?
Wo findet der Termin statt?
Wie lange dauert der Termin?

Muss für eine Besprechung, Konferenz oder Ähnliches ein Termin gefunden werden, an dem alle betroffenen Personen teilnehmen müssen, sollte vor der Terminfestlegung eine Terminabfrage gemacht werden. Legen Sie dazu ein Formular an.

BEISPIEL:

*Terminabfrage – Klassenkonferenz, Klasse: W 2a*

| Terminvorschläge | | | |
|---|---|---|---|
| **Personen, die teilnehmen sollten:** | **8. Juni 20..<br>14:00 Uhr** | **12. Juni 20..<br>15:00 Uhr** | **15. Juni 20..<br>14:30 Uhr** |
| Blum, Sonja | • | • | – |
| Bauer, Edda | – | • | • |
| Hermann, Adrian | – | • | – |
| Kleiner, Frank | • | • | – |
| Konrad, Stefan | • | • | • |
| Zimmer, Anja | • | • | – |

Noch leichter geht die Terminabstimmung über das **Online-Terminfindungs-Tool „Doodle"** *(www.doodle.com)*. Das selbsterklärende Tool erspart viele Telefonate und E-Mails, die zur Terminabstimmung notwendig wären.

*www.doodle.com*

Um einen Termin nicht zu **vergessen,** ist es unbedingt erforderlich, ihn sofort im Kalender **einzutragen** und seine Einhaltung zu **überwachen.** Auch im Geschäftsleben ist es notwendig, Termine zu planen, festzuhalten, abzustimmen und zu überwachen. Diese Aufgabe übernimmt meist das Sekretariat.

**Solche Termine sind z. B.:**

- Besprechung des Chefs/der Chefin,
- Geschäftsreisen des Chefs/der Chefin,
- Urlaub des Chefs/der Chefin,
- Kündigungen,
- Messen oder Ausstellungen,
- Vertreterbesuche,
- Urlaub der Sekretärin und von Mitarbeitern,
- Einladungen,
- Liefertermine,
- Zahlungstermine.

## 2.2.1 Terminarten

Bei den **Terminarten** unterscheidet man nach ihrer **Festlegung** zwei Gruppen:

- die **festen** Termine und
- die **flexiblen (beweglichen)** Termine.

Die **festen** Termine wiederholen sich periodisch. Sie werden möglichst frühzeitig – teilweise schon am Jahresanfang – eingetragen, um späteren Terminüberschneidungen vorzubeugen. Feste bzw. unveränderliche Termine sind z. B.:

- Geburtstage,
- Steuerzahlungen,
- Messen und Ausstellungen,
- Schul- und Betriebsferien,
- Jubiläen,
- Hauptversammlungen.

Die **flexiblen Termine** werden eingetragen, sobald sie festgelegt sind. Gegebenenfalls müssen sie mit den schon festliegenden Terminen abgestimmt werden. Bewegliche Termine sind z. B.:

- Besprechungen, Sitzungen, Tagungen,
- Geschäftsreisen,

- Bearbeitungs- und Planungstermine,
- Wiedervorlage- und Abgabetermine für Unterlagen,
- private und geschäftliche Vereinbarungen (Essen mit Geschäftsfreunden, Theaterbesuch, Sportveranstaltung).

Bei der **Terminüberwachung** ergeben sich folgende Terminarten:

- **Kontrolltermine,** z. B. für Rücksprachen,
- **Erledigungstermine,** z. B. bei Projekten,
- **gesetzlich vorgeschriebene Termine,** z. B. Steuern, Sozialabgaben.



**Zur besseren Unterscheidung** von Terminen können die Eintragungen **verschiedenfarbig** gestaltet werden.

### 2.2.2 Hilfsmittel zur Terminüberwachung

*Arbeitsblatt 2*
*Zeitmanagement II*

Für die Überwachung der verschiedensten Termine stehen im Büro unterschiedliche Hilfsmittel zur Verfügung. Dies sind:

- Terminkalender und -planer,
- Terminmappen
- Terminkarteien,
- Planungstafeln und
- elektronische Medien.

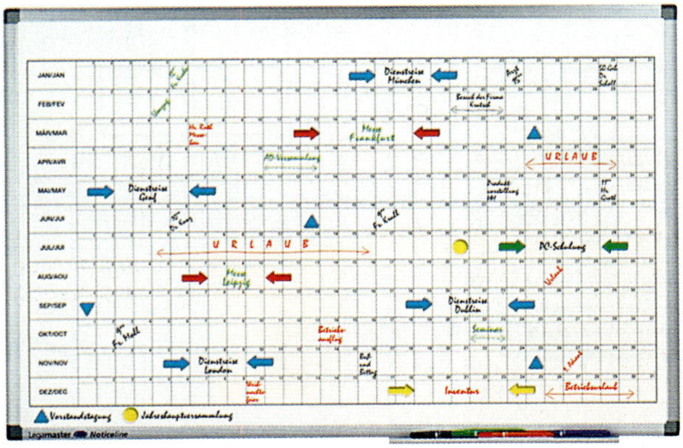

*Jahresplaner*

#### Terminkalender

Je nach dem Verwendungszweck und den privaten oder beruflichen Erfordernissen werden Termine in Jahres-, Monats- oder Tageskalender eingetragen. Diese können als Wand-, Tisch- oder Taschenkalender geführt werden. Während Jahres- und Monatskalender eine gute Übersicht zur Terminüberwachung bieten, eignen sich Taschenkalender zur stundenweisen Planung des Tagesablaufs.

Da zahlreiche Termine heute sehr langfristig festgelegt werden, ist es ab der Jahresmitte angebracht, auch Kalender des folgenden Jahres anzulegen.

#### Terminplaner

Beim Terminplaner handelt es sich um einen **Jahreskalender** aus kräftigem Papier, der an der Wand befestigt wird und eine langfristige Planung von Terminen ermöglicht. Er ist nach **Monaten, Wochen** und **Tagen** geordnet. Samstage sowie Sonn- und Feiertage sind farblich besonders hervorgehoben. Die Termine werden am besten mit **farbigen Filzstiften** eingetragen.

## Termineintragungen

| Nr. | Teilprozess | Hilfsmittel | Bemerkung |
|---|---|---|---|
| 1 | Termine setzen | Terminkalender | |
| 2 | Terminart → Fester Termin / Flexibler Termin / Kontrolltermin / Erledigungstermin / Gesetzlich vorgeschriebene Termine | | |
| 3 | Zeitbedarf ermitteln → Pufferzeit einplanen | Terminübersicht | |
| 4 | Wichtige Informationen zum Termin → Name der betr. Personen → Kontaktdaten → Adresse, Raum, … | Kontakte | |
| 5 | Eintrag in den Terminkalender | | |

2

### Terminmappen/Pultordner für die Wiedervorlage

Die Terminmappen dienen zur **Aufbewahrung** von **Schriftstücken**, die zu **einem bestimmten Termin** wieder bearbeitet oder vorgelegt werden sollen. Am zweckmäßigsten für die **Wiedervorlage** ist ein Pultordner mit Fächern für die Tage 1 bis 31 und die Monate 1 bis 12. Der laufende Monat wird chronolo-

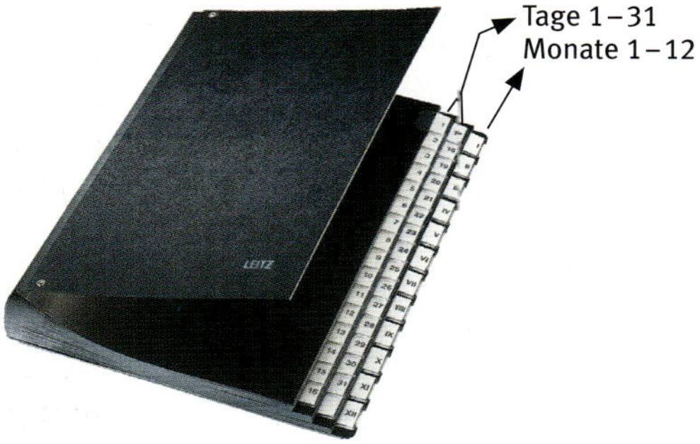


www.chronoplan.de
www.time-system.de

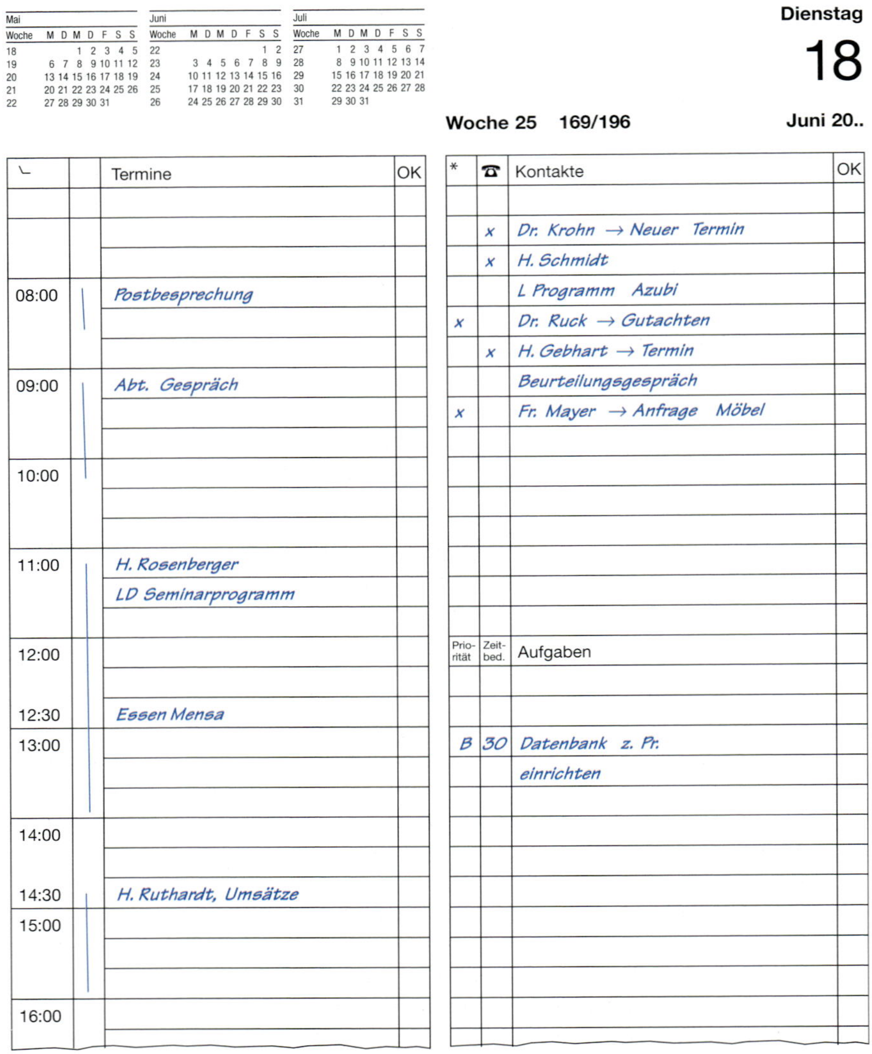


gisch geordnet. Unterlagen für die weiteren Monate werden im Monatsregister abgelegt. Terminmappen gibt es auch in der Form der Hängeregistratur. Für jeden Kalendertag wird eine Mappe angelegt. Morgens entnimmt die Sachbearbeiterin/der Sachbearbeiter der Tagesmappe die entsprechenden Unterlagen und steckt die Mappe hinter die anderen Tagesmappen. So hat man stets eine optische Kontrolle, ob die aktuelle Mappe beachtet wurde.

## Planungstafeln

Auch Planungstafeln ermöglichen die Terminübersicht über ein ganzes Jahr. Das Sichtbarmachen von Terminen erfolgt entweder durch farbige Kärtchen oder Symbole, die auf einer Magnettafel oder einer abwaschbaren Kunststofftafel haften oder gesteckt (Stecktafel) werden. Planungstafeln können auch als Belegungsplaner für

Reservierungen aller Art (Zimmer, Kurse, Sportplätze ...) oder als Aktionsplaner für Fertigungssteuerung und Projektverfolgung eingesetzt werden.

### 2.2.3 Allgemeine Tipps zur Terminplanung und -überwachung

Bei der Planung und Überwachung von Terminen sollten möglichst keine Fehler unterlaufen. Um dies zu gewährleisten, müssen die nachstehenden Sachverhalte beachtet werden.

2

#### Planung

- Vorgesetzte und Mitarbeiter sollten **getrennte** Terminkalender führen.
- Die eingetragenen Termine müssen ständig **abgestimmt** werden, z. B. Vergleich der Einträge, Prüfung von Änderungen.
- Neue, bestätigte Termine müssen **sofort** eingetragen werden, noch nicht endgültige mit einem entsprechenden Vermerk versehen werden.
- Der Zeitraum zwischen aufeinanderfolgenden Terminen darf **nicht zu knapp bemessen** werden.
- Entsprechende **Pufferzeiten** zwischen den Terminen sollten eingeplant werden. Ein zu enger Terminrahmen führt nur zu unnötigem Stress.
- Termine nicht zu **früh** und nicht zu **spät** einplanen.
- Bei bestimmten Terminen sind **Vorarbeiten** notwendig, um Unterlagen herauszusuchen oder Mitarbeiter rechtzeitig zu verständigen.
- Bei der Terminvereinbarung sind **Urlaubszeiten** und **Brückentage** zu berücksichtigen. Viele Mitarbeiter nehmen z. B. den Freitag als Urlaubstag, wenn der Donnerstag ein Feiertag ist.
- Nach Möglichkeit **private** Termine berücksichtigen.
- Termine für **externe** Teilnehmer mit längerer Anreise **nicht zu früh** einplanen.
- Bei mehrtägigen Terminen etwaige Messezeiten u. Ä. berücksichtigen.
- Bei der Planung müssen **Prioritäten** für die einzelnen Termine gesetzt werden (z. B. Wichtigkeit, externe vor internen Terminen, Termine mit Vorgesetzten).
- Termine gleichmäßig über den Tag, die Woche, den Monat verteilen. Häufungen vermeiden.
- Für gleichartige Termine sind evtl. **Terminblöcke** zu bilden.
- Personen, die sich nicht begegnen sollten (z. B. Konkurrenten), nicht nacheinander einladen.

#### Überwachung

- Die Termine für den kommenden Arbeitstag müssen am Tag vorher durchgesehen und die dazugehörigen Unterlagen bereitgelegt werden.
- Am Ende eines Arbeitstages werden die erledigten Termine abgehakt und nicht erledigte neu eingeplant.
- Um die Terminüberwachung zu erleichtern, hat es sich in der Praxis bewährt, mit **verschiedenen Farben** zu arbeiten.

BEISPIEL:

| | |
|---|---|
| *Schwarz* | *interne Termine* |
| *Blau* | *externe Termine* |
| *Grün* | *eigene Termine* |
| *Rot* | *erledigte Termine* |

2

!

Terminplanung und -überwachung gehören zu den verantwortungsvollsten und schwierigsten Aufgaben im Büro. Für einen reibungslosen Ablauf aller betrieblichen Arbeiten ist eine gute **Terminkoordinierung** unbedingt notwendig. Da Termine mitunter auch für Nichtbeteiligte von großem Wert sind, bedarf es der Diskretion etwaiger Terminkenner. Terminüberschneidungen verursachen Leerlauf, kosten Zeit, Geld und verursachen eine gespannte Arbeitsatmosphäre.

### 2.2.4 Terminplanung und -überwachung am Personal Computer

Für die „elektronische Terminplanung und -überwachung“ werden Software-Programme von unterschiedlichen Softwareentwicklern angeboten. In vielen Bürosoftwarepaketen ist ein entsprechendes Terminplanungsprogramm integriert. Beim Umsteigen auf einen elektronischen Terminkalender empfiehlt es sich, eine gewisse Zeit beide Kalender parallel zu führen, bis die Bedienung des neuen Programms völlig vertraut ist.

**Eine effektive elektronische Terminverwaltung ist an bestimmte technische und organisatorische Voraussetzungen gebunden:**

- Alle Teilnehmer sollten in einem **Computer-Netzwerk** zusammengeschlossen sein.
- Die betroffenen Personen müssen **Zugriff auf die Terminpläne** der maßgeblichen Mitarbeiterinnen und Mitarbeiter haben, um die Geschäftstermine abstimmen zu können. Nur so sehen sie, ob ein Termin noch möglich ist.
- **Sperrtermine**, egal ob geschäftlich oder privat, müssen möglichst früh untereinander abgesprochen und fixiert werden.
- Ein festgelegter Termin muss von allen Geräten übernommen werden, sodass die Abstimmung mit geringerem Zeitaufwand sicher erreicht wird.

**Vor- und Nachteile der elektronischen Terminüberwachung**

| Vorteile | Nachteile |
|---|---|
| • Termine und dazugehörende Kurzinformationen können schnell gefunden werden.<br>• Die Terminpflege – Verschieben, Löschen usw. von Terminen – ist einfach, und der Kalender ist stets übersichtlich.<br>• Bei einer Vernetzung der Computer können Termine sehr schnell in andere Terminkalender übertragen werden.<br>• Wunschgemäß können ausgewählte Termine akustisch angezeigt werden. | • Im Notebook oder PDA festgehaltene Termine müssen mit dem Arbeitsplatz-PC so schnell wie möglich abgeglichen werden.<br>• Für besondere Planungsfunktionen haben die einfachen, meist billigen Planungsprogramme nicht die richtige Funktion.<br>• Die elektronische Terminpflege ist „spurenlos“, so können Änderungen nachträglich nicht mehr rekonstruiert werden. |

| Vorteile | Nachteile |
|---|---|
| • Mit einem Notebook oder PDA ist der Terminkalender auch unterwegs verfügbar.<br>• Der „persönliche" Terminkalender kann bei Bedarf durch ein Passwort vor unbefugtem Zugriff geschützt werden. | • Ein Datenverlust durch einen Hardware-Fehler kann schlimme betriebliche Konsequenzen haben. |



Die angebotenen elektronischen Terminkalender unterscheiden sich vor allem in den **Funktionen** und im **Preis**. Die Übersicht listet die **wichtigsten Funktionen** auf, **die ein elektronischer Terminkalender bieten sollte:**

| | |
|---|---|
| **Kalenderfunktion** | Tages-, Wochen- und Monatsübersichten, Anzeige der Feiertage, Kalender über mehrere Jahre. |
| **Terminüberschneidungsprüfung** | Sie verhindert, dass Termine doppelt vergeben werden oder dass es Überschneidungen mit einem anderen Termin gibt. |
| **Notizbuchfunktion** | Textnotizen und grafische Skizzen werden damit verwaltet, die „Zettelwirtschaft" auf dem Schreibtisch wird reduziert. |
| **Adressbuch** | Namen, Anschriften, Telefonnummern usw. können nach bestimmten Kriterien (z. B. alphabetisch oder nach Postleitzahlen) geordnet und gespeichert werden. Die Daten können bei Bedarf in das Adressfeld eines Briefes übernommen werden. |
| **Uhrenfunktion** | Ein optisches oder akustisches Signal weist auf einen Termin hin. Die Zeit kann beliebig eingestellt werden. Für eine internationale Terminabstimmung steht eine Weltzeituhr zur Verfügung. |
| **Automatische Nummernwahl** | Mit der automatischen Nummernwahl wird durch Mausklick die Telefonnummer des gewünschten Gesprächspartners angewählt und die Verbindung hergestellt. Zum computerunterstützten Telefonieren ist ein Modem oder ISDN-Anschluss nötig. |
| **Integrierter Passwortschutz** | Bei Bedarf kann die gesamte Termin-, Adress- und Notizverwaltung durch ein Passwort vor unberechtigtem Zugriff geschützt werden. |

Neben diesen wichtigen Funktionen bieten Software-Hersteller in ihren elektronischen Terminkalendern immer mehr Funktionen an, die bereits in vorhandenen Programmen integriert und somit für den Nutzer überflüssig sind. Gerade hierbei gilt die Empfehlung: Prüfen Sie neue Programme vor dem Kauf, denn unnötige Programmteile verteuern das Produkt!

Die Einrichtung eines **gemeinsamen Terminkalenders im Intranet** eines Unternehmens (z. B. mit Outlook) erleichtert die Terminplanung – insbesondere **bei Team- und Projektarbeit.**

Tipp
Terminplanung

## 2.2.5 Terminverwaltung mithilfe eines elektronischen Organizers

www.gdata.de

Terminverwaltung am Personal Computer funktioniert nur dann, wenn die Termine ausschließlich vom Büro aus abgesprochen und überwacht werden. Viele Mitarbeiterinnen und Mitarbeiter befinden sich aber während ihrer Arbeitszeit außerhalb des Büros und führen deshalb parallel dazu einen Papierplaner. Eine doppelte Planung ist fast immer ineffizient, denn die Termine müssen konsequent in beiden Systemen stets auf dem aktuellsten Stand gehalten werden. Dieses Problem lässt sich mit einem **Organizer** lösen. Die gängigsten Organizer sind **PDA** (**P**ersonal **D**igital **A**ssistant), auch **Handheld-Computer** genannt, **Pocket-PC** oder **Handy mit Organizer-Funktionen,** das sogenannte **Smartphone.** Mit der entsprechenden Ausstattung lässt sich der Organizer auch als Navigationssystem im Auto, als Diktiergerät und MP3-Player nutzen.



| Vorteile | Nachteile |
|---|---|
| • Benutzer haben überall und zu jeder Zeit Zugriff auf sämtliche Daten, Adressen und Termine.<br>• Organizer verfügen meist über zusätzliche Funktionen wie z. B. Aufgaben- und Adressverwaltung, Telefonieren über eine Freisprechfunktion oder Headset, Kamera, automatischer Empfang von E-Mail-Nachrichten, integrierter Viewer zum Anzeigen von E-Mail-Anhängen.<br>• Abgleich der Daten über Kabel oder Infrarot- bzw. Bluetooth-Schnittstelle mit dem Personal Computer im Büro. Manche Geräte verfügen über eine Outlook-Synchronisierung. | • Texte müssen mit einem kleinen Stift eingegeben werden.<br>• Umfangreiche Dokumente lassen sich aufgrund des kleinen Displays schlecht bearbeiten.<br>• Mangelnde Übersichtlichkeit, bedingt durch das kleine Format.<br>• Lange Zugriffszeit, wenn ein Termin nachgeschaut oder eingetragen wird.<br>• Individuelle Kennzeichnung (z. B. durch Farbe) der Termine nicht möglich.<br>• Abhängigkeit von Strom, Batterie oder Akku. |

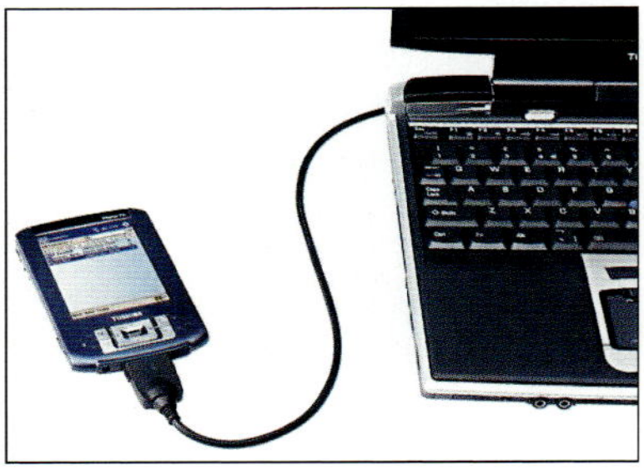

***Zusammenfassung***

1 Durch wenige Regeln lassen sich einfach und schnell umsetzbare Strategien erlernen, die ein **effektives Zeitmanagement** ermöglichen.

2 Die **festen, unveränderbaren Termine** wie Schul- und Betriebsferien, Messen, Geburtstage usw. werden zum frühestmöglichen Zeitpunkt in die betreffende Terminübersicht eingetragen.

3 Die **beweglichen Termine** wie Sitzungen, Geschäftsreisen, private Vereinbarungen usw. müssen, wenn sie festgelegt sind, in den bereits bestehenden Terminrahmen eingepasst werden.

4 **Doodle** bietet einfache Lösungen zur **Terminabsprache.** Die Personen, die sich zu einem gemeinsamen Termin verabreden wollen, sind in der Terminfindung zeit- und ortsunabhängig.

5 Bei der Terminüberwachung ergeben sich **Kontrolltermine**, Erledigungstermine und **gesetzlich vorgeschriebene Termine.**

## Zusammenfassung

6 Zur **Terminüberwachung** können verschiedene Hilfsmittel eingesetzt werden: Terminkalender, Terminplaner, Planungstafeln, Terminmappen und -karteien und elektronische Medien.

7 Der **„elektronische Terminkalender“** bietet viele Funktionen, die eine Terminplanung und -überwachung sehr vereinfachen.

8 **Organizer** halten die Termine bei regelmäßiger Synchronisation sowohl im Büro als auch unterwegs auf dem neuesten Stand.



## Aufgaben

1 Welche Termine sollten z. B.
a) von einer Schülerin/einem Schüler,
b) von einer Bürokraft bereits am Jahresanfang in den Terminkalender eingetragen werden?

2 Was verstehen Sie unter beweglichen Terminen? Nennen Sie Beispiele.

3 Das Vergessen eines Termins kann sehr unangenehme Folgen nach sich ziehen. Erläutern Sie diese Aussage.

4 Nach welchen Merkmalen unterscheiden sich Terminkalender?

5 Beschreiben Sie einen Jahresplaner.

6 Worauf ist zu achten, um Pannen bei der Terminplanung und -überwachung möglichst zu vermeiden?

7 Sie stellen im Sekretariat fest, dass die Sekretärin für die Termine Ihres Chefs nur einen Taschenkalender benutzt. Sie sind der Meinung, dass sie unbedingt noch einen Terminplaner braucht. Mit welchen Argumenten können Sie sie überzeugen?

8 Um Personalprobleme bei der Festlegung der Urlaubszeiten zu vermeiden, sollen Sie einen Urlaubsplan anlegen und eventuelle Überschneidungen rechtzeitig feststellen. In der Abteilung „Marketing“ der ModeIdee GmbH arbeiten neben Ihrer Chefin, Frau Irene Boldt, noch die Mitarbeiterinnen Karin Joos und Frauke Beck sowie die Mitarbeiter Frank Keil und Roland Fürst. Entwerfen Sie einen Urlaubsplan (Tabelle mit den Monaten April bis Dezember) und stellen Sie durch Eintragung der bereits vorliegenden Urlaubswünsche fest, zu welchen Überschneidungen es kommt, wenn Frau Joos und Frau Boldt, Sie und Frau Beck, Herr Keil und Herr Fürst nicht gleichzeitig abwesend sein sollen.

| | | | |
|---|---|---|---|
| **Frau Boldt** | 2., 3. und 4. Maiwoche<br>1., 2. und 3. Augustwoche | **Herr Keil** | 3. und 4. Maiwoche<br>ganzer September |
| **Frau Joos** | 3. und 4. Maiwoche<br>2., 3. und 4. Oktoberwoche<br>4. Dezemberwoche | **Herr Fürst** | 4. Aprilwoche<br>4. Septemberwoche<br>1. und 2. Oktoberwoche |
| **Frau Beck** | 2., 3. und 4. Augustwoche<br>1. Septemberwoche<br>3. und 4. Oktoberwoche | **Sie** | 3. und 4. Juliwoche<br>1. und 2. Augustwoche<br>3. und 4. Dezemberwoche |

**Aufgaben**

2

9 Kathrin unterstützt zurzeit Frau Kunze im Chefsekretariat. Herr Dahlmann, der Vorgesetzte von Frau Kunze, will in der nächsten Woche eine dreistündige Abteilungsleiterbesprechung einberufen, die sowohl vormittags als auch nachmittags stattfinden kann. Herr Dahlmann ist am Mittwoch nächster Woche auf einer Messe in Hannover. Kathrin befragt die Abteilungsleiterinnen/Abteilungsleiter nach ihren Terminen und erhält folgende Auskünfte:

**Frau Zitter**

**Montag:** den ganzen Tag abwesend
**Dienstag:** ab 08:30 Uhr in der Firma
**Mittwoch:** Besprechung von 09:00 bis 11:00 Uhr
**Donnerstag:** Gerichtstermin von 10:30 bis 13:00 Uhr
Einen Vertreter hat sie nicht.

**Herr Meister**

**Montag:** den ganzen Tag auf einer Ausstellung in Frankfurt
**Dienstag:** von 09:00 bis 13:00 Uhr Besprechung mit der Abteilung Entwicklung
**Mittwoch:** der gesamte Tag ist für einen Geschäftsbesuch aus Brasilien reserviert
**Freitag:** um 10:12 Uhr Abflug nach Amerika.
Sein Stellvertreter, Herr Oskar, hat nur noch am Dienstagvormittag einen freien Termin.

**Herr Papel**

**Montag:** Besprechung von 09:00 bis 10:30 Uhr
**Dienstag:** den ganzen Tag zu einem Verkaufsgespräch in Hamburg
**Mittwoch:** von 10:00 bis 12:00 Uhr ein Lieferantengespräch und ab 15:00 Uhr bei der IHK
**Donnerstag:** Kundenbesprechung von 10:00 bis 12:00 Uhr
**Freitag:** Gespräch in der Organisationsabteilung von 14:00 bis 16:00 Uhr.
Seine Vertreterin, Frau Spring, ist ab Dienstagnachmittag in Urlaub.

**Frau Nolte**

**Dienstag:** Besprechung von 08:00 bis 08:30 Uhr, ab 14:00 Uhr nicht mehr anwesend
**Mittwoch:** den ganzen Tag auf Geschäftsreise
**Donnerstag:** erst ab 14:00 Uhr in der Firma
Ihr Vertreter, Herr Herbst, ist am Montag nicht in der Firma.
Am Dienstag eine Besprechung von 14:00 bis 16:30 Uhr.

a) Lösen Sie diese Aufgabe mit einer Matrix. Zur Lösung der Aufgabe verwenden Sie eine Tabelle nach dem unten stehenden Muster. Reduzieren Sie alle Fakten auf eine Ja-Nein-Entscheidung und tragen Sie das Ergebnis ein. (Nein = x)
b) An welchem Tag kann die Konferenz mit allen Abteilungsleitern stattfinden?
c) An welchem Tag könnte die Konferenz noch stattfinden, wenn Herr Dahlmann auch die Teilnahme von Vertretern seiner Abteilungsleiter akzeptieren würde?

**Muster für die Lösungstabelle:**

| Tag | Montag | | Dienstag | | Mittwoch | | Donnerstag | | Freitag | |
|---|---|---|---|---|---|---|---|---|---|---|
| Name | Vorm. | Nachm. | Vorm. | Nachm. | Vorm. | Nachm. | Vorm. | Nachm. | Vorm. | Nachm. |
| | | | | | | | | | | |
| | | | | | | | | | | |

Aufgaben

10 Rufen Sie Outlook auf und nehmen Sie die Terminplanung vor:
Erstellen Sie einen neuen Kalender für das laufende Jahr.
Bestätigen Sie die Aufforderung **„Sämtliche Feiertage – Deutschland vermerken“.**
Kennzeichnen Sie den Steuertermin: **1. Mai bis 28. Dezember.**
Kennzeichnen Sie den Betriebsurlaub: **1. August bis 30. August.**
Legen Sie eine Terminserie fest: **An jedem Arbeitstag von 08:00 bis 08:30 Uhr Postbesprechung.**
Wählen Sie den 30. Oktober und planen Sie den Tag mit den angegebenen Terminen:

| | |
|---|---|
| 09:00 bis 10:30 Uhr | Besprechung mit den Abteilungsleitern |
| 11:00 Uhr | Besuch Dr. Krause |
| 12:00 Uhr | Mittagessen mit Herrn Dr. Krause – Tisch reservieren |
| 14:15 bis 16:00 Uhr | PC-Training |
| 18:00 Uhr | VHS Spanisch-Kurs |

Im Aufgabenblock vermerken Sie **„Hochzeitstag – Blumen besorgen“.**
Speichern Sie den Terminkalender unter **Termin1.**

11 Susanne bereitet sich auf die Abschlussprüfung vor, die in einem halben Jahr stattfindet. Obwohl sie sich jeden Tag vornimmt, eine Stunde zu lernen, klappt es nicht. Was macht sie falsch?

12 Frau Mahler ist Bürokauffrau in der Mode I Idee GmbH, der Partnerfirma der MODE CONNECTION GmbH. Seit einiger Zeit kommt sie erst nach Dienstschluss zu ihren „eigentlichen Aufgaben“. Wenn sie sich gerade in eine Aufgabe eingearbeitet hat, kommt eine Störung. Wie kann Frau Mahler ihre Arbeitszeit besser nutzen?

## Öko-Tipps

Öko-Tipps

- Termine sollten so geplant werden, dass keine unnötigen Wegstrecken mit dem Auto zurückgelegt werden müssen.
- Prüfen Sie die Hilfsmittel zur Terminüberwachung vor dem Kauf! In vielen Büros stehen überflüssige oder unpraktische Planungstafeln herum. Nicht alles, was schön bunt ist, ist auf Dauer praktisch. Farben verblassen, Plastikteile werden spröde. Sie werden dann zu unnötigem Müll.
- Kunststoffbeschichtete Organisationstafeln sind Sondermüll.
- Kaufen Sie Hilfsmittel aus recycelbaren Stoffen.
- Achten Sie darauf, dass Ihre Hilfsmittel – auch nach Jahren noch – ergänzt werden können.
- Bevorzugen Sie Planer, die im Baukastenprinzip aufgebaut sind. Verwenden Sie z. B. den Einband, den Mechanismus und den Adressenteil über mehrere Jahre. Dann ist auch ein Einband aus Leder sinnvoll; verzichten Sie auf Plastik.

HOT

2

# Brainstorming

**Methodenbeschreibung**

Das Brainstorming ist eine kreative Methode zur Ideenfindung, die in den 40er-Jahren des vorigen Jahrhunderts von Alex Osborn entwickelt wurde. Mit dieser Methode sollen z. B. Alternativen, Handlungsschritte und Lösungsideen zu einer Problemstellung erkannt und entwickelt werden.

Ein Thema, ein Problem oder eine Leitfrage werden an einer **Moderationstafel** festgehalten. In der Lerngruppe sammeln die Teilnehmer Ideen, die ihnen dazu einfallen, um daraus neue Denkanstöße zu gewinnen.

**Soll ein Brainstorming zum Erfolg führen, müssen Regeln eingehalten werden:**

- Jeder sollte möglichst viele Ideen entwickeln.
- Die spontanen Einfälle sollten schnell geäußert werden. Das regt die anderen Gruppenmitglieder zu weiteren Vorschlägen an.
- Es darf keine Kritik geübt werden und keine Beurteilung erfolgen. Das gilt auch für die **Körpersprache** (Augenspiel, Kopfschütteln usw.). Jede Idee ist willkommen. Dadurch können denkpsychologische Blockaden ausgeschaltet werden.

**Ein Brainstorming besteht aus zwei Phasen:**

- Ideensammlung
- Ideenauswertung

**Erste Phase – Ideensammlung**

- Definieren und notieren Sie das Problem, das Unterrichtsthema oder einen Begriff an der Moderationstafel.
- Sammeln Sie möglichst viele Ideen zur Problemlösung.
- Halten Sie die Ideen stichwortartig und gut lesbar auf einem Kärtchen fest. Verwenden Sie für jede Idee ein Kärtchen.

**Kurze Pause**

**Zweite Phase – Auswertung**

- Ordnen und strukturieren Sie die gemeinsam gefundenen Ideen.
- Analysieren und bewerten Sie das Ergebnis.

**Arbeitsauftrag**

*Seit in der MODE CONNECTION GmbH die elektronische Terminplanung eingeführt wurde, kommt es immer wieder zu Problemen. Worin können die Ursachen liegen? Suchen Sie nach Lösungsmöglichkeiten.*

*Führen Sie in Ihrer Lerngruppe ein Brainstorming zum Thema „Elektronische Terminplanung" durch.*

# 3 Arbeitsmittel und Bürogeräte

**Arbeitsmittel**
z. B.
- Locher
- Hefter
- Ablageschalen

befinden sich an einem festen Platz am Schreibtisch

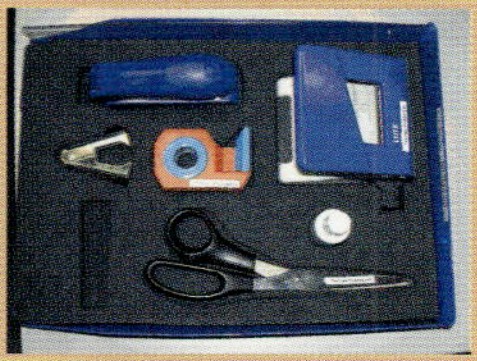



**PC-Drucker**
- Laserdrucker
- Tintenstrahldrucker
- Matrixdrucker
- Thermosublimationsdrucker
- Thermo-Direkt-Drucker

**Verbrauchsmaterialien**

Bestandsüberwachung

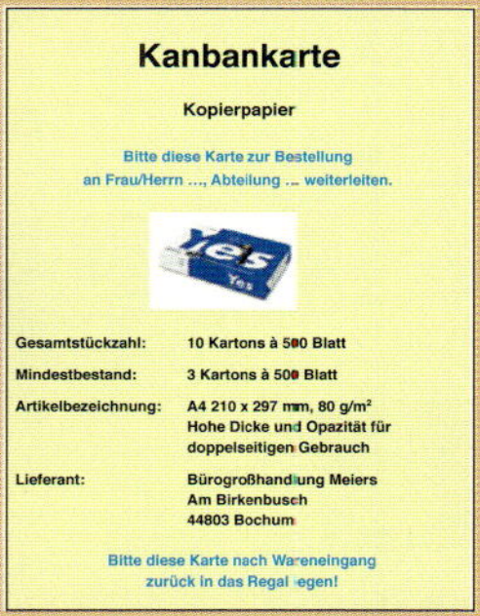
**Kanbankarte**

Kopierpapier

Bitte diese Karte zur Bestellung an Frau/Herrn ..., Abteilung ... weiterleiten.

| | |
|---|---|
| Gesamtstückzahl: | 10 Kartons à 500 Blatt |
| Mindestbestand: | 3 Kartons à 500 Blatt |
| Artikelbezeichnung: | A4 210 x 297 mm, 80 g/m² Hohe Dicke und Opazität für doppelseitigen Gebrauch |
| Lieferant: | Bürogroßhandlung Meiers Am Birkenbusch 44803 Bochum |

Bitte diese Karte nach Wareneingang zurück in das Regal legen!

**Multifunktionsgerät**
mit Kopier-, Druck-, Scanner- und Fax-Modul

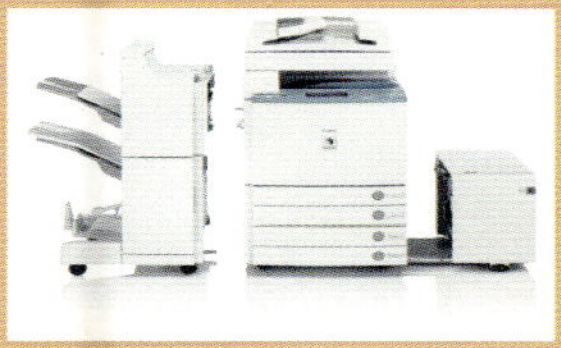

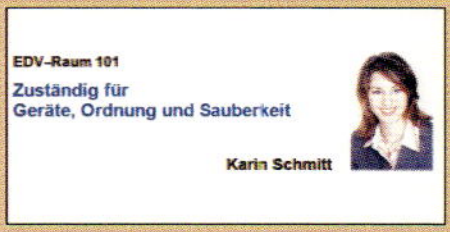
EDV-Raum 101
Zuständig für
Geräte, Ordnung und Sauberkeit
Karin Schmitt

**Scanner**
- Handscanner
- Einzugscanner
- Flachbettscanner
- Buchscanner
- Dokumentenscanner
- Mikrofilmscanner
- Trommelscanner
- Visitenkartenscanner

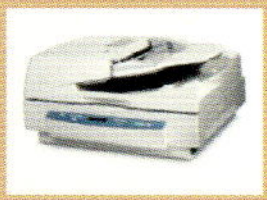

**Kopierer**
- Arbeitsplatzkopierer
- Abteilungskopierer
- Hausdruckerei
- Großformat-Plotter

**Beschreibung der Gerätefunktionen**

Kurzanleitung

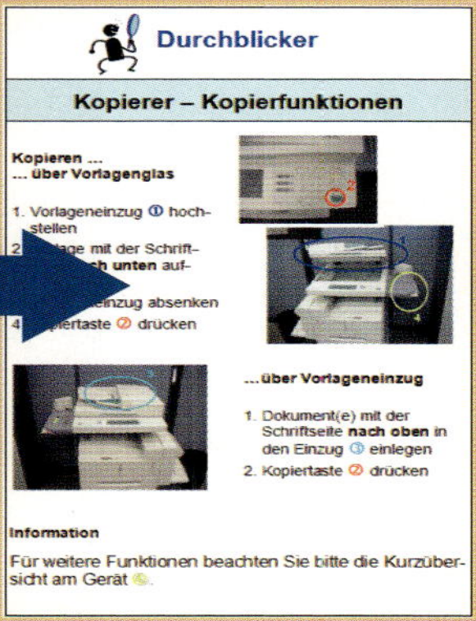
Durchblicker

**Kopierer – Kopierfunktionen**

**Kopieren ...**
**... über Vorlagenglas**
1. Vorlageneinzug ① hochstellen
2. ...age mit der Schrift...h unten auf...
3. ...inzug absenken
4. ...piertaste ② drücken

**... über Vorlageneinzug**
1. Dokument(e) mit der Schriftseite **nach oben** in den Einzug ③ einlegen
2. Kopiertaste ② drücken

**Information**
Für weitere Funktionen beachten Sie bitte die Kurzübersicht am Gerät

**Gebrauchsanleitung**

vom Internetportal des Herstellers als PDF-Datei herunterladen

*Lernziele*

- PC-Drucker nach Drucktechnologien unterscheiden.
- Druckoptionen kennen und ökonomisch einsetzen.
- Möglichkeiten der Vervielfältigung unter ökonomischen Aspekten bewerten.
- Einsatzbereiche der Vervielfältigungsverfahren aufzeigen.
- Sich über die Funktionen der Bürogeräte einen Überblick verschaffen und rationell einsetzen.
- Die Verwaltung der Büromaterialien verbessern.
- Fachbegriffe und Abkürzungen kennen.
- Den Einsatz multifunktionaler Geräte bewerten.



*Fallbeispiel*

Die Mitarbeiterinnen und Mitarbeiter der Übungsfirma MODE CONNECTION GmbH tagen. Sie schildern das Chaos, das seit einiger Zeit an den Arbeitsplätzen herrscht. Arbeitsprozesse werden gehemmt, weil die Büromaterialien nicht da sind oder nicht gefunden werden und sich niemand mit den Bürogeräten so richtig auskennt. Nun wird gemeinsam nach den Ursachen gesucht, es müssen Lösungen zur Verbesserung der Situation erarbeitet werden.

## 3.1 Arbeitsmittel

*Arbeitsblatt 1 Ordnung am Arbeitsplatz*

Halten Sie auf Ihrer Schreibtischplatte Ordnung und erhöhen Sie die Übersichtlichkeit. Wenden Sie regelmäßig die **5-A-Aktion** an:

1. **A**ussortieren.
2. **A**ufräumen nach Plan.
3. **A**rbeitsplatz sauber halten.
4. **A**nordnungen zur Regel machen.
5. **A**lle Punkte einhalten und ständig verbessern.

- Sorgen Sie für **Sauberkeit** und **Ordnung** am Arbeitsplatz und verbessern Sie den aktuellen Zustand ständig durch neue Ideen.
- Gestalten Sie Ihren **Arbeitsplatz ergonomisch** und bewahren Sie dort nur **Dinge** auf, die Sie **wirklich benötigen.**
- Achten Sie auf eine **sinnvolle Anordnung** der Arbeitsmittel (Locher, Schere u. Ä.). Gehen Sie dabei nach folgenden Kriterien vor: Verfügbarkeit, Zugriffszeit und Übersichtlichkeit.

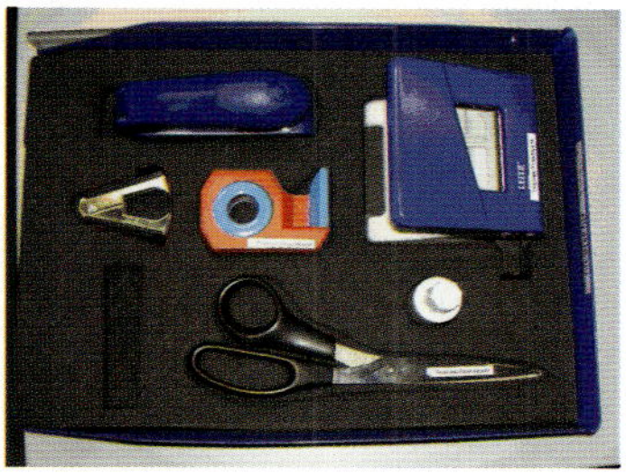

BEISPIEL:
*Diese Arbeitsmittel werden an einem geeigneten Standort aufbewahrt. Die Plätze für die Gegenstände sind aus der Schaumstoffplatte ausgeschnitten. So hat jedes Teil seinen festen Platz.*

- Richten Sie an Ihrem Arbeitsplatz feste Plätze für die Arbeitsmittel ein und verringern Sie dadurch die **Such- und Aufräumarbeiten**.

## Locher und Hefter



**Locher**

Bürolocher

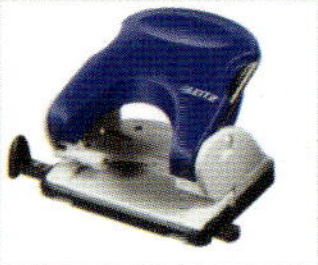

Elektrischer Locher

Lochung 15 bis 25 Blatt

Registraturlocher

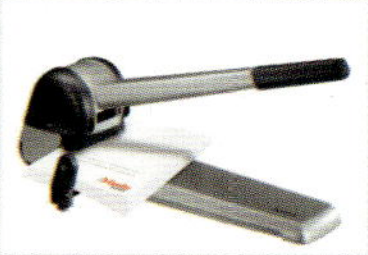

Lochung 60 bis 250 Blatt

Variabler Mehrfachlocher

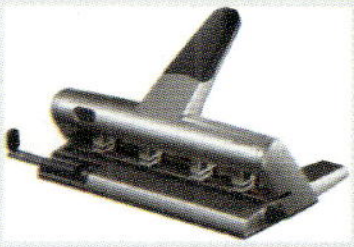

Lochung 30 Blatt

**Hefter**

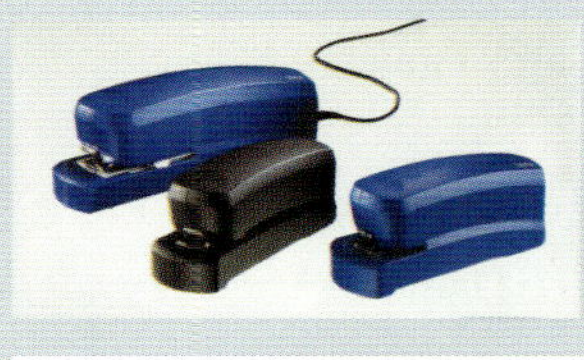

Auch Hefter gibt es in verschiedenen Ausführungen:
- mechanisch oder elektrisch,
- Heftung maximal 10, 25, 30, 40, 60, 65, 80, 120 oder 250 Blatt.

## Ablageschalen

Jeder Mitarbeiter/jede Mitarbeiterin sollte auf dem Schreibtisch maximal ein bis zwei **Ablageschalen** haben. Weitere Ablageschalen sind nur dann sinnvoll, wenn sie **Teil eines Arbeitsprozesses** sind und nicht zur Ablage dienen. Die Beschriftung der Ablageschalen muss eindeutig sein.

# 3.2 PC-Drucker

Innerhalb von kurzer Zeit wurden gute Standards in der Druckertechnologie entwickelt, die die Handhabung der Drucker sehr vereinfachten. Dennoch ist es hilfreich, sich ein wenig auszukennen, um bei einem anstehenden Kauf die richtige Entscheidung zu treffen.

An einen Personal Computer können Drucker mit unterschiedlichen Drucktechnologien angeschlossen werden. Man unterscheidet zwischen **Impact-Druckern (Anschlagdruckern) und Non-Impact-Druckern (anschlagfreien Druckern).**

*www.epson.de*
*www.kyocera.de*
*www.lexmark.de*
*www.hewlett-packard.de*
*www.canon.de*
*www.xerox.de*
*www.oki.de*
*www.brother.de*
*www.dell.de*
*www.samsung.de*

### 3.2.1 Nadel- bzw. Matrixdrucker

Von den Impact-Druckern wird heute nur noch der **Nadeldrucker, auch Matrixdrucker** genannt, angeboten. Die Druckerzeugung beim Nadeldrucker erfolgt durch mechanischen Anschlag. Die Zeichen werden aus winzigen Punkten zusammengesetzt, die ein mit Nadeln bestückter Schreibkopf erzeugt. Die Auflösung der Schrift und auch die Qualität hängt stark von der Anzahl der Nadeln ab.

Eingesetzt werden Nadeldrucker überall dort, wo der **schnelle und zuverlässige Ausdruck von Dokumenten in mehrfacher Ausfertigung** wichtig ist, wie z.B. beim Ausdruck von Bankbelegen, Gehaltsabrechnungen, Versandlisten und Rechnungen.

*Arbeitsblatt 2*
*Wir lernen die Bürogeräte in der Übungsfirma kennen*
*Drucker*

### 3.2.2 Tintenstrahldrucker

**Tintenstrahldrucker** (englische Bezeichnung: Ink-Jet-Printer). Dies sind **Zeilendrucker**, die die Daten zeilenweise empfangen und drucken. Dadurch brauchen sie einen **geringeren Arbeitsspeicher.** Beim Druck schießt der Druckkopf winzige Tintentröpfchen aus einer Düse lautlos aufs Papier.

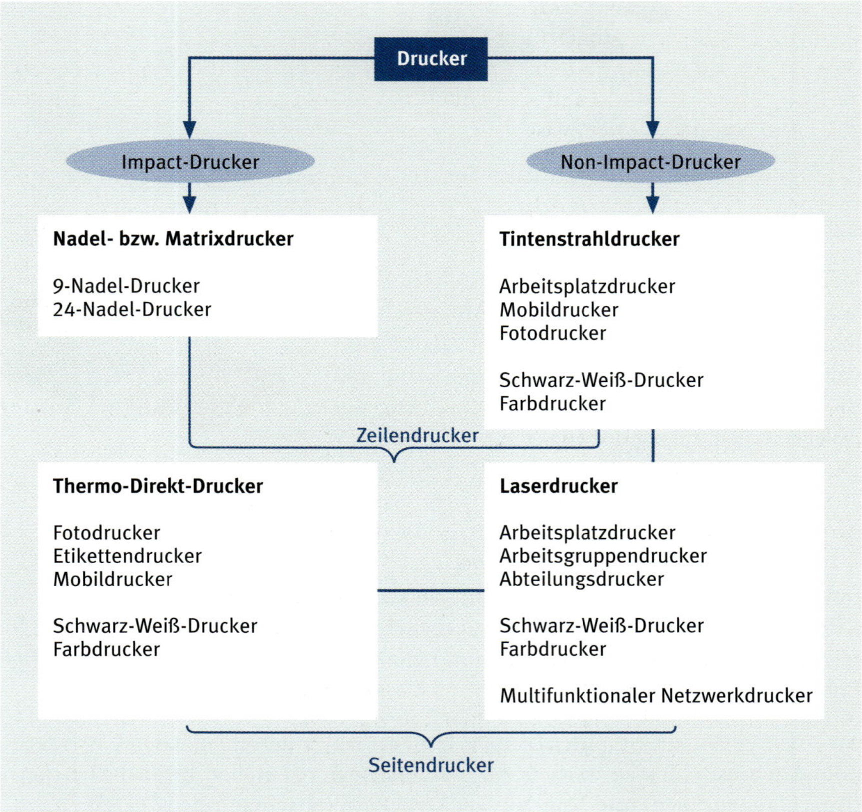

Hochwertige Tintenstrahldrucker stehen den Laserdruckern heute in der Qualität nicht mehr nach. Entscheidend für das Druckergebnis ist die Auflösung, in der gedruckt wird. Die Auflösung wird in dpi gemessen. Je höher die Auflösung, desto besser ist die Qualität des Ausdrucks.

Der **Anschaffungspreis** ist mittlerweile sehr **günstig, teurer** sind dagegen die **Folgekosten** (Tintenpatronen). Die Druckgeschwindigkeit beträgt bis zu zwölf Seiten pro Minute.

***Arbeitsblatt 3***
***PC-Drucker I***

## 3.2.3 Laserdrucker



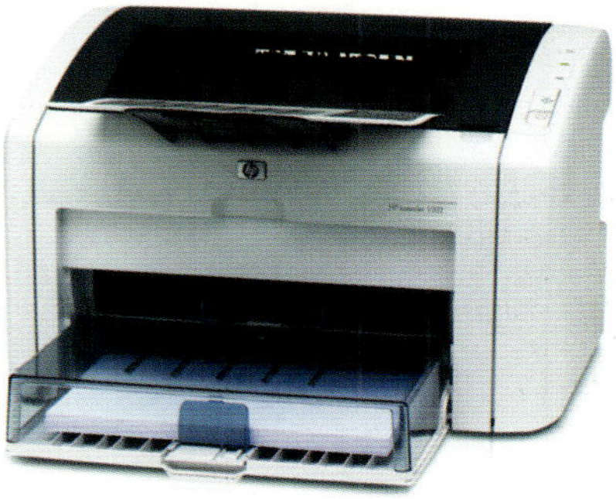

Sie gehören zu den **Seitendruckern,** die im Arbeitsspeicher zuerst die ganze Seite aufbauen und in einem Arbeitsgang zu Papier bringen. Deshalb benötigen sie in der Regel einen **großen Arbeitsspeicher.** Um Grafiken in guter Qualität und in einer angemessenen Geschwindigkeit ausgeben zu können, braucht man einen großen Arbeitsspeicher, da Grafikdateien in der Regel sehr groß sind. Reicht beim Drucken der Speicher nicht aus, kann es zu Problemen kommen, was im ungünstigsten Fall einen Abbruch des Druckauftrages bedeutet.

Je nach Modell können Laserdrucker zwischen 12 und 26 Seiten pro Minute drucken. Das Druckergebnis hängt stark von der Auflösung ab. Die gängigen Auflösungen, mit denen gute Druckergebnisse erzielt werden, sind: 600 × 600 dpi, 1 200 × 1 200 dpi, 1 200 × 600 dpi, 600 × 1 200 dpi und 1 440 × 720 dpi. Je nach Ausführung gibt es Laserdrucker mit einem Arbeitsspeicher zwischen 4 MB und 128 MB.

**Farblaserdrucker.** Farblaserdrucker sind seit Kurzem erschwinglich geworden und eignen sich für kleine Büros, selbstständige Grafiker oder Layouter. Je nach Modell kostet ein Gerät zwischen 300,00 EUR und 2 000,00 EUR. Sie kombinieren die Vorteile von Tintenstrahl- und Laserdrucker. Die Qualität des Ausdrucks ist in der Regel hervorragend. Diagramme, Grafiken und Fotos werden auch in Detailbereichen scharf wiedergegeben. Erheblicher Nachteil ist die hohe Geräuschentwicklung beim Ausdrucken.

**Netzwerkdrucker.** PCs, die in einem Netzwerk zusammengeschlossen sind, nutzen gemeinsam einen hochwertigen Laserdrucker, der über eine Steckkarte mit ihnen verbunden ist. Umfangreiche Dokumente wie Schulungsunterlagen, Handouts oder Berichte können auf Anforderung in einem Arbeitsschritt verteilfertig erstellt werden. Ferner können umfangreiche Druckaufträge unbeaufsichtigt über Nacht oder am Wochenende erledigt werden. Manche Geräte sind mit sogenannten Postfächern ausgestattet. Jedes Ausgabefach des Netzwerkdruckers ist einer Person oder Arbeitsgruppe zugeordnet, sodass die Ausdrucke leicht auffindbar sind. Netzwerklaserdrucker sind genauso leistungsfähig wie Kopierer und unterscheiden sich nur in geringfügigen Details.

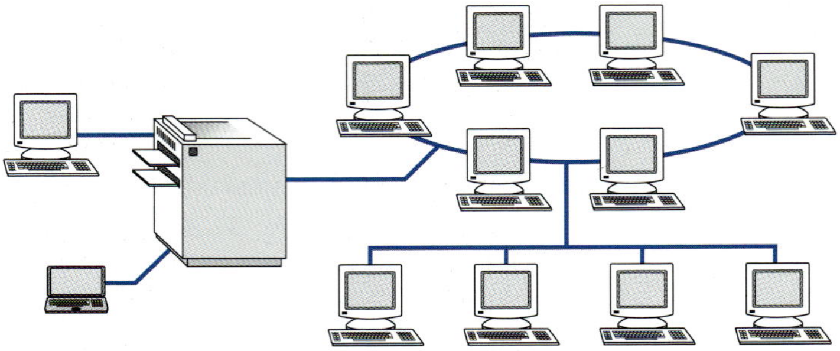

### 3.2.4 Thermosublimationsdrucker

Eingesetzt wird hier eine Druckertechnologie, die über Hitzeverfahren Farben druckt. Das Ergebnis sind hochwertige Drucke in Fotoqualität. Es können bis zu 16,7 Millionen Farbtöne bei voller Ausnutzung der Druckauflösung erzeugt werden. Die Kosten für einen Thermosublimationsdrucker sind sehr hoch. Deshalb gibt es diese Drucker meist nur als optimale Ergänzung zur digitalen Kamera. Der Ausdruck erfolgt auf in DIN A6 vorgeschnittenen Spezialpapieren in brillanter Fotoqualität.

**Thermo-Direkt-Drucker/Etikettendrucker**

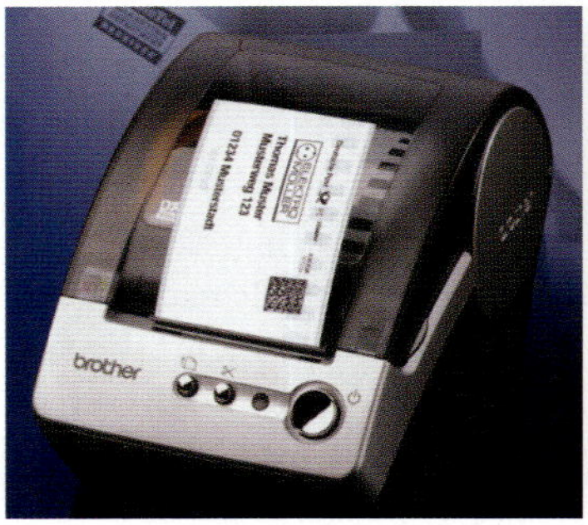


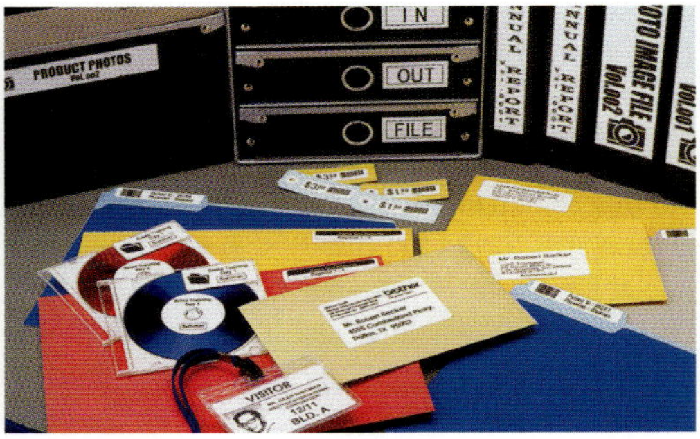


### 3.2.5 Drucker im Überblick

| Druckerart | Vorteile | Nachteile | Einsatz |
|---|---|---|---|
| **Laserdrucker** | • hohe Druckgeschwindigkeit (20–30 Seiten Text/Min.; Farbdruck pro Seite 30–60 Sek.)<br>• hohe Druckqualität (Text und Grafiken)<br>• Druck auf Normalpapier<br>• die Folgekosten liegen deutlich unter denen des Tintenstrahldruckers<br>• robustes Verhalten bei mittlerem bis hohem Druckvolumen | • teuer in der Anschaffung<br>• in der Regel groß, schwer und laut<br>• schlecht beim Druck von Farbfotos (zunehmend besser)<br>• hoher Stromverbrauch | • professioneller Gebrauch in Büros<br>• geeignet für hohes Druckvolumen |

| Druckerart | Vorteile | Nachteile | Einsatz |
|---|---|---|---|
| **Tintenstrahldrucker** | • niedriger Anschaffungspreis<br>• klein und leicht<br>• Ausdruck in guter bis sehr guter Qualität<br>• gutes Ergebnis beim Druck von Farbfotos<br>• je nach Ausführung Direktdruck von der Digitalkamera möglich<br>• Papier sparende Duplexeinheit oft serienmäßig<br>• unterschiedliche Medien können bedruckt werden | • hohe Folgekosten<br>• bei seltener Benutzung können Druckdüsen verstopfen<br>• langsamer Druck (2–8 Textseiten/Min.; Fotodruck pro Seite 1–6 Min.)<br>• für ein sehr gutes Druckergebnis wird Spezialpapier benötigt | • überwiegend privater Gebrauch<br>• bei geringem Druckvolumen<br>• anspruchsvolle Farb- und Fotodrucke |
| **Matrixdrucker** | • gleichzeitiger Mehrfachdruck (durch den Druck auf das Papier) möglich<br>• verarbeitet bis zu sechslagige Formulare (ein Original und fünf Kopien)<br>• Verwendung von Endlospapieren durch Zugtraktoren möglich<br>• geringe Folgekosten | • relativ hohe Geräuschentwicklung beim Drucken<br>• langsamer Druck<br>• keine repräsentativen Drucke<br>• kein/bzw. schlechter Farbdruck<br>• nicht geeignet zum Druck von Fotos | • Groß- und Einzelhandel (z. B. Formulare, Rechnungen, Lieferscheine)<br>• Arztpraxen (z. B. Rezepte)<br>• Reise- und Ticketbüros (z. B. Tickets)<br>• Lagerhäuser (z. B. Formulare, Etiketten, Barcodes)<br>• Speditionen<br>• Banken und Sparkassen (z. B. Sparbücher, Belege) |
| **Thermosublimationsdrucker**<br><br>**Thermo-Direkt-Drucker** | • klein und handlich<br>• ideal für die spezielle Anwendung<br>• brillanter Fotodruck | • relativ hohe Anschaffungskosten<br>• zum Ausdruck von Fotos ist Spezialpapier erforderlich<br>• langsamer Druck<br>• nicht flexibel einsetzbar | • Einzel-Etiketten<br>• Endlos-Etiketten<br>• Adressieren und Frankieren (Stampit) im Postausgang |

## 3.2.6 Folgekosten

*www.*
*tintendrucker24.de*

Der **Anschaffungspreis** für einen Tintenstrahl- bzw. Laserdrucker ist bei allen Herstellern mittlerweile sehr **günstig.** Teuer hingegen sind die Verbrauchsmaterialien wie **Tinte** und **Toner.**

Vergleicht man die Herstellerangaben, wie viele Seiten mit einer Druckpatrone bzw. Tonerkartusche gedruckt werden können, stellt man sehr schnell fest, dass es große Unterschiede gibt. Außerdem hat sich in der Praxis gezeigt, dass die Kartuschen um 20 bis 50 Prozent weniger ergiebig sind.

Natürlich hängt der **Tinten- bzw. Tonerverbrauch** auch davon ab, was gedruckt wird. Wer einen normalen Text im Entwurfsmodus druckt, verbraucht am wenigsten Tinte; am meisten wird bei einem großflächigen Fotoausdruck verbraucht.

Eine Alternative für den Neukauf einer Druckerpatrone könnte ein geeignetes Nachfüllsystem sein. Verschiedene Sets, bestehend aus Tinte und einer speziellen

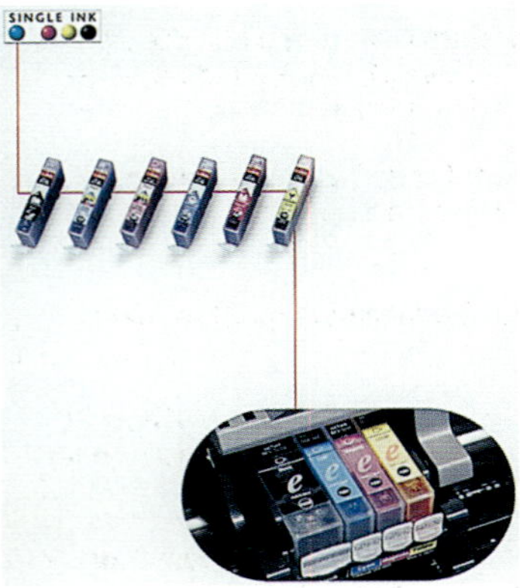


Spritze, mit der man die leeren Druckerpatronen nachfüllen kann, werden angeboten. Diese Angebote sollten jedoch gründlich geprüft werden. Nicht selten passiert es, dass der Druckkopf des Druckers durch schlechte Tinte verstopft wird. Das kann z. B. bei einem Epson-Drucker mit **Permanentdruckkopf** zu hohen Reparaturkosten führen.

Der Verbrauch aller Tinten bei einer Farbpatrone ist unterschiedlich, somit ist ausgeschlossen, dass zur selben Zeit alle Tanks leer gedruckt sind. Einige Hersteller bieten für die Farben getrennte Tintentanks an, sodass sie einzeln gewechselt werden können. Der Inhalt der einzelnen Farbtanks kann so vollständig ausgenutzt werden und die Druckkosten können gesenkt werden.

### 3.2.7 Software und Drucker

Im Drucker befindet sich neben dem Druckwerk eine **Steuerelektronik,** die die zu druckenden Daten vom PC entgegennimmt und – falls notwendig – Rückmeldungen an den Computer schickt.

**Die Steuerelektronik setzt sich aus folgenden Elementen zusammen:**

- **Prozessor** zur Berechnung der Druckdaten,
- **Arbeitsspeicher,** in dem die zu druckenden Daten gespeichert werden,
- **Druckersprache** (PCL oder Postscript), mit der sich der PC und der Drucker verständigen können.

*www.treiber.de*

Jedes Programm benötigt einen **Druckertreiber.** Hierbei handelt es sich um kleine Zusatzprogramme, die es ermöglichen, am Computer einen angeschlossenen Drucker zu betreiben. Sie vermitteln sozusagen zwischen Betriebssystem und Drucker. Nicht jeder Drucker passt an jeden Rechner und zu jedem Programm. Deshalb ist es wichtig, sich vor einem Kauf zu informieren, welche Systeme aufeinandertreffen. Einen internationalen einheitlichen Standard für Druckertreiber gibt es noch nicht. Die meisten Druckerhersteller bieten auf ihren Homepages Druckertreiber ihrer Produkte zum Herunterladen an.

### 3.2.8 Drucker-Lexikon

*Arbeitsblatt 4*
*PC-Drucker II*

**Um bei einem Kauf die richtige Entscheidung zu treffen, ist es sinnvoll, die wichtigsten Fachbegriffe zu kennen.**

| | |
|---|---|
| **dpi** | dpi ist die Abkürzung für **„dots per inch"** und **heißt „Punkte pro Zoll".** Es ist eine **Maßeinheit** für das **Auflösungsvermögen** eines Druckers und sagt aus, wie viele Druckpunkte pro Zoll gedruckt werden. Je **höher** die Auflösung, desto **besser** sind Schrift und Grafikelemente. |
| **Duplex-Drucker** | Ein Duplex-Drucker kann beide Seiten eines Blattes bedrucken. Das Papier wird im Drucker automatisch gewendet. |
| **Postscript** | Postscript ist eine Seitenbeschreibungssprache, die festlegt, wie Text und Bilder gedruckt werden. Der Vorteil ist dabei, dass die Druckbefehle unabhängig von dem Programm gelten, in dem die Datei angelegt wurde. Egal, ob mit Windows oder Macintosh-Software gearbeitet wird, die Postscript-Datei kann immer geladen und gedruckt werden. |

| | |
|---|---|
| **USB** | Der **Universal Serial Bus** ist eine Anschlussform, die den Anschluss von externen Geräten wie dem Drucker erleichtert. Das USB-Kabel hat zwei Typen von Steckern, A und B. Mit dem A-Stecker erfolgt der Anschluss an den PC. Der B-Stecker kommt an den Drucker. |
| **Job Reprint** | Bei dieser Funktion wird ein Druckauftrag auf dem Festplattenlaufwerk des Druckers gespeichert, der jederzeit direkt vom Bedienfeld aus erneut gedruckt werden kann, ohne dass ein PC verwendet werden muss. |
| **Job Verification** | Diese Funktion druckt ein Exemplar eines Druckauftrags, damit der Inhalt überprüft werden kann, bevor mehrere Exemplare gedruckt werden. |
| **Job Storage** | Der Druckauftrag wird gespeichert und belegt dadurch nicht unnötig Speicherplatz auf dem PC des Benutzers. Die Daten bleiben auch dann gespeichert, wenn der Drucker ausgeschaltet oder ein Reset durchgeführt wird. |
| **Confidential Job Printing** | Der Benutzer kann ein Passwort festlegen und den Druck vertraulicher Dokumente vom Drucker aus durch die Eingabe des Passworts auf dem Druckerbedienfeld starten. |

### 3.2.9 Druckerkauf

*Folgende Fragen sollte man sich vor einem Druckerkauf stellen:*

Wird mehr **Text oder Grafik** gedruckt?
Wie wichtig ist der **Farbdruck?**
Wie hoch muss die **Druckqualität** sein?
Wie **viele Seiten** werden am Tag gedruckt?
Wie **schnell** müssen die Seiten ausgedruckt werden?
Welches **Papier** muss bedruckt werden?
Wie **teuer** darf der Drucker sein?
Wie hoch sind voraussichtliche **Folgekosten?**

**Folgende Vergleichskriterien sollten beim Kauf eines Druckers berücksichtigt werden:**

*Arbeitsblatt 5 PC-Drucker III*

- Preis für Gerät und Folgekosten,
- Druckqualität: Text in Standardauflösung; Farbe in Standardauflösung; Farbe, beste Qualität auf Spezialpapier; Foto, beste Qualität auf Fotopapier. Die Angabe S./Min s/w gibt die Anzahl der Seiten an, die pro Minute in Schwarz-Weiß gedruckt werden können,
- Druckgeschwindigkeit: Textseiten pro Minute, Farbfoto,
- maximale Auflösung in dpi,
- Gestaltung der Handbücher hinsichtlich der Verständlichkeit, Übersichtlichkeit, Sprache,
- automatische Papierzuführung, Ablagemöglichkeit für Ausdrucke,
- Umwelteigenschaften: Geräuschentwicklung, Stromverbrauch, Recycling,
- Schnittstellen: USB, parallel, Infrarot, Bluetooth,
- Drucken von Bannern.

### 3.2.10 Druckoptionen

Die meisten Texte werden in Word geschrieben und mit einem Mausklick ausgedruckt. Doch man kann in bestimmten Fällen rationeller arbeiten, indem man die Möglichkeiten, die über die Druckoptionen geboten werden, nutzt.

| | |
|---|---|
| **Drucken im Hintergrund** | Über das Menü **Extras – Optionen**, Registerkarte: **Drucken** können Sie das Kontrollkästchen „Drucken im Hintergrund" aktivieren. Während gedruckt wird, können Sie weiterarbeiten. |
| **Druckauftrag abbrechen** | **Dazu haben Sie zwei Möglichkeiten:**<br>1. Einen Doppelklick auf das Druckersymbol in der Statuszeile setzen.<br>2. Eingabe der Tastenkombination Strg + Umschalttaste + F12. |
| **Mehrere Dokumente drucken** | Rufen Sie das Menü **Datei – Öffnen** auf. Wählen Sie die zu druckenden Dateien mit gedrückter **Strg-Taste** aus und klicken Sie anschließend mit der rechten Maustaste auf die Markierung. Der Druckvorgang wird mit der Aktivierung der Option „Drucken" in Gang gesetzt. |
| **Aktuelle Seite** | Haben Sie in einem mehrseitigen Dokument nur auf einer Seite eine Änderung vorgenommen, können Sie nur diese Seite über „Aktuelle Seite" ausdrucken. Dabei ist zu beachten, dass der Cursor irgendwo auf dieser Seite positioniert sein muss, bevor das Druckmenü aufgerufen wird. |
| **Seiten** | Über die Option „Seiten" können einzelne Seiten oder ein ganzer Bereich gedruckt werden. Diese Angaben lassen sich auch kombinieren. |
| **Markierung** | Die Option „Markierung" ist abgeblendet und kann nur genutzt werden, wenn Text im Dokument markiert ist. Durch Aktivierung des Optionsfeldes „Markierung" und die Bestätigung durch OK veranlassen Sie den Ausdruck des markierten Textbereichs. |
| **Exemplare** | Wie viele Ausdrucke Sie erstellen wollen, können Sie im Feld **„Anzahl"** bestimmen. Beim Ausdruck von mehrseitigen Dokumenten ist das **Sortieren** praktisch. Das Programm druckt standardmäßig unsortiert eine Seite nach der anderen in der gewünschten Anzahl aus. Ist Sortieren aktiviert, druckt das Programm ein Dokument mit allen dazugehörigen Seiten aus, bevor die nächste Kopie gedruckt wird. |
| **Seiten pro Blatt** | Über die Option „Zoom" können Sie mehrere Seiten auf einer Seite ausdrucken. Das Programm bietet wahlweise 1, 2, 4, 6, 8 oder 16 Seiten auf einer A4-Seite an. Bei der Wahl des Zoomfaktors sollten Sie darauf achten, dass das Ergebnis noch lesbar ist. |

## 3.3 Scanner

*www.microtek.de*
*www.hp.com*
*www.plustek.de*
*www.canon.de*
*www.epson.de*

*Arbeitsblatt 6*
*Wir lernen die Bürogräte in der Übungsfirma kennen*
*Scanner*

Der Scanner ist das Auge des PCs. Er liest gedruckte Papiervorlagen, egal ob Foto, Grafik oder Text, in den PC ein. Neben der Hardware braucht man zum Scannen auch die notwendige Software.

### 3.3.1 Scannertypen

- **Handscanner.** Sie erfordern sehr viel Geschick und Geduld, weil sie mit der Hand über die Vorlage geschoben werden. Handscanner sind heute nur noch im mobilen Einsatz gebräuchlich. Eine weitere Variante des Handscanners ist der Laserscanner zum Einlesen von Barcodes an Kassen.
- **Einzugscanner.** Ihr Aussehen ähnelt den Faxgeräten. Beim Scannen wird nicht die Leseeinheit über die Vorlage geführt, sondern die Vorlage über eine Walzenmechanik an den Sensoren entlangbewegt. Es können nur einzelne Blätter, keine Bücher, Zeitungen oder Kataloge gescannt werden.

- **Flachbettscanner.** Dies sind kleine Tischgeräte, die einem Kopierer ähneln. Die Vorlage wird auf eine Glasplatte gelegt und vom System abgetastet. Flachbettscanner sind in der Regel nicht zum Scannen von dicken Büchern geeignet. Beim Scannen kann der störende Lichteinfall durch einen höhenverstellbaren Deckel vermieden werden.
- **Buchscanner.** Hierbei handelt es sich um Scanner, die eine andere Bauform haben und für diejenigen geeignet sind, die ständig gebundene Vorlagen scannen müssen. Ein weiteres Leistungsmerkmal eines Buchscanners ist die Möglichkeit, DIN-A3- oder DIN-A4-Vorlagen gleichzeitig einzuscannen.
- **Dokumentenscanner.** Sie werden vor allem zur elektronischen Archivierung einer großen Dokumentenmenge eingesetzt. Vorlagen bis A3-Format können eingescannt werden.
- **Mikrofilmscanner.** Sie dienen zur Wiedergabe und Digitalisierung von Mikrofilmen (Mikrofiches, Jackets, Filmkarten und Rollfilme). Über einen Bildschirm werden die Mikrofilmdarstellungen detailliert angezeigt. Mit der Option für hochauflösenden Druck ist eine Reproduktion des Mikrofilminhalts möglich.
- **Trommelscanner.** Sie bestehen aus einer durchsichtigen Trommel, die an Halterungen befestigt ist. Trommelscanner werden zur professionellen Bildbearbeitung und in Druckereien eingesetzt.
- **Visitenkartenscanner.** Über einen Visitenkartenscanner können Geschäftskontakte (z. B. auf Messen) direkt eingelesen und an den Server des Unternehmens zur Weiterbearbeitung übertragen werden. Die Kunden werden somit zeitnah kontaktiert und bekommen die angeforderten Informationsmaterialien noch während der Veranstaltung.

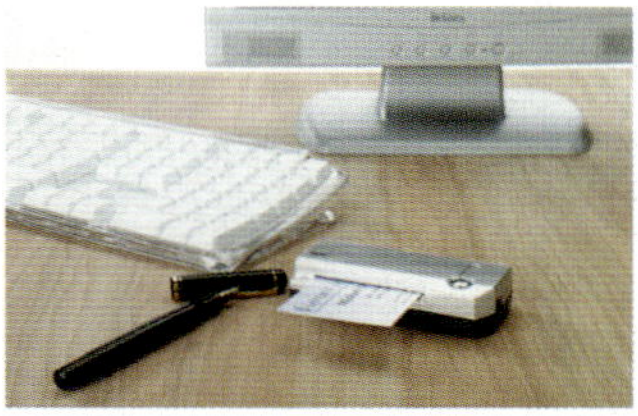

## 3.3.2 Leistungsmerkmale

In Büros und Verwaltungen werden überwiegend Flachbettscanner oder Dokumentenscanner eingesetzt. Dies sind meist einfach zu bedienende Geräte, deren Scans in Farbe und Qualität hochwertig sind. Die Installation erfolgt über die parallele oder USB-Schnittstelle.

- Integrierter automatischer **Vorlageneinzug.**
- **Netzwerkfähigkeit** für den Einsatz in Arbeitsgruppen.
- Unbegrenzte **Auflösung** für maximale Bildqualität. Die Auflösung wird in dpi angegeben. Hochwertige Scanner scannen Fotos und Texte mit einer Auflösung von 600 × 1 200 dpi. Der erste Wert (600) kennzeichnet die Horizontalauflösung. Sie ist die Auflösung innerhalb der Scanrichtung. Der zweite Wert (1 200) kennzeichnet die Vertikalauflösung. Dies ist die Auflösung innerhalb der Scanzeile.
- Scannen großer **Vorlagen-Formate.**
- **Scangeschwindigkeit** von 90 bis 60 Sekunden.
- Gescannte Informationen können direkt an **Textverarbeitungs- und Grafikprogramme** geschickt werden.

- **OCR (Optical Character Recognition).** Mit dem Texterkennungsprogramm können die eingescannten Texte problemlos in einem Textverarbeitungsprogramm geändert und weiterverarbeitet werden. Damit erspart man sich die Erfassung von Texten über die Tastatur.
- **Tiefenschärfe.** Stark konturierte Gegenstände (z. B. Münzen mit starker Prägung) können bis zu drei Millimeter Tiefe scharf gescannt werden.
- **Automatische Bildretusche.** Während des Scanvorgangs werden z. B. verblichene Farben aufgefrischt, die Körnigkeit reduziert oder eine Gegenlichtkorrektur ausgeführt.
- **Einknopfbedienung.** Durch Knopfdruck wird ein hochauflösender Scan (z. B. Bild für Fotoalbum) oder ein „schlanker" Scan (z. B. Bild für Internet) erstellt.
- **Durchlichteinheit.** Mithilfe der Durchlichteinheit kann ein Scanner Filmmaterial wie Dias und Negative digitalisieren. Bei vielen Modellen ist die Durchlichteinheit direkt im Deckel angebracht.
- **Scan-to-PDF.** Mit einer speziellen Software werden eingescannte Dokumente direkt in das PDF-Format konvertiert.
- **Imprinter.** Durch einen Imprinter können gescannten Vorlagen Informationen wie Scandatum, Uhrzeit, Name der Person, die das Dokument gescannt hat, sowie Bitmap-Bilder (Unterschriften und Logos) in Farbe hinzugefügt werden. Sämtliche gescannten Dokumente können vollständig verfolgt und authentifiziert werden.

*Arbeitsblatt 7*
*Scanner*

## 3.4 Kopieren

*www.xerox.de*
*www.toshiba.de*
*www.canon.de*
*www.kyoceramita.de*
*www.oce.de*

Unter Kopieren versteht man die Nachbildung eines Originals in zwei Arbeitsgängen: **Belichten** und **Entwickeln.** Beide Arbeitsgänge werden in einem Gerät nach dem **elektrostatischen Kopierverfahren** (auch Xerografie genannt) durchgeführt. Die analoge Kopiertechnologie wurde in den letzten Jahren durch die **digitale** Technologie abgelöst. Der wesentliche Unterschied besteht darin, dass bei der digitalen Technologie die Vorlage mit einem Scanner **digitalisiert** und **zwischengespeichert** wird. Dadurch können mehrere Kopien aus dem Zwischenspeicher erstellt werden, ohne dass die Vorlage von Neuem belichtet werden muss.

*Arbeitsblatt 8*
*Wir lernen Bürogeräte in der Übungsfirma kennen*
*Kopierer*

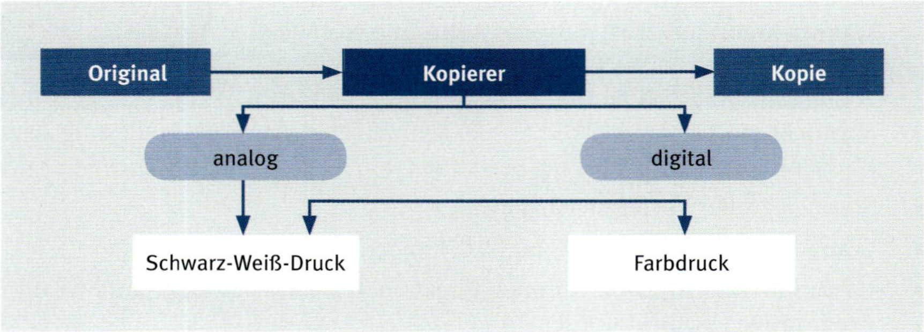

**Das digitale Kopieren bietet wesentliche Vorteile:**

- **Bearbeitung** (z. B. Kantenschärfung für Schriften) der im **Zwischenspeicher** abgelegten Kopie.
- Direkt aus dem **Zwischenspeicher** können mehrere Kopien erstellt werden.
- Nutzung zusätzlicher Funktionen wie **Drucken, Faxen und Scannen.**
- **Direktes Versenden** der kopierten Dokumente in Netzwerkverzeichnisse oder per E-Mail.

## 3.4.1 Digitale Kopiergeräte

Mit der **digitalen Technik** hat sich auch die **Multifunktionalität** durchgesetzt. Vorbei sind die Zeiten, in denen die Vorlage am PC erstellt, ausgedruckt und zum Kopierer gebracht werden musste. Die meisten digitalen Kopierer sind so konzi-

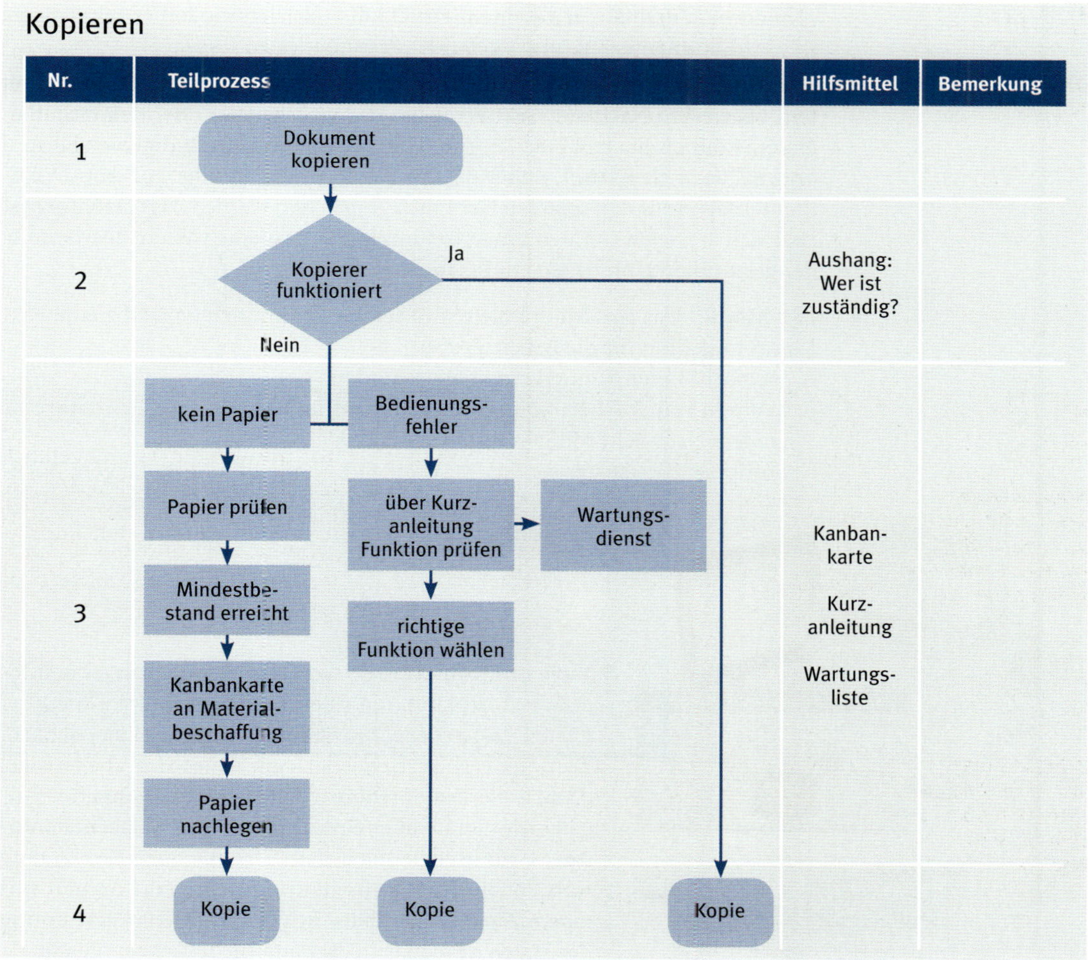

piert, dass sie für den zentralen Einsatz in einem **Netzwerk** geeignet sind und nicht nur kopieren, sondern auch **drucken, faxen und scannen** können.

**Die Geräte werden in Modulen angeboten, sodass je nach Bedarf das eigene Kopiersystem zusammengestellt werden kann:**

- **Druckmodul.** Durch das Druckmodul wird der Kopierer zu einem leistungsfähigen Netzwerkdrucker, der den gewöhnlichen Laserdruckern weit überlegen ist. Komplette Druckjobs lassen sich direkt von jedem angeschlossenen PC starten.
- **Dokumentenserver.** Mit dem Dokumentenserver, ausgestattet mit einer leistungsfähigen Festplatte und der entsprechenden Software, lassen sich Arbeitsprozesse von jedem persönlichen Arbeitsplatz aus optimal gestalten:
  - Das Verwalten aller abgelegten Dokumente.
  - Das Ablegen, Speichern, Vervielfältigen, erneut Drucken, Suchen, Löschen und Übertragen von Dateien und Dokumenten.
  - Das Kombinieren bzw. Mischen von verschiedenen Dateien oder Dateiformaten untereinander zu einem Druckjob – gleichgültig, ob es Bilddateien, Textdokumente, Kalkulationen oder Präsentationen sind.
- **Scanner-Modul.** Erweitert durch das Scanner-Modul verfügt das Kopiersystem über einen Netzwerk-Scanner. Über das Vorlagenglas oder den Originaleinzug können bis zu 90 Seiten pro Minute eingescannt, in digitaler Form – optimal auch als E-Mail – über das Netzwerk versendet oder auf dem Dokumentenserver für den späteren Gebrauch gespeichert werden. Das **Dateiformat** lässt sich an vielen Geräten direkt bestimmen, sodass eine weitere Bearbeitung der gescannten Unterlagen am PC nicht mehr nötig ist.
- **Fax-Modul.** Das Fax-Modul bietet mit seinen Funktionen eine effiziente Fax-Kommunikation für die Arbeitsgruppe:
  - Faxnachrichten können empfangen werden.
  - Während einer Übertragung aus dem Speicher können Sie gleichzeitig eine weitere Nachricht mit Direkt-Übertragung versenden.
  - Sofort senden, später senden, vertrauliches Senden und Empfangen, Buchfax und doppelseitige Übermittlung sowie integrierte Telefonbuchfunk-tionen sind die wichtigsten Funktionen eines Fax-Moduls.

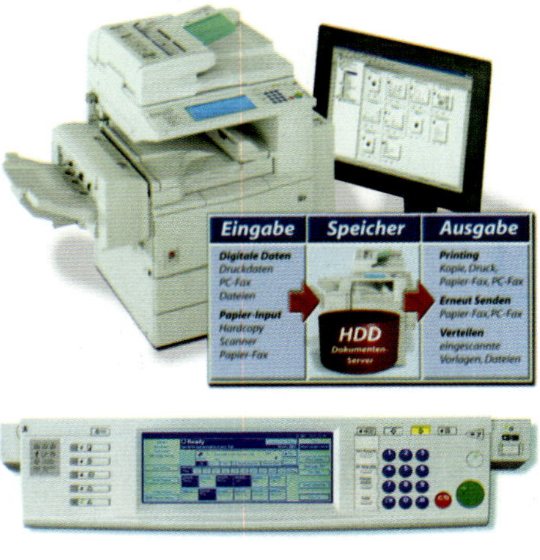


## Datensicherheit

Viele multifunktionale Geräte verfügen über eine integrierte Festplatte, die es erlaubt, temporäre Daten bei Druck- und Kopiervorgängen zwischenzuspeichern. Dahinter verbirgt sich jedoch ein hohes Sicherheitsrisiko, da sich die Daten rekonstruieren lassen. Deshalb verfügen viele Geräte über einen zusätzlichen **Sicherheitsmodus**: Unmittelbar nach dem Druck- oder Kopiergang werden die Daten vor dem endgültigen Löschen mit einem Zufallscode überschrieben. Eine Rückgewinnung der Daten durch Dritte ist dann nicht mehr möglich.

## Funktionen

**Das digitale Kopieren bietet weitere Funktionen. Hier die wichtigsten:**

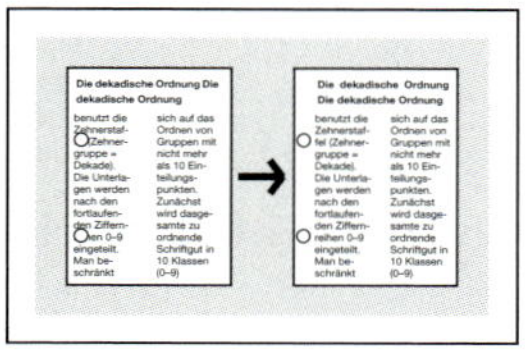

Mithilfe der **Bildverschiebung** kann der zu kopierende Bereich nach links oder rechts verschoben werden.

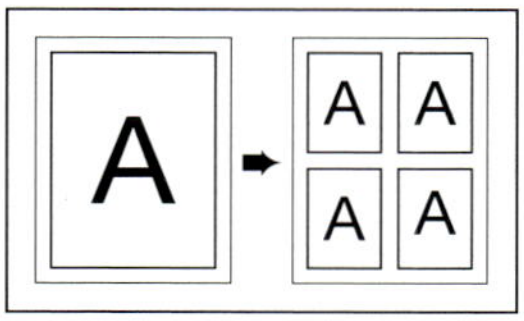


Mit der Funktion **Multibild** können mehrere kleine Kopien von einer Vorlage erstellt werden.

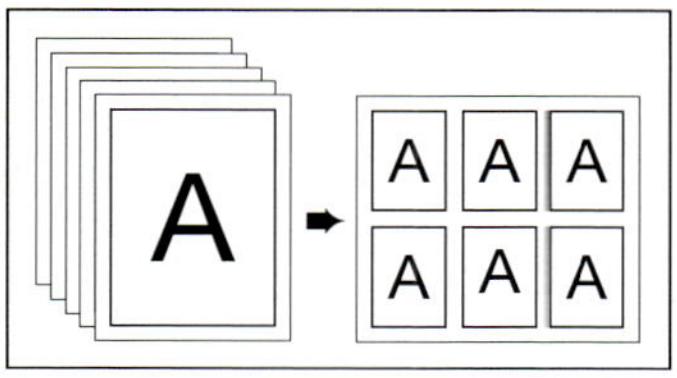


**Mehrfachnutzen**
Bei der Funktion Mehrfachnutzen können mehrere unterschiedliche Seiten verkleinert (in der Regel bis zu sechs Seiten) auf eine Seite kopiert werden.

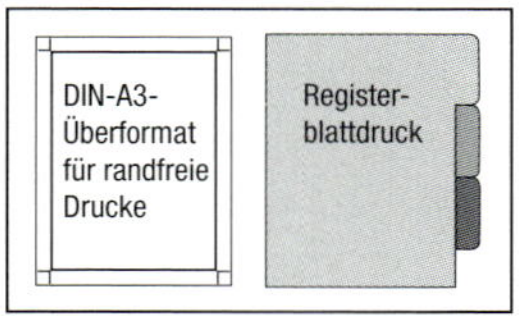


**Registerblätter**
Das automatische Einfügen von Registerblättern – in unterschiedlichen Papierstärken – ermöglicht in einem Arbeitsgang eine übersichtliche Anordnung

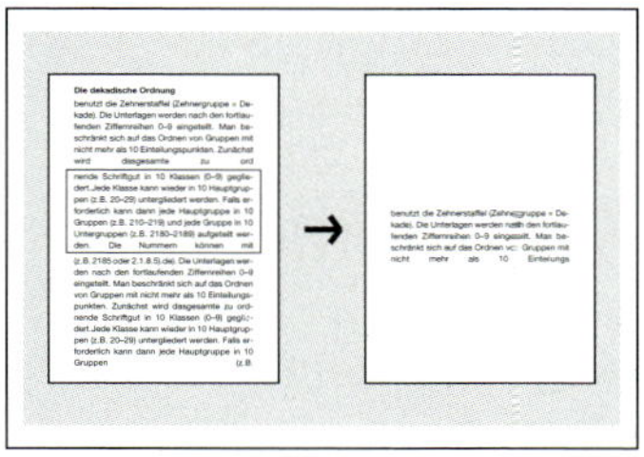

Ein bestimmter Teil einer Vorlage kann ohne umständliches Schneiden und Kleben **ausschnittsweise** kopiert werden.

- Besondere Effekte durch die Funktionen **Negativ-Positiv-Umkehrung, Spiegelbild** und **Schrägbild**.

- Das elektronische **Sortieren** macht das mechanische Sortieren in Sortierfächer bzw. das manuelle Einlegen von Deck- und Trennblättern überflüssig. Entweder wird das Papier in verschiedenen Kassetten bereitgehalten, wobei Deck- und

Trennblätter automatisch eingelegt werden, oder die Kopiersätze werden mittels einer Wechselfunktion sortiert und der Länge und Breite nach abgelegt.

*Arbeitsblatt 9 Kopierer*

## 3.4.2 Leistungsmerkmale

**Beim Kaufen oder Mieten eines Kopiergeräts können folgende Leistungsmerkmale entscheidend sein:**

| | |
|---|---|
| **Anwärmzeit** | Zeit vom Einschalten des Geräts bis zur Betriebsbereitschaft |
| **Papierzuführung** | Lose Blätter aus einem oder mehreren Papierbehältern |
| **Vorlagenzuführung** | Manuell oder automatisch |
| **Vorlagenformat** | B6 bis A3 |
| **Kopierformat** | A5 bis A3 |
| **Formatbestimmung (Zoom-Technik)** | Verkleinerungen und Vergrößerungen der Vorlage sind je nach Gerät von 25 bis 800 % in 1 %-Schritten möglich. |
| **Papierstärken** | Druckmaterial bis zu einem Papiergewicht von 250 g/m² kann in der Regel verarbeitet werden. |
| **Automatisches Verkleinern/Vergrößern** | Die Kopie wird automatisch an das Format des Druckpapiers in der ausgewählten Zuführung angepasst. |
| **Wendeautomatik** | Eine zweiseitige Vorlage wird automatisch gewendet und beide Seiten (Vorder- und Rückseite) kopiert. |
| **Duplexfunktion** | In einem Durchgang werden Vorder- und Rückseite eines Blattes bedruckt. Das Blatt muss nicht gewendet oder neu eingelegt werden. |
| **Kopienqualität** | Regulierung des Toners durch Kontraststufen (schwache Linien verstärken, farbigen Hintergrund unterdrücken). |
| **Randlöschung** | Vorlagen mit ausgefransten Rändern, Heftklammerspuren oder Lochungen werden automatisch „gesäubert“. |
| **Kopiergeschwindigkeit** | Die Druckgeschwindigkeit wird meistens in **ppm** (pages per minute = Seite pro Minute) angegeben. Farbkopierer haben einen Wert bis zu 28 ppm und Schwarz-Weiß-Kopierer bis zu 120 ppm. |
| **Farbige Kopien** | Von Schwarz-Weiß-Vorlagen können einfarbige Kopien, von farbigen Vorlagen (auch Fotos) originalgetreue (mehrfarbige) Kopien erstellt werden. |
| **Programmiermöglichkeit** | Über Tasten, Touchscreen (Berührungsfelder auf dem Bildschirm) oder mit der Maus lassen sich verschiedene Funktionen vorwählen und steuern: Kopienzahl, zweiseitiges Kopieren, Tonereinstellung, Formatbestimmung, Wahl der gewünschten Papierkassette u. Ä. |
| **Vorausprogrammierung** | Kopieraufträge können auch bei noch laufendem Druckbetrieb bereits programmiert und eingelesen werden. |
| **Warteschlangenmanagement** | Übersichtliche Anzeige der Kopieraufträge im System. Es können Aufträge vorgezogen, gelöscht oder angehalten werden. |
| **Auftragsunterbrechung** | Der laufende Auftrag kann unterbrochen werden, um einen dringenderen Auftrag dazwischenzuschieben. |

| | |
|---|---|
| **Speichern und Abrufen von Kopieraufträgen** | Ermöglicht das schnelle Abrufen der Programmierung für häufig verwendete Kopieraufträge. |
| **Display (Leuchtanzeige)** | Bedienungshinweise und Fehleranzeige |
| **Chipkarten** | Kopieren kann nur, wer eine entsprechende Karte besitzt. |
| **Kostenzähler** | Bei Bedarf kann die Kopiernutzung überwacht bzw. geregelt werden. |
| **Sorter** | Unterschiedlich viele Fächer für Kopiensätze |
| **Hefter** | Heftet sortierte Kopien zusammen. |
| **Locheinheit** | Eine 2-fache oder 4-fache Lochung der Kopien ist möglich. |
| **Broschüren-erstellung** | Erstellen von Broschüren mit Faltung und Heftung mit automatischer Anordnung der Seiten. |
| **Textfeld-Stamping** | Kopien können mit Anmerkungen, Datumsangaben, Seitennummern oder Nummern versehen werden. |
| **Einfügen von Deckblättern** | Erste und letzte Seite können aus einem Materialfach automatisch zugeführt werden. |
| **Folien-Trennblätter** | Einfügen leerer oder bedruckter Folientrennblätter. |

3

**Arbeitsplatzkopierer**

**Abteilungskopierer**

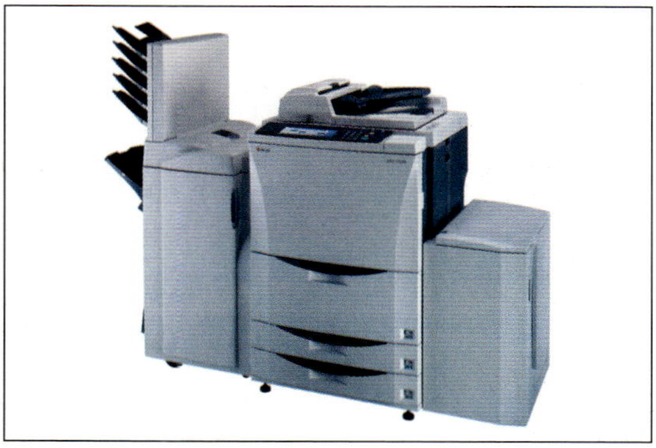

**Hausdruckerei**

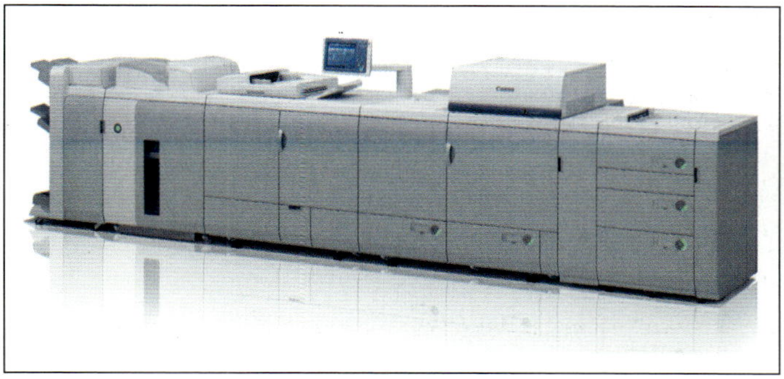

**Großformat-Plotter**

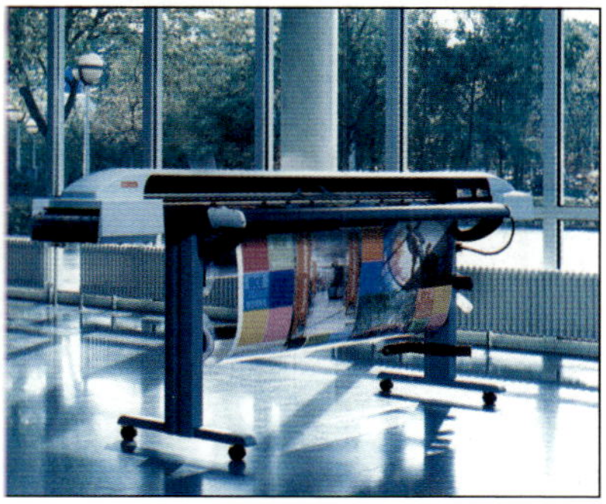

Ob in einem Betrieb **zentral oder dezentral** kopiert wird, hängt u. a. von folgenden Faktoren ab:

- Art und Größe des Betriebes,
- räumliche Verbindungen im Betrieb,
- durchschnittliches Kopiervolumen in den einzelnen Abteilungen,
- Art der Kopiervorlagen,
- Dringlichkeit der Kopien.

In Großbetrieben ist eine sinnvolle Kombination von zentralem und dezentralem Kopieren üblich. Eine innerbetriebliche Regelung schreibt den Mitarbeitern dabei vor, in welchen Fällen (z. B. ab welcher Auflagenhöhe) Kopien dezentral (innerhalb der Abteilung, im selben Stockwerk) oder zentral (in der zentralen Kopierstelle für den ganzen Betrieb) angefertigt werden müssen.



**Vorteile des zentralen Kopierens**

- Einsatz von Kopierautomaten mit verschiedenen Zusatzeinrichtungen (z. B. Sorter, Hefter),
- bessere Auslastung der Kopiergeräte und damit auch wirtschaftlicheres Kopieren,
- da Kopierautomaten oft von Fachkräften bedient werden, sind Störungen seltener und können auch schneller behoben werden,
- exakte Kostenkontrolle erschwert unkontrolliertes und oft unnötiges Kopieren.

**Vorteile des dezentralen Kopierens**

- Keine Weg- und Wartezeiten,
- schnelleres Kopieren und damit schnelleres Informieren,
- der Arbeitsplatz bleibt besetzt,
- bei Geräteausfall ist ein Ausweichen auf ein anderes Gerät möglich,
- vertrauliche Unterlagen können vertraulich kopiert werden.

**Entscheidend für die Geräteauswahl sind folgende Überlegungen:**

- Welche Leistungen muss ein Kopierer erbringen (betriebliche Erfordernisse)?
- Was kostet eine Kopie (Preis-Leistungs-Verhältnis)?
- Wo soll der Kopierer aufgestellt werden (Standort)?
- Wie wird der Kauf finanziert (Kauf, Miete, Leasing)?
- Wer bietet den besten Service (Kundendienst)?
- Welches Gerät garantiert die bestmögliche Umweltverträglichkeit?

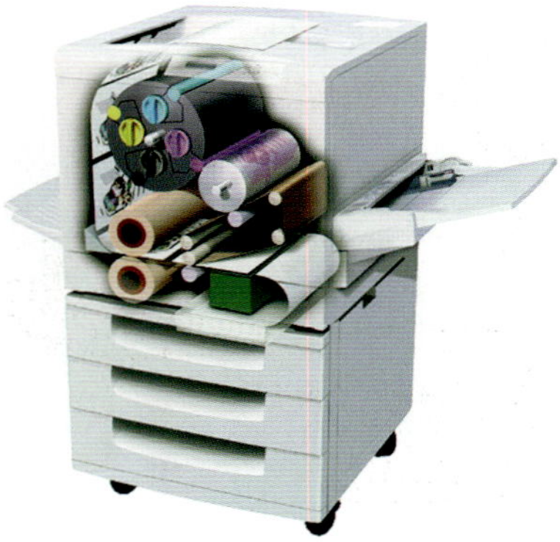

### 3.4.3 Farbkopierer

Farbkopierer, die mit einer digitalen Vollfarbkopiertechnik ausgestattet sind und sämtliche Farben kopieren können, sind immer noch sehr teuer.

Außer den bekannten Leistungsmerkmalen der Schwarz-Weiß-Kopierer bieten sie zusätzliche Möglichkeiten der Bildbearbeitung. Mit Farbkopierern kann man z. B.

- mehrseitige Vergrößerungen wie Poster und Landkarten erstellen,
- Vorlagen auch in vertikaler und horizontaler Richtung zoomen,
- Farben gegeneinander austauschen, verstärken oder abschwächen,
- eine Hintergrundfarbe festlegen,
- das Gerät an einen Computer anschließen,
- Kopien von Filmnegativen und Dias erstellen.

Farbkopierer stehen heute vorwiegend in Werbeagenturen, Verlagen und gewerblichen Copyshops, bei denen diese kreativen Gestaltungsfunktionen gebraucht und angewandt werden.

Bei den **Kosten** sind verbrauchsabhängige und verbrauchsunabhängige zu unterscheiden. Verbrauchsabhängig sind Kosten für Toner, Papier, Verschleißteile (z. B. Trommel), Wartung usw., während die Kosten für das Gerät (Kauf, Miete, Leasing) verbrauchsunabhängig sind.



### 3.4.4 Standort der Kopiergeräte

Wesentliches Kennzeichen künftiger Bürosysteme ist die Dezentralisierung und Integration der Techniken (Bildschirmarbeitsplatz, Personal Computer usw.) am Arbeitsplatz. Das Angebot dezentraler Kopiergeräte (Tischkopierer) hat in den letzten Jahren stark zugenommen, zumal die kleinen Kopiergeräte einem Qualitätsvergleich mit den großen, wesentlich teureren Kopierautomaten standhalten.

## 3.5 Multifunktionale Geräte

Der Trend auf dem Markt geht hin zu multifunktionalen Geräten. So bieten auch viele Hersteller Geräte an, die alle drei Funktionen Drucken, Kopieren und Scannen in einem Gerät vereinigen. Manche Geräte verfügen außerdem über eine Fax- und E-Mail-Funktion sowie einen Speicherkartensteckplatz, über den digitale Fotos eingelesen und farbig ausgedruckt werden können.

*Arbeitsblatt 10*
*Wir lernen die Bürogeräte in der Übungsfirma kennen*
*Multifunktionales Gerät*

**Die Vorteile liegen auf der Hand:**

- geringer Platzbedarf,
- günstiger Kaufpreis und geringere Kosten pro gedruckter Seite, die weit unter den Gesamtkosten von Einzelgeräten bleiben.

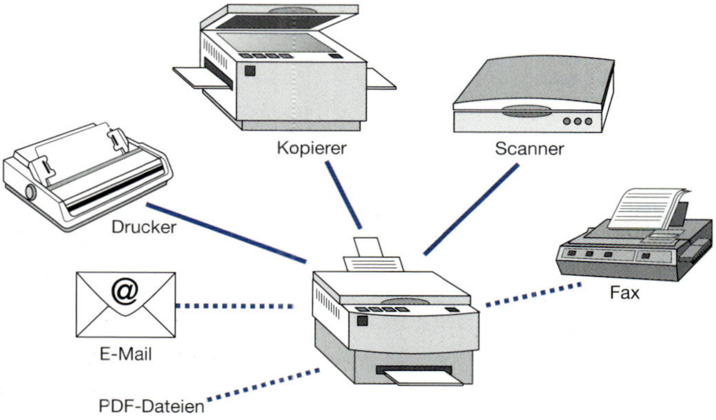

**Tipp**

**Bürogeräte**

- Kopierer und andere **allgemein genutzte Geräte** sollten an einem **zentralen Ort/Raum** stehen, um unnötige Wege zu meiden.
- Für jedes Gerät/jeden Raum sollte eine **Person verantwortlich** sein. Eine kleine Hinweistafel mit der zurzeit zuständigen Person sollte gut sichtbar aufgehängt werden; das fördert die Verbindlichkeit.

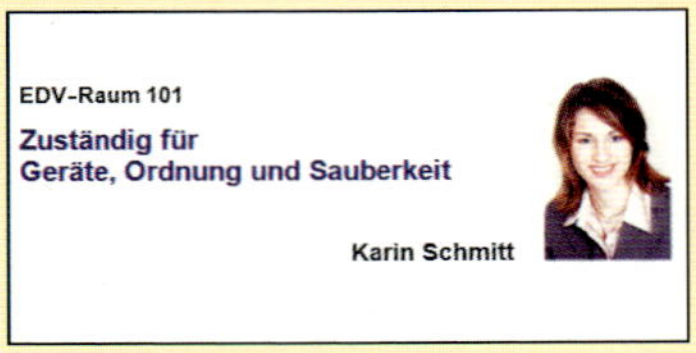


- Damit die Belastung für die verantwortlichen Personen nicht zu groß wird, werden für alle Geräte **„Kurz-Infos“** angefertigt. Dabei handelt es sich um bebilderte Kurzanweisungen, die deutlich beschreiben, wie z. B. das Gerät funktioniert oder wie der Toner am Kopierer/Drucker erneuert wird.

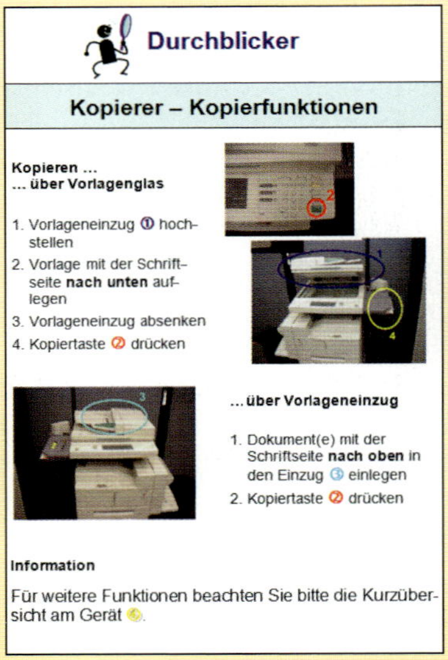

**Durchblicker**

**Kopierer – Kopierfunktionen**

**Kopieren ...**
**... über Vorlagenglas**

1. Vorlageneinzug ① hochstellen
2. Vorlage mit der Schriftseite **nach unten** auflegen
3. Vorlageneinzug absenken
4. Kopiertaste ② drücken

**... über Vorlageneinzug**

1. Dokument(e) mit der Schriftseite **nach oben** in den Einzug ③ einlegen
2. Kopiertaste ② drücken

**Information**

Für weitere Funktionen beachten Sie bitte die Kurzübersicht am Gerät ④.

## 3.6 Digitale Kamera

Die digitale Kamera ist nicht nur für Fotografen interessant, sondern kommt auch im Bürobereich immer häufiger zum Einsatz. Die Vorteile sind offenkundig: Nach dem Fotografieren kann das digitale Bild blitzschnell kontrolliert, in den PC geladen und weiterverarbeitet werden. Das digitale Format bietet viele Möglichkeiten: Sie können die Aufnahmen

- am Computer in einem **Bildbearbeitungsprogramm** optimieren und nach den eigenen Bedürfnissen verändern,

- sofort in eine **Präsentation** (z. B. PowerPoint) einbinden,
- als Anhang per **E-Mail** verschicken,
- ins **Internet** stellen,
- zur **Archivierung** auf eine CD-ROM brennen.

Vor der Anschaffung einer digitalen Kamera sollte man über einige grundlegende Dinge Bescheid wissen und sich klarmachen, was man mit der Kamera machen möchte. Die folgende Übersicht soll dabei helfen:

| | |
|---|---|
| **Pixel** | Die Bildqualität hängt auch von der Anzahl der Pixel ab. Es gibt Kameras mit zwei, drei oder gar sechs Millionen Pixeln. Für die normalen Büroanwendungen und Veröffentlichungen im Internet reicht eine Auflösung von zwei oder drei Megapixeln. Damit können Fotos im Format 9 × 13 oder 10 × 15 cm ohne Qualitätsverluste dargestellt und ausgedruckt werden. Mit drei Megapixeln ist eine Vergrößerung bis A4 möglich. |
| **Akku** | Die Kamera sollte mit einem Netzteil, mit Akku oder Batterien zu betreiben sein. Nur sehr gute Akkus ermöglichen bis zu 400 Bilder pro Ladung. |
| **Speicherkarte** | Die Speicherkarte könnte man als digitalen Film bezeichnen, die gegenüber dem herkömmlichen Film aber enorme Vorteile hat. Sie kann beliebig oft bespielt und schlechte Aufnahmen können sofort gelöscht werden.<br>Speicherkarten werden in verschiedenen Formaten und Größen angeboten: CompactFlash (CF), Memory-Stick (MS), Multimedia-Card (MMC), SecureDigital (SD), Smart-Media (SM) und xD-Picture (xD).<br>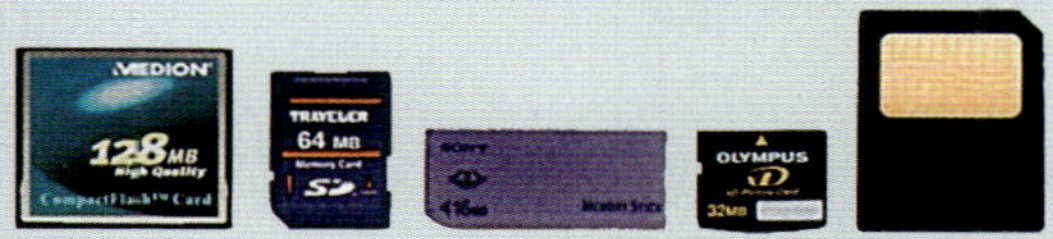<br>Die Speicherkapazität reicht von 64 bis 256 MB. In Zukunft wird es auch Speicherkarten bis 8 Gigabyte auf dem Markt geben.<br>Falls für das Diktiergerät, PDA oder Ähnliches schon ein Speichermedium verwendet wird, sollte man für die Kamera das gleiche Format nutzen, um Folgekosten zu verringern. |
| **Zoom** | Mit einem Zoomobjekt lässt sich ein Motiv näher heranholen. Hersteller bieten neben einem optischen auch einen digitalen Zoom an. Der digitale Zoom bringt vom Ergebnis her keine Verbesserung. Vergrößerungen können in einer Bildbearbeitungssoftware mit wesentlich besserem Ergebnis erstellt werden. Ein dreifaches oder zweifaches optisches Zoomobjektiv ist für die Büroanwendungen ausreichend. |

Alle digitalen Kameras sind **Autofokuskameras,** d. h., sie stellen ihre Bilder automatisch scharf. Meistens wird noch ein Blitzprogramm für Nachtfotografien und zur Unterdrückung des **„Rote-Augen-Effekts"** angeboten. Gute Kameras verfügen über einen **Weißabgleich,** der Farbfehler verhindert, die z. B. bei Mischlicht (Tages- und Kunstlicht) auftreten.

*www.digital kamera.de*
*www.foto magazin.de*
*www.foto.de*
*www.computer-foto.de*

## 3.7 Druckpapier

In der Bundesrepublik werden pro Kopf und Jahr etwa 200 kg Papier verbraucht. Die Tendenz ist trotz – oder wegen – moderner Kommunikationsmittel steigend. Das so oft propagierte „papierlose Büro" hat sich als Illusion erwiesen.

Grundsätzlich kann mit einem Drucker jedes Papier bedruckt werden. Das Ergebnis wird allerdings nicht immer den Erwartungen entsprechen. Je nach Einsatz werden unterschiedliche Anforderungen an das Papier gestellt. Die Qualität des Papiers wird von folgenden Faktoren bestimmt:

- Fasermaterial,
- Papiergewicht,
- Farbe (weiße und farbige Papiere),
- Glätte (maschinenglatte, einseitig glatte, satinierte und gestrichene Papiere, matt und glänzend).

3

| Papiersorten | | | |
|---|---|---|---|
| **Bezeichnung** | **Fasermaterial** | **Einsatzgebiete** | **Eigenschaften** |
| **Hadernpapier** | aus 100 % Hadern (= Stofffasern) | Banknoten, Wertschriften, Urkunden | strapazierfähig, reißfest, alterungsbeständig |
| hadernhaltig | mindestens 10 % Hadern | Luxus- und Imagedrucksachen | edel |
| **holzfrei** | mit max. 5 % verholzten Fasern, aber ohne Verwendung von Holzschliff | Standarddrucksachen wie Prospekte, Kataloge, Briefbogen | gutes Preis-Leistungs-Verhältnis, gute Qualität, Stabilität und Reißfestigkeit |
| leicht holzhaltig | mindestens 25 % Holzschliff | Werbedrucksachen, Magazine | gute Bedruckbarkeit, Opazität [1] |
| **holzhaltig** | mindestens 55 % Holzschliff | kurzlebige Drucksachen, Zeitungen | preisgünstig, vergilbt |
| **Recycling** | ausschließlich aus Recyclingmaterial | Drucksachen mit eingeschränkten Qualitätsansprüchen und beschränkter Haltbarkeit | genügt mäßigen Qualitätsansprüchen, eingeschränkte Reißfestigkeit, vergilbt schnell |

Das **Papiergewicht** wird in Gramm pro Quadratmeter (g/m$^2$) angegeben. Die Angabe 80 g/m$^2$ bedeutet, dass 1 m$^2$ dieser Papiersorte 80 g wiegt. Folgende Papiersorten werden nach dem Gewicht unterschieden:

- bis 150 g/m$^2$ = **Papier**
- 150 bis 600 g/m$^2$ = **Karton**
- über 600 g/m$^2$ = **Pappe**

**Normales Papier** für den Drucker wiegt zwischen 75 und 90 g/m$^2$. Nicht jede Papierstärke kann vom Drucker bedruckt werden. Zu leichtes Papier kann reißen und zu dicke Papiere verursachen Papierstau oder beschädigen die Transportmechanik des Druckers. Ein Standard-Laserdrucker kann Papiere mit einem Gewicht von 60 bis 100 g/m$^2$ problemlos bedrucken. Manche Laserdrucker haben für stärkere Papiere einen besonderen Papierschacht, über den das Papier manuell zugeführt wird. Flexibler sind die Tintenstrahldrucker. Sie schaffen ein Papiergewicht bis 250 g/m$^2$.

[1] *Opazität = Undurchsichtigkeit*

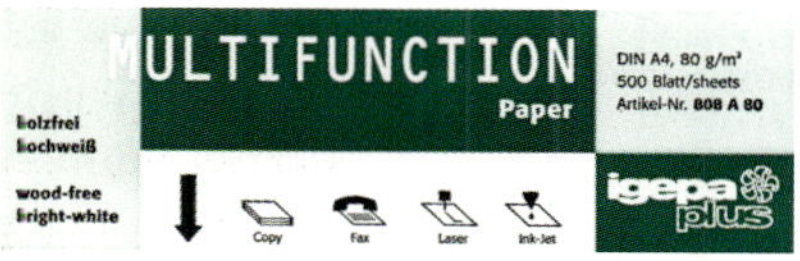

Das wichtigste Qualitätskriterium für Papier ist die **Beschaffenheit der Oberfläche** oder die Glätte. Je unebener das Papier, desto verzerrter wird der Ausdruck. Die sogenannten „gestrichenen Papiere“ sind mit einer speziellen Masse aus Porzellanerde und Kreide bestrichen, um so die Glätte zu verbessern oder einen besonderen Glanz zu erzielen. Das Papier kann einseitig oder beidseitig bestrichen sein. Mit dem Auge ist die bestrichene Seite nicht unbedingt zu erkennen. Deshalb haben viele Hersteller einen Hinweis auf der Packung in Form eines Pfeils, der die zu bedruckende Seite kennzeichnet. Beim Einlegen des Druckpapiers in den Papierschacht ist darauf zu achten, wie ein Papier durch den Drucker geführt und welche Seite bedruckt wird.

Beim Tintenstrahldrucker muss im Druckmenü immer die eingelegte Papiersorte richtig eingestellt sein, da die aufgespritzte Tintenmenge je nach Papiersorte stark variiert.



## Recyclingpapiere

Sie werden aus 100 % Altpapier hergestellt. Rohstoffe wie Wasser und Energie werden eingespart und Abfalldeponien entlastet. Recyclingpapiere haben eine graue Farbe. Beim Einsatz von Tintenstrahldruckern und Faxgeräten verursachen Recyclingpapiere in der Regel keine Probleme, wenn sie der DIN-Norm 19309 entsprechen.

## Chlorfrei gebleichte Papiere

Chlorfrei gebleichtes Papier wird unter Verwendung von Schwach-, Bruch- und Restholz hergestellt. Die Faserstoffe werden mit umweltfreundlichem Sauerstoff oder Sauerstoffverbindungen gebleicht. Die Weiße liegt bei ca. 85 % des herkömmlichen Papiers. Die Alterungsbeständigkeit von chlorfrei gebleichtem Papier wird derzeit mit mindestens 200 Jahren angegeben. Chlorfrei gebleichte Papiere werden vor allem als Schreibpapier für den repräsentativen Schriftverkehr oder als Druckpapier für Kopierer und Laserdrucker verwendet.

*www.stp.de*
*www.antalis.de*
*www.yes-paper.de*
*www.logicpaper.com*

Es ist jedoch anzustreben, ausschließlich Recyclingpapier zu verwenden. Auch im externen Schriftverkehr signalisiert der sanfte Grauton die Verpflichtung zum aktiven Umweltschutz.

## Fotopapier

Will man seine digitalen Bilder so ausdrucken, dass sie mit den normal entwickelten Bildern konkurrieren können, benötigt man spezielles Fotopapier. Das ist Spezialpapier zwischen 150 und 280 $g/m^2$, dessen Oberfläche mit einem speziellen Strich versehen ist, auf dem Tinte optimal haften bleibt. Wie beim Papierfoto gibt es Fotopapier in matt, halbmatt und glänzend.

3

*Arbeitsblatt 11*
*Wir verwalten Büromaterialien*

**Tipp**

**Druck- und Kopierpapier**

Fertigen Sie für den Papiernachschub eine **Kanbankarte** an. Der Begriff „Kanban" kommt aus der Produktion und bezeichnet dort die **Bestandsüberwachung**. Eine Kanbankarte verhindert, dass Materialien ausgehen; sie enthält alle notwendigen Angaben wie Bezeichnung des Artikels, Marke, Lieferant, Preis und Bestellmenge und wird direkt am Lagerort des Papiers hinterlegt. Wird bei der Entnahme von Papier der Mindestbestand der Kanbankarte erreicht, muss sie zur Bestellung an die entsprechende Person weitergegeben werden.

**Tipp:** Verwenden Sie **farbiges** Papier und **laminieren** Sie die Karte.

Dies ist auf **alle Büromaterialien** übertragbar.

BEISPIEL:

### Kanbankarte

Kopierpapier

Bitte diese Karte zur Bestellung
an Frau/Herrn …, Abteilung … weiterleiten.

| | |
|---|---|
| Gesamtstückzahl: | 10 Kartons à 500 Blatt |
| Mindestbestand: | 3 Kartons à 500 Blatt |
| Artikelbezeichnung: | A4 210 x 297 mm, 80 $g/m^2$<br>Hohe Dicke und Opazität für doppelseitigen Gebrauch |
| Lieferant: | Bürogroßhandlung Meiers<br>Am Birkenbusch<br>44803 Bochum |

Bitte diese Karte nach Wareneingang
zurück in das Regal legen!

## 3.8 Selbstdurchschreibende Papiere

Bei der Beschriftung eines Originals können im gleichen Arbeitsgang Durchschriften von Hand oder Durchschläge mit dem Matrixdrucker angefertigt werden. Man unterscheidet folgende Durchschreibeverfahren:

| Zwischenlageverfahren | Selbstdurchschreibende Papiere |
|---|---|
| • Durchschreibepapier (Blaupapier)<br>• Einmalkohlepapier | • Farbübertragung<br>• Farbfreilegung<br>• Farbreaktion |

Beim **Zwischenlageverfahren** liegt zwischen dem zu beschriftenden Original und dem Durchschlag, der gleichzeitig erstellt werden soll, ein Farbpapier. Wird das Original (Vordruck) mit einem Kugelschreiber beschriftet, muss ein Blaupapier (Durchschreibepapier) dazwischen gelegt werden. In Vordrucksätzen, die mit einem Drucker ausgefüllt werden, wird häufig Einmalkohlepapier verwendet.

Papiere, bei denen ohne Verwendung von dazwischen gelegten Farbpapieren „Vervielfältigungen“ entstehen, nennt man **selbstdurchschreibende Papiere (Formularschreibsätze).** Bei der Farbübertragung ist das Original auf der Rückseite eingefärbt (karbonisiert), sodass bei der Beschriftung des Originals die Farbe auf das darunterliegende Papier übertragen wird (z.B. Quittung). Beim karbonlosen Verfahren (z.B. Überweisungsvordrucke der Banken) werden Spezialpapiere verwendet, die ein Durchschreiben durch Farbfreilegung bzw. Farbreaktion ermöglichen.

## 3.9 Urheberrechtsgesetz

Aufgrund dieses Gesetzes wird das geistige Eigentum eines Autors oder Künstlers geschützt. Zu den geschützten Werken gehören Bücher, Zeichnungen, CDs, Fotos, Filme, Programme (z.B. Textprogramme) usw. Auf Seite 2 dieses Lehrbuches ist mit dem Copyright © dokumentiert, dass auch dieses Buch urheberrechtlich geschützt ist.

*Zusammenfassung*

1 **Ordnung am Arbeitsplatz** erhöht die Übersichtlichkeit und verringert die Such- und Aufräumarbeiten.

2 An Personal Computer können **Impact-** (Anschlagdrucker) oder **Non-Impact-Drucker** angeschlossen werden.

3 Von den Impact-Druckern wird heute nur noch der **Matrixdrucker** eingesetzt, wenn ein Anschlag wegen eines Durchschlags notwendig ist.

4 **Tintenstrahldrucker** gehören zu den Non-Impact-Druckern, die qualitativ hochwertige, farbige Ausdrucke liefern.

## Zusammenfassung

5 **Laserdrucker** sind leistungsfähige Drucker, die eine hervorragende Druckqualität für Texte und Grafiken garantieren.

6 **Matrixdrucker** sind Impact-Drucker, sie eignen sich zum Bedrucken von selbstdurchschreibenden Papieren.

7 **Netzwerkdrucker** werden von den angeschlossenen PCs genutzt und können umfangreiche Druckaufträge unbeaufsichtigt erledigen.

8 **Druckertreiber** sind kleine Zusatzprogramme, die es ermöglichen, am Computer einen angeschlossenen Drucker zu betreiben. Sie vermitteln sozusagen zwischen Betriebssystem und Drucker.

9 Mit den **Druckoptionen** können Ausdrucke rationell gesteuert werden.

10 Beim **Kopieren** hat sich die **digitale Technik** mit vielen zusätzlichen Gestaltungsmöglichkeiten durchgesetzt.

11 Beim **digitalen Kopieren** werden die Vorlagen am Bildschirm gestaltet und direkt vom Arbeitsplatz online an einen **zentral** aufgestellten Kopierer (Netzwerkkopierer) übertragen.

12 Je nach Einsatz unterscheidet man folgende **Scannertypen:** Handscanner, Einzugscanner, Flachbettscanner, Buchscanner, Dokumentenscanner, Trommelscanner und Visitenkartenscanner.

13 **Multifunktionale Geräte** vereinen mehrere Funktionen in einem Gerät: Drucken, Kopieren, Scannen, Faxen und Mailen.

14 **Digitale Kameras** werden zur Dokumentation im Bürobereich eingesetzt.

15 Durch **Kurz-Infos**, direkt an den Bürogeräten angebracht, können die Geräte schnell und fehlerfrei bedient werden.

16 Gute Druckergebnisse werden durch die richtige Papierauswahl und Druckereinstellung erzielt.

17 Zur Bestandsüberwachung von Büromaterialien werden **Kanbankarten** angefertigt. Sie enthalten alle notwendigen Angaben zur Beschaffung wie z. B. Artikelbezeichnung, Artikelnummer, Marke, Lieferant, Preis.

## Aufgaben

1 Beim Kauf eines Personal Computers werden Ihnen verschiedene Drucker angeboten.
   a) Durch welche Drucktechnik unterscheiden sie sich?
   b) Welche Kriterien sind bei der Wahl eines Druckers entscheidend?
   c) Sie entscheiden sich schließlich für einen Laserdrucker. Welche Kaufgründe waren ausschlaggebend?

2 Susannes Vater kaufte vor vielen Jahren einen Tintenstrahldrucker für 300,00 EUR. Die letzte Neuanschaffung kostete ihn 65,00 EUR. Der neue Drucker war nicht nur billiger, sondern druckt auch noch viel besser und schneller. Wie erklären Sie sich, dass Drucker (Tintenstrahl- und Laserdrucker) in den letzten Jahren wesentlich günstiger wurden?

## Aufgaben

3 Susanne kaufte vor drei Monaten einen günstigen Tintenstrahldrucker. Zuerst war die schwarze Tintenpatrone leer, dann die Farbpatrone. Innerhalb weniger Tage bezahlte sie den Drucker fast noch einmal, nämlich über die Patronen. Wie kann Susanne die Folgekosten für ihren Drucker reduzieren?

4 Zur Herstellung von Kopien wird in der Abteilung „Personaleinkauf" der MODE CONNECTION GmbH ein älteres Kopiergerät genutzt, das in einem Geräteraum aufgestellt ist. Da dieses Gerät inzwischen sehr reparaturanfällig ist, wird eine Neuanschaffung in Erwägung gezogen. Außerdem stellt sich die Frage, ob die zentrale Kopierstelle beibehalten oder ob mehrere kleine Kopiergeräte dezentral aufgestellt werden sollen.
   a) Welche Leistungsmerkmale sollten bei einem Kauf berücksichtigt werden?
   b) Welche Vor- bzw. Nachteile würden sich bei einem zentralen Kopiergeräteeinsatz ergeben?



5 Auch beim Kopieren hat sich die digitale Technik durchgesetzt.
   a) Welche Vorteile ergeben sich dadurch bei der Gestaltung einer Vorlage (Original)?
   b) Nennen Sie einige Gestaltungsmöglichkeiten digitaler Kopiergeräte.
   c) Immer häufiger sind Bildschirmarbeitsplätze mit einem zentral aufgestellten Kopierautomaten online verbunden. Begründen Sie diese organisatorische Maßnahme.

6 In der Patenfirma Mode I Idee GmbH wurde ein neues Netzwerk eingerichtet. Die alten, lokalen Drucker und Scanner werden an den einzelnen PC-Arbeitsplätzen weiter genutzt. Das alte, noch leistungsfähige Kopiergerät steht zentral im ersten Stock, was aber zu zeitaufwendigen Wegzeiten führt. Dies kann nur eine Übergangslösung sein. Machen Sie einen Vorschlag zur Neuanschaffung.

7 Beim Drucken und Kopieren sollten Sie auch ökologische Aspekte berücksichtigen. Wie können Sie mithelfen, sich umweltfreundlich zu verhalten?

8 In der Praxis müssen noch häufig Formularschreibsätze von Hand ausgefüllt werden.
   a) Was versteht man unter einem Formularschreibsatz?
   b) Wo werden diese Schreibsätze vorwiegend eingesetzt?
   c) Welche Vorteile bieten sie?

9 Sie haben aktuelles Prospektmaterial über Scanner beschafft. In den Beschreibungen stoßen Sie auf folgende Begriffe, deren Bedeutung ein Kollege nun von Ihnen erklärt bekommen möchte:
   a) Flachbettscanner
   b) OCR-Verfahren
   c) Auflösung in dpi
   d) USB-Schnittstelle

10 Die Marketing-Abteilung der Patenfirma Mode I Idee GmbH braucht dringend neue Drucker, einen Kopierer und einen Scanner. Durch die Einstellung eines neuen Mitarbeiters ist es aber sehr eng im Mehrpersonenbüro geworden. Da jedes Gerät eine Stellfläche beansprucht und für jede Mitarbeiterin und jeden Mitarbeiter gut erreichbar sein soll, wird über eine andere Lösung nachgedacht. Was schlagen Sie vor?

*Öko-Tipps*

3

## Öko-Tipps

- Verwenden Sie für Vervielfältigungen weißes chlorfrei gebleichtes oder das graue Recyclingpapier.
- Lassen Sie die Farbbänder von Nadeldruckern wieder einfärben.
- Sparen Sie Energie: Ein Tintenstrahldrucker benötigt nur etwa 10% der Energie eines herkömmlichen Laserdruckers.
- Vermeiden Sie Lärm: Ein Tintenstrahldrucker verursacht im Vergleich zum Laserdrucker oder Kopierer mit 40 dB fast kein Geräusch.
- Benutzen Sie bei Tintenstrahldruckern nachfüllbare Patronen und bei Laserdruckern wiederverwendbare Tonerkartuschen.
- Verwenden Sie bei Tintenstrahldruckern nur Geräte, bei denen die Farben in verschiedenen Patronen untergebracht sind, da der Verbrauch der einzelnen Farben unterschiedlich ist.
- Drucker mit dem „Blauen Engel“ sind in einigen Punkten (Stromverbrauch, Ozonemission, Verwendung von Recyclingpapier, Lärm) umweltfreundlicher als Drucker ohne Blauen Engel.
- Achten Sie auf die Verwendung von Spezialfiltern bei Kopiergeräten und Laserdruckern.
- Es gibt Feinstaubfilter, die nachträglich mit einem Klettsystem auf die Lüftungsschächte von Druckern angebracht werden können.
- Versuchen Sie, vor allem beim Kopieren Papier zu sparen. Kopieren Sie weniger, indem Sie anstelle vieler Kopien „Verteiler“ einsetzen.
- Verwenden Sie Kopiergeräte mit Stromsparfunktion (die Stromaufnahme wird heruntergeschaltet, wenn das Gerät nicht benutzt wird).
- Wenn Sie von einem einseitigen Original eine Vielzahl von Kopien anfertigen wollen, benutzen Sie dazu Geräte, die nach **einem** Belichtungsvorgang alle anderen Kopien derselben Vorlage ohne eine weitere Belichtung kopieren. Dadurch wird der Betrieb viel leiser und Sie sparen außerdem Strom.
- Verwenden Sie für Probedrucke die Rückseite von nicht mehr benötigtem bedrucktem Papier.
- Kopiergeräte mit mehreren Papierfächern sind praktisch. In einem Fach kann hochwertiges Papier für wichtige Vorgänge abgerufen werden. In einem weiteren Fach können verdruckte Papiere, deren Rückseite für Probedrucke durchaus noch genutzt werden kann, liegen.
- E-Invoicing (Electronic Invoicing = elektronische Rechnungsstellung) hilft, den Papierverbrauch im Unternehmen erheblich zu reduzieren.

# Kreuzworträtsel



**Methodenbeschreibung**

Das Kreuzworträtsel eignet sich zum systematischen Wiederholen und Vertiefen von erarbeiteten Lerninhalten. Es kann in Partnerarbeit oder in einer kleinen Lerngruppe entwickelt werden.

1. Entwickeln Sie – am besten am PC mit der Tabellenfunktion – ein Raster.
2. Tragen Sie die angegebenen Buchstaben Ihrer Lösungsworte der Reihenfolge nach ein.

BEISPIEL:

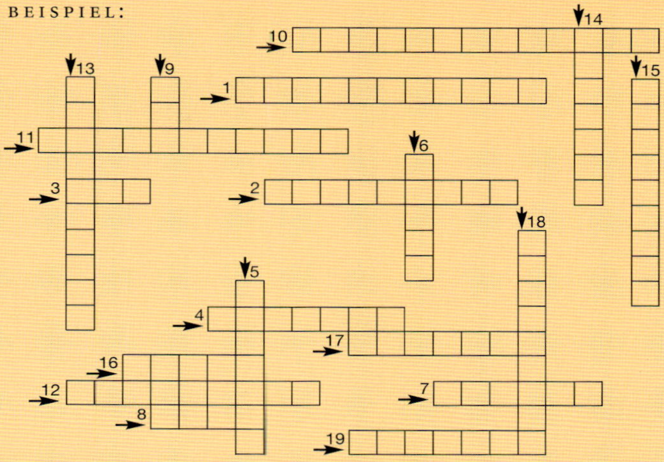


(13/1 bedeutet: Vom gefundenen Begriff Nummer 13 der erste Buchstabe usw.)

| 13/1 | 8/4 | 4/1 | | 6/3 | 1/6 | 9/3 | 7/3 | 5/1 | 15/7 | 2/1 |
|---|---|---|---|---|---|---|---|---|---|---|
| | | | | | | | | | | |

**Lösungswort:**

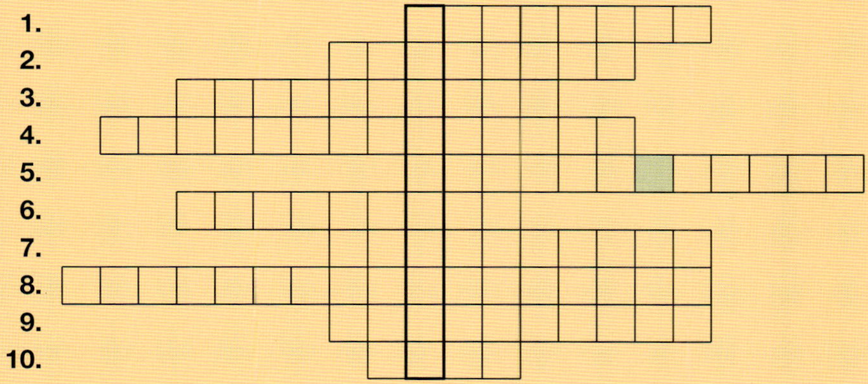


3. Formulieren Sie möglichst viele Fragen, die mit einem Wort beantwortet werden können, zu einem Lerngebiet.
4. Legen Sie ein passendes Lösungswort fest.
5. Sortieren Sie die Antworten so, dass sich im Raster das Lösungswort ergibt.
6. Versehen Sie die für die Antwort notwendigen Kästchen mit Rahmenlinien.
7. Steht kein PC zur Verfügung, kann das Raster auch auf einem karierten Blatt entwickelt werden.

HOT

**Arbeitsaufträge**

1. *Suchen Sie sich in Ihrer Lerngruppe einen Partner.*
2. *Erstellen Sie in Partnerarbeit ein Kreuzworträtsel zu den Themen PC-Drucker, Kopierverfahren oder Scannen.*
3. *Tauschen Sie die Kreuzworträtsel mit einem anderen Paar und lösen Sie die Rätsel. Bei Unklarheiten leistet das Paar, das das Kreuzworträtsel erstellt hat, Hilfe.*

# 4 Postbearbeitung

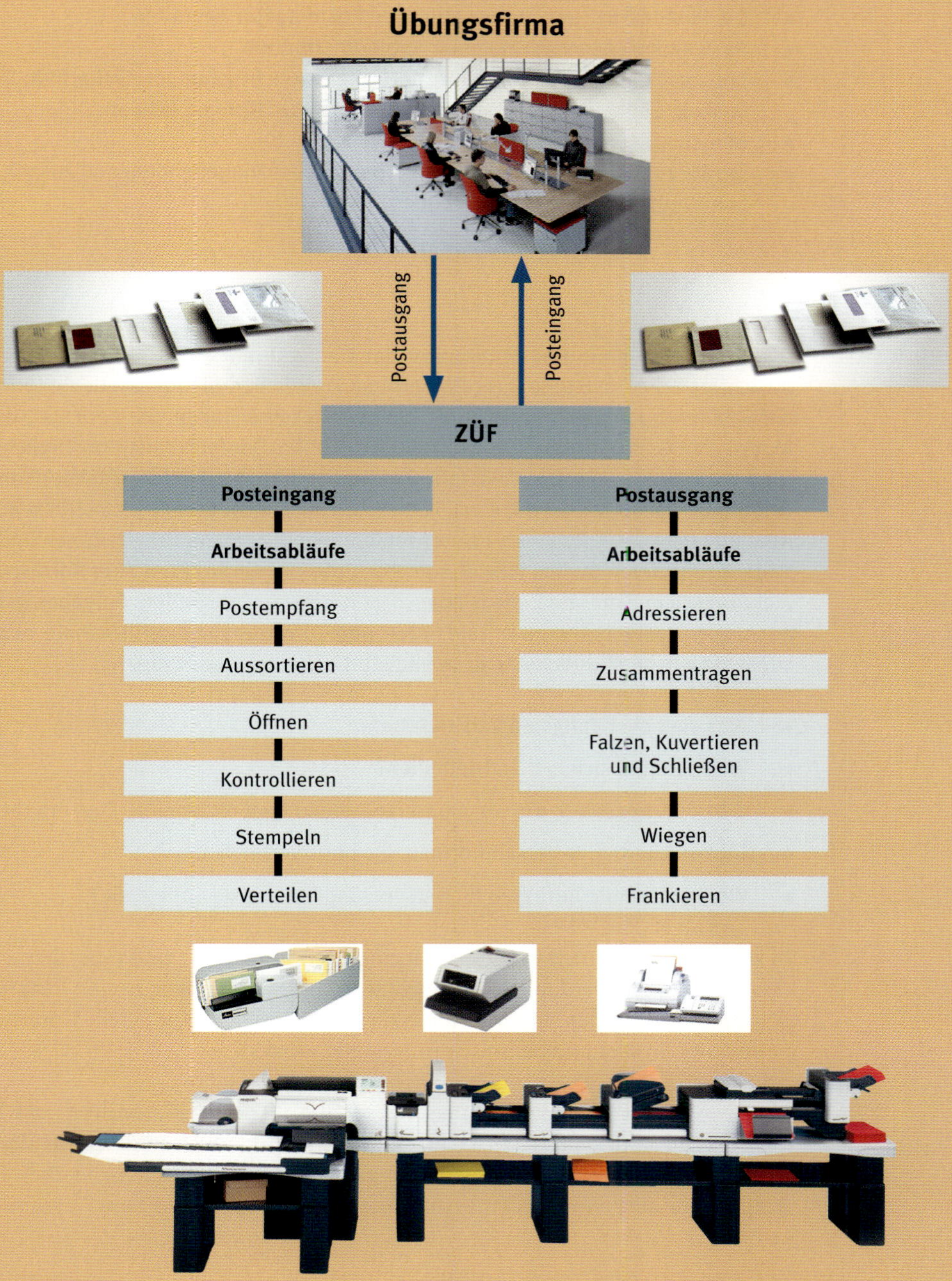

## Lernziele

- Die Arbeitsabläufe beim Posteingang und -ausgang kennen.
- Eingehendes Schriftgut für die einzelnen Abteilungen der Übungsfirma aufbereiten.
- Schriftgut zum Versand aufbereiten.
- Die Postbearbeitung als wesentlichen Kostenfaktor begreifen.
- Auswahlkriterien verschiedener Anbieter ermitteln.
- Die zweckmäßigste Versandart unter Berücksichtigung von Sicherheit, Vertraulichkeit, Schnelligkeit, Kosten und Rechtsverbindlichkeit wählen.
- Berechnungen durchführen.
- Geräte zur Rationalisierung der Bearbeitung von eingehendem und ausgehendem Schriftgut und ihren Einsatz kennen.



## Fallbeispiel

Die Mitarbeiterinnen und Mitarbeiter der Übungsfirma MODE CONNECTION GmbH besichtigen die Poststelle ihrer Patenfirma. Frau Seiler, die Poststellenleiterin, führt die Schüler durch die Poststelle und beantwortet ihre Fragen. Sie berichtet, dass die Mode | Idee GmbH im Jahr rund 250 000,00 EUR für Briefporti ausgibt. Täglich gehen rund 1 500 Briefe raus. Die Mehrzahl sind Standardbriefe, doch die Zahl der Kompakt-, Groß- oder Maxibriefe ist mit etwa 5 000 Stück auch nicht gerade klein. Hinzu kommen rund 500 Päckchen, Buch- und Warensendungen. Die 180 Mitarbeiterinnen und Mitarbeiter produzieren täglich eine Menge Post, obwohl ein Großteil ihrer Korrespondenz elektronisch in Form von E-Mails abgewickelt wird. Zu Frau Seilers Aufgaben gehört es auch, den Postversand zu organisieren und zu rationalisieren. Deshalb macht sie zunächst eine ausführliche Analyse und klärt dabei folgende Fragen:

- Was sind die häufigsten Versandarten?
- Was befindet sich in den Briefhüllen?
- Gibt es Adressaten, die von mehreren Abteilungen regelmäßig Post erhalten?
- Gibt es alternative Versandformen, die preiswerter sind?
- Wo kommen die Adressen für den Versand her und wer pflegt sie?

In jedem Unternehmen ist die täglich eintreffende Post eilig und muss dementsprechend behandelt werden. Oft ist noch am Tag des Posteingangs eine Reaktion auf den Brief erforderlich. Deshalb muss die Postbearbeitung in jedem Unternehmen perfekt organisiert und technisch unterstützt werden.

Ein Großteil der Informationen gelangt nicht nur „per Post", sondern auch als Fax oder E-Mail in den Betrieb. Der größte Anteil wird jedoch in der **zentralen** Poststelle zur weiteren Verarbeitung in den einzelnen Abteilungen vorbereitet. Ebenso werden die ausgehenden Informationen in der Poststelle zum Versand fertig gemacht.

Kleinere Betriebe können die Arbeiten der Poststelle auch **dezentral** durchführen.

**Grundriss einer zentralen Poststelle**

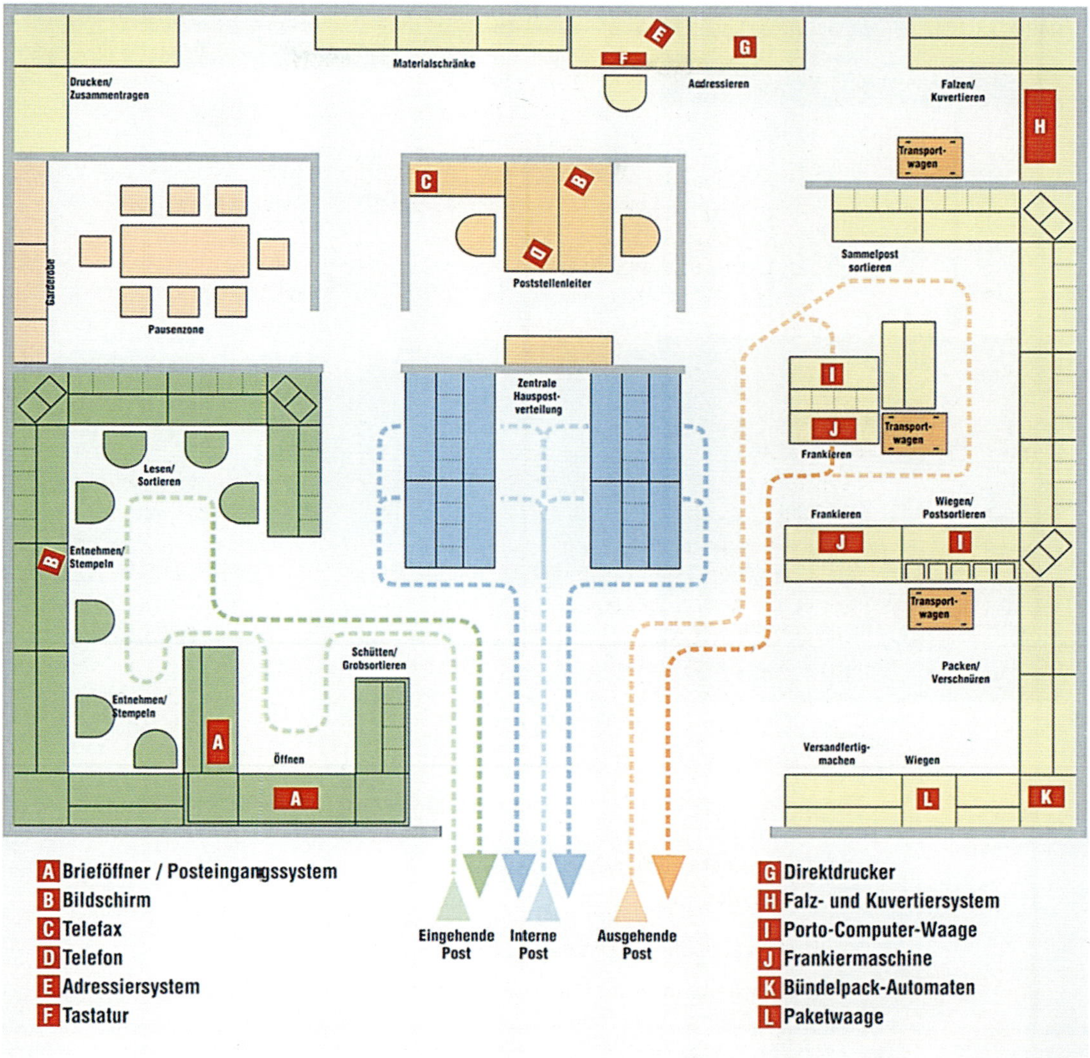




## 4.1 Die Organisation des Posteingangs und -ausgangs in der Übungsfirma

In der Übungsfirma wird die ein- und ausgehende Post in der Regel über die **ZÜF** (Zentralstelle des Deutschen Übungsfirmenrings) abgewickelt. In der Abteilung „Sekretariat“ wird eine Posteingangs- und -ausgangsliste geführt.

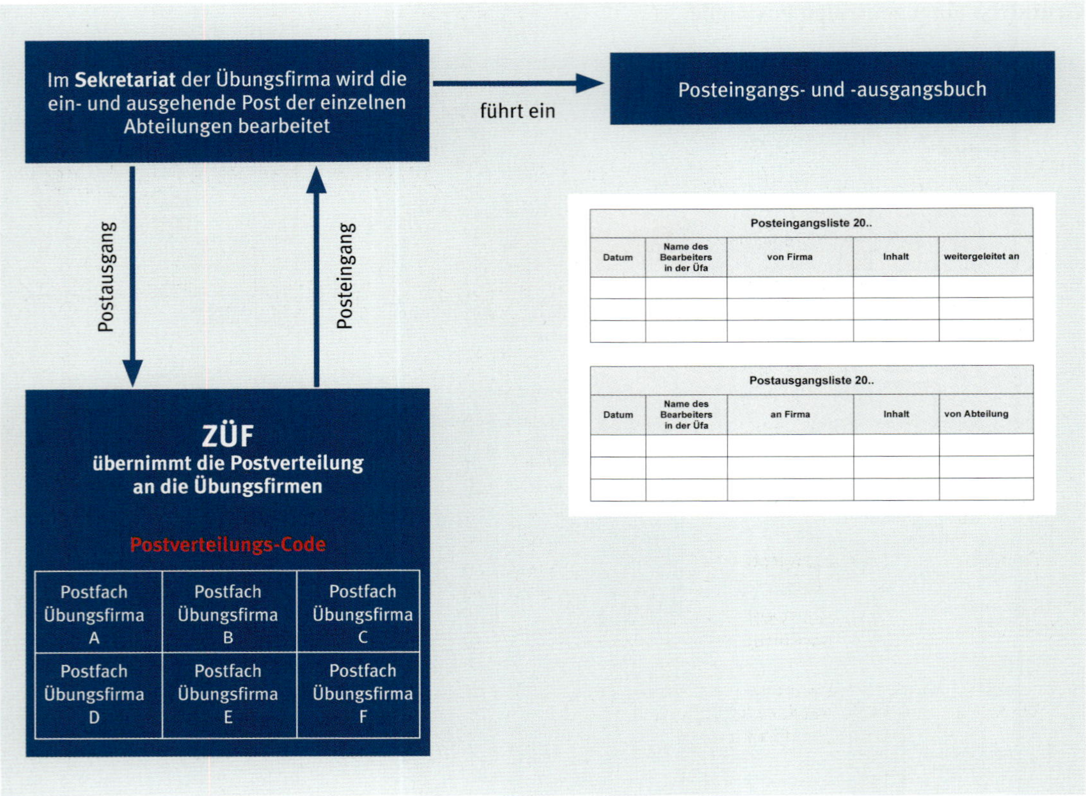


| Posteingangsliste 20.. | | | | |
|---|---|---|---|---|
| Datum | Name des Bearbeiters in der Üfa | von Firma | Inhalt | weitergeleitet an |
| | | | | |
| | | | | |
| | | | | |

| Postausgangsliste 20.. | | | | |
|---|---|---|---|---|
| Datum | Name des Bearbeiters in der Üfa | an Firma | Inhalt | von Abteilung |
| | | | | |
| | | | | |
| | | | | |

Die Ausgangspost wird mit einem **Postbegleitzettel** an die ZÜF weitergegeben. Auf dem Postbegleitzettel befindet sich der **Postverteilungs-Code** als Barcode, der bei der ZÜF angefordert werden muss. Der Postverteilungs-Code darf nur einmal genutzt werden.

**Tipp**

**Postkörbe**

Jede Mitarbeiterin/jeder Mitarbeiter besitzt einen Posteingangs- und -ausgangskorb. Die Beschriftung (Abteilung, Name) muss eindeutig sein.

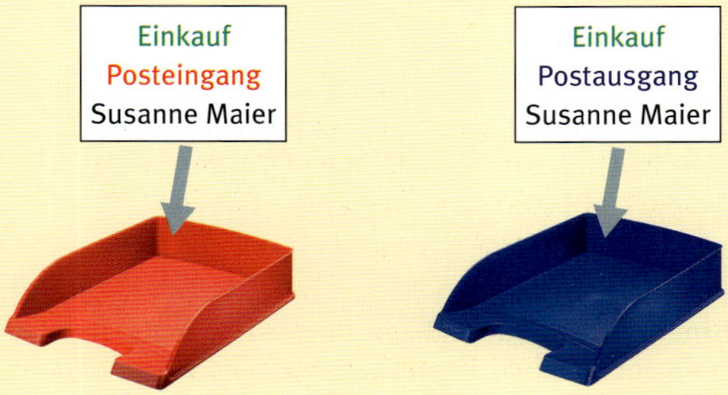

# 4.2 Arbeitsabläufe beim Posteingang in einem Unternehmen

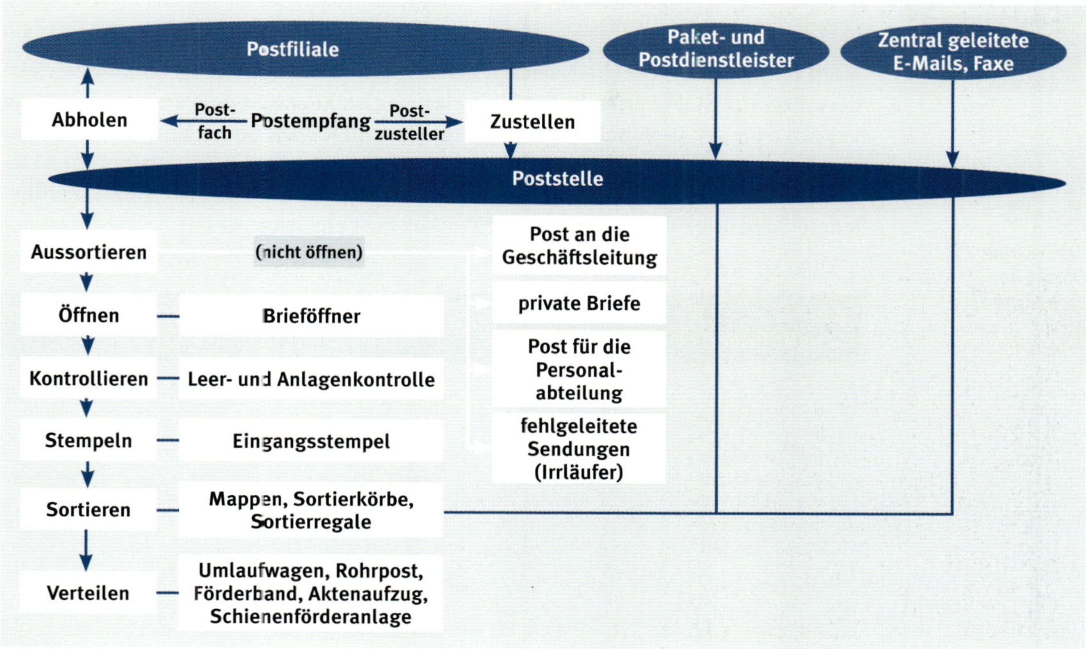


## 4.2.1 Postempfang

*Arbeitsblatt 1 Annahme der Eingangspost*

Der Postempfang kann erfolgen als:

- Zustellung durch den Postzusteller,
- Abholung aus dem Postfach,
- Zustellung durch einen Postdienstleister,
- zentraler Eingang in der Poststelle in Form von E-Mails und Faxen.

## 4.2.2 Zustellung und Abholung

Die **Deutsche Post AG** ist verpflichtet, Postsendungen dem Empfänger zuzustellen.

Um vom Postzusteller unabhängig zu sein, können Postkunden ein **Postfach** mieten. Sie können dann früh morgens und auch mehrmals täglich ihre Post selbst abholen und sind damit in der Lage, eilige Vorgänge sofort bearbeiten zu können.

Das Postfach wird dem Interessenten durch Antrag auf einem bei der Post erhältlichen Formblatt von der Post zugeteilt. Für die Einrichtung des Postfaches verlangt die

Post eine **einmalige Einrichtungspauschale.** Die Größe des Postfachs hängt von der täglich anfallenden Post ab. Der Postfachbesitzer ist zur **regelmäßigen Abholung** der Post verpflichtet, ansonsten kann das Postfach gekündigt werden.

## 4.2.3 Aussortieren

*Arbeitsblatt 2 Öffnen der Eingangspost*

4

Nach Eingang der Post (Briefe, Karten, Päckchen usw.) werden die Sendungen sortiert. **Privatpost, Post für die Geschäftsleitung** und Post für die **Personalabteilung** werden von der **Geschäftspost** getrennt und ungeöffnet dem Empfänger direkt zugeleitet. Bei der Privatpost steht der Name zuerst, bei der Geschäftspost an zweiter Stelle (Name des Mitarbeiters im Betrieb, der die Post bearbeiten soll). **Fehlgeleitete Sendungen** (Irrläufer) werden an die Post zurückgegeben.

BEISPIEL:

| Briefe an die Geschäftsleitung | Privatbrief Beispiel 1 | Privatbrief Beispiel 2 | Geschäftsbrief |
|---|---|---|---|
| 3 • | 3 • | 3 • | 3 • |
| 2 • | 2 • | 2 • | 2 • |
| 1 • | 1 • | 1 Eigenhändig | 1 • |
| 1 Herrn Geschäftsführer | 1 Frau | 1 Frau | 1 Mode I Idee GmbH |
| 2 Marc Dahlmann | 2 Kathrin Müller | 2 Kathrin Müller | 2 Herrn Pierre Schmidt |
| 3 Mode I Idee GmbH | 3 Mode I Idee GmbH | 3 Mode I Idee GmbH | 3 Postfach 10 15 |
| 4 Calwer Str. 118 | 4 Calwer Str. 118 | 4 Calwer Str. 118 | 4 70172 Stuttgart |
| 5 70173 Stuttgart | 5 70173 Stuttgart | 5 70173 Stuttgart | 5 • |
| 6 • | 6 • | 6 • | 6 • |

Zusätze wie z.H. (zu Händen), i.H. (im Hause), i.Fa. (in Firma) oder c/o (care of) sind überflüssig und können entfallen. Grundsätzlich legt die Geschäftsleitung schriftlich in einer betrieblichen Postordnung fest, welche Post geöffnet und welche Post ungeöffnet an die Mitarbeiter und Abteilungen weitergegeben wird. In der Regel werden Privatbriefe (siehe Privatbrief Beispiel 1) ungeöffnet weitergeleitet. Wenn der Absender eine Verfügung in Form von „vertraulich", „persönlich" oder „eigenhändig" in die Anschrift (siehe Beispiel 2) gesetzt hat, geht immer das Briefgeheimnis vor. Diese Briefe müssen ungeöffnet weitergegeben werden.

Postfachnummern werden zweistellig gegliedert: 1 23, 12 34, 12 34 56 usw.

Sendungen, die besonders wichtig (Einschreiben) oder eilig sind (Eilzustellung), sollten vor den anderen Sendungen zur Bearbeitung weitergeleitet werden.

## 4.2.4 Öffnen

Der Arbeitsablauf im Posteingang ist von der Betriebsgröße abhängig. In großen Betrieben wird die Ein- und Ausgangspost meist in einer zentralen Poststelle bearbeitet. In kleineren Betrieben sortiert die Sekretärin die Post und legt sie dem Chef vor. Er öffnet sie und entscheidet, wer die Post weiterbearbeiten soll. Bei geringem Posteingang werden die Briefhüllen von Hand mit einem **Brieföffner** (Handmesser) geöffnet.

*Elektrischer Brieföffner*

Firmen mit größeren Postmengen (ab 50 Briefe pro Tag) öffnen die Briefhüllen mit einem **elektrischen Brieföffner** (Brieföffnermaschine). Die elektrische Brieföffnermaschine schlitzt in minimalem Abstand von der oberen Kante die Briefhülle auf. Dadurch wird der Briefinhalt nicht zerschnitten und kann bequem entnommen werden.

## 4.2.5 Digitale Archivierung der Eingangspost

Viele Firmen nutzen die Möglichkeit, wichtige Informationen bereits in der zentralen Posteingangsstelle digital zu erfassen, zu archivieren und elektronisch zu verteilen.



Nachdem ein automatisches Post-eingangssystem die Briefe geöffnet und entnommen hat, werden sie an einer oder mehreren Scannerstationen eingelesen und im hausinternen DV-System gespeichert. So besteht für die Mitarbeiter die Möglichkeit, über den Personal Computer direkt auf die für sie bestimmte Eingangspost zuzugreifen. Der Vorteil dieses Verfahrens liegt in einem deutlich beschleunigten Informationsfluss, da die Dokumente ohne weitere Verteilvorgänge den Fachabteilungen über das firmeninterne Netzwerk zur Verfügung stehen.

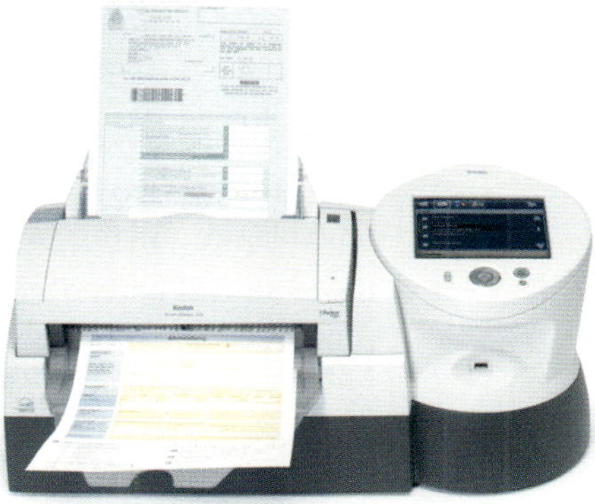

## 4.2.6 Kontrollieren

Nach dem Öffnen wird das Schriftgut dem Umschlag entnommen. Dabei ist darauf zu achten, dass

- der Briefumschlag vollständig **entleert** wird (Leerkontrolle),
- auch alle im Brief erwähnten **Anlagen** vorhanden sind; fehlt eine Anlage, so wird dies handschriftlich auf dem Brief bei „Anlagen" vermerkt (Anlagenkontrolle),
- das **Datum des Poststempels** auf dem Briefumschlag und das **Briefdatum** nicht zu sehr voneinander abweichen; diese Kontrolle ist vor allem bei Terminsachen (Liefer- und Zahlungsfristen, Anmeldungen usw.) wichtig,
- durch **Zusammenheften** garantiert wird, dass **Brief und Anlagen** zusammenbleiben.

*Arbeitsblatt 3 Kontrollieren – Stempeln – Verteilen*

Bei umfangreichem Schriftgut verwendet man für die Leerkontrolle eine **Leerkontrollanlage.** Das ist eine erleuchtete Glasplatte, auf der die stapelweise aufgelegten Umschläge einzeln über die Platte laufen und noch enthaltene Anlagen sichtbar sind. Leere Briefhüllen werden nur dann aufgehoben und weitergeleitet, wenn die Absenderangabe auf dem Brief fehlt, Briefdatum und Poststempel zeitlich weit auseinander liegen oder wenn es sich um nachzuweisende Sendungen (z. B. Einschreiben), Kündigungen oder Rechtsangelegenheiten (z. B. Vorladung vor Gericht) handelt.

*www.dymo.com*
*www.reiner.de*
*www.trodat.de*

### 4.2.7 Stempeln

*Elektrischer Stempel*

Der **Eingangsstempel** ist auf einem Geschäftsbrief rechts neben der Anschrift des Empfängers anzubringen. Das Abstempeln ermöglicht **einen späteren Vergleich von Ausfertigungstag des Schriftstücks, Datum des Poststempels und dem Tag des Eingangs,** aber auch **die innerbetriebliche Durchlaufzeit** kann verfolgt werden. Eingangsstempel können enthalten:

- Firmenname,
- Datum und Uhrzeit des Eingangs (dies ist häufig ein wichtiger Nachweis für die Einhaltung von Terminen),
- Felder für Bearbeitungsvermerke wie Angabe der Abteilung, die den Brief bearbeiten soll.

BEISPIELE:

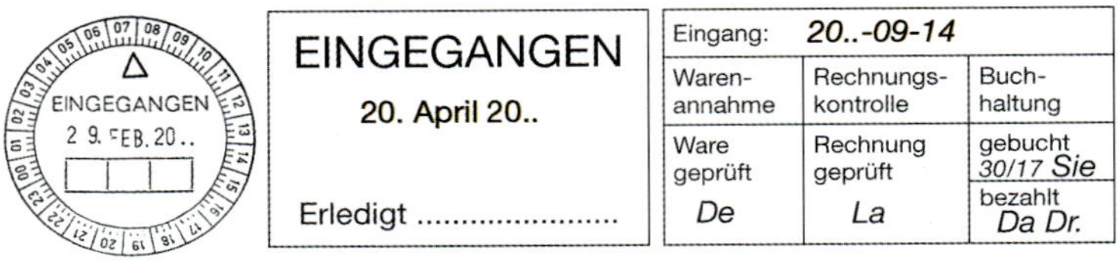


Urkunden (Zeugnisse, Verträge), Schecks, Wechsel usw. dürfen mit keinem Eingangsstempel versehen werden. Bei diesen Unterlagen empfiehlt es sich, den Briefumschlag abzustempeln und anzuheften.

Bei Behörden und kleineren Firmen ist es noch üblich, ein **Posteingangsbuch** zu führen. Dieses Verfahren ist sehr zeitaufwendig, ermöglicht jedoch eine genaue Kontrolle darüber, wann eine Postsendung eingegangen ist.

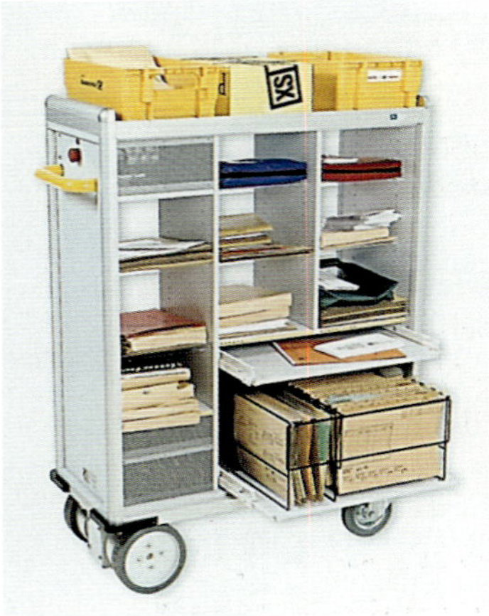

*Umlaufwagen*

### 4.2.8 Verteilen

Die in der Posteingangsstelle vorbereitete Post muss an die verschiedenen Abteilungen verteilt werden. Dazu gibt es mehrere Möglichkeiten:

- Jede Abteilung holt ihre Post selbst ab.
- Ein Botendienst wird eingerichtet.
- Automatische Verteilung mit Büroförderanlagen.

#### Selbst fahrender Umlaufwagen

Die Wagen können umfangreiches Schriftgut transportieren und laufen auf einem Metallband. Der Weg des Wagens kann vorher bestimmt werden, sodass er automatisch bestimmte Zielgebiete ansteuert.

### 4.2.9 Posteingangssysteme

Posteingangssysteme ermöglichen eine schnelle Bearbeitung auf engstem Raum. Die Eingangspost wird unsortiert in einen Ablageschacht gestapelt. Danach werden die Briefe durch ein Vakuumsystem vereinzelt und dem Brieföffner zugeführt.

Nach dem Öffnen wird der geschlitzte Briefumschlag durch Saugarme geöffnet, sodass der Inhalt leicht zu entnehmen ist. Gleichzeitig wird der Briefumschlag durch Ausleuchtung kontrolliert. Die weiteren Bearbeitungsschritte wie Heften, Datieren und Sortieren können durch angegliederte Zusatzeinrichtungen erfolgen.

Die Bearbeitungsmaschinen und Sortiereinrichtungen sind nach dem Baukastenprinzip aufgebaut: Jedes Unternehmen kann eine Grundausstattung wählen, die nach Bedarf ergänzt werden kann.

## 4.3 Arbeitsabläufe beim Postausgang in einem Unternehmen

Nach der Bearbeitung und der Unterschriftsleistung wird die Ausgangspost der einzelnen Abteilungen von einem organisierten Botendienst zur weiteren Bearbeitung eingesammelt und zur Poststelle gebracht. Die Poststelle bereitet die Briefe zum Versand vor. Dabei sind zwei Briefarten zu unterscheiden:

- **Tagespost.** Dies sind meistens individuelle Briefe, Rechnungen, Mahnungen usw., die an bestimmte Personen gerichtet sind. Sie werden in den Abteilungen in Unterschriftsmappen gesammelt und nach Versandart, Gewicht, In- und Auslandssendungen sortiert. Um Entgelt zu sparen, können Sendungen für denselben Empfänger zusammengefasst werden.
- **Massenpost.** Darunter versteht man Briefe mit gleichem Inhalt zu Werbezwecken, Kataloge und Prospekte. Diese können mit den Postbearbeitungsmaschinen schnell und rationell für den Versand vorbereitet werden.

www.avery-zweckform.com
www.herma.de
www.dymo.de
www.esselte.de
www.sigel.de

### 4.3.1 Adressieren

Je größer der tägliche Postanfall ist, desto mehr ist man bemüht, rationell zu adressieren. Bei der Tagespost erfolgt das Adressieren meist beim Schreiben eines Briefes.

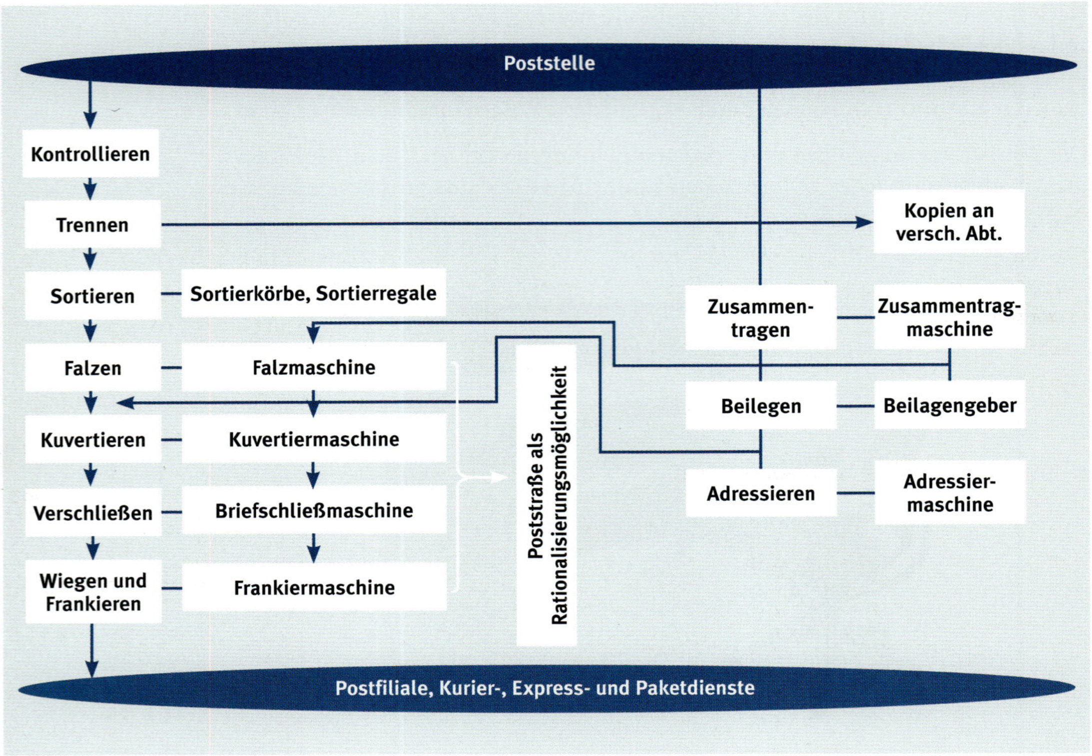


Häufig wird diese Post in Fensterbriefhüllen versandt, sodass ein nochmaliges Adressieren einer Briefhülle nicht mehr notwendig ist.

Anschriften, die immer wieder benötigt werden (Kunden, Versicherungsnehmer, Zeitschriftenabonnenten usw.), werden auf einem Datenträger (CD-ROM, Diskette, Festplatte) gespeichert.

Beim Adressieren von Massenpost (Werbebriefe, Mitteilungen von Versicherungen an alle Versicherungsnehmer, Zeitschriftenversand an alle Abonnenten usw.) werden die benötigten Anschriften automatisch in Briefe übernommen oder auf Etiketten (Adressaufkleber) ausgedruckt. Etikettendrucker können wie herkömmliche Drucker an den PC angeschlossen und über die mitgelieferte Software gesteuert werden.

*Dymo-Labelwriter*

## Die Gestaltung der Empfängeranschrift

Die Gestaltung der Empfängeranschrift nach DIN 5008 wurde den Vorgaben der Deutschen Post AG wegen der Maschinenlesbarkeit angepasst. Demnach ergeben sich zwei Möglichkeiten der Beschriftung:

Sofern mehr als drei Zeilen in der Zusatz- und Vermerkzone oder mehr als sechs Zeilen in der Anschriftzone benötigt werden, ist es zulässig, den Platz der jeweils anderen Zone mit zu nutzen. Sollte dies nicht ausreichen, ist die Schriftgröße zu reduzieren; eine Schriftgröße von 8 Punkt darf nicht unterschritten werden. Bei Schriftgrößen kleiner als 10 Punkt sind serifenlose Schriften wie Arial oder Helvetica zu verwenden.[1]

!



### 1. Anschriftfeld ohne Rücksendeangabe

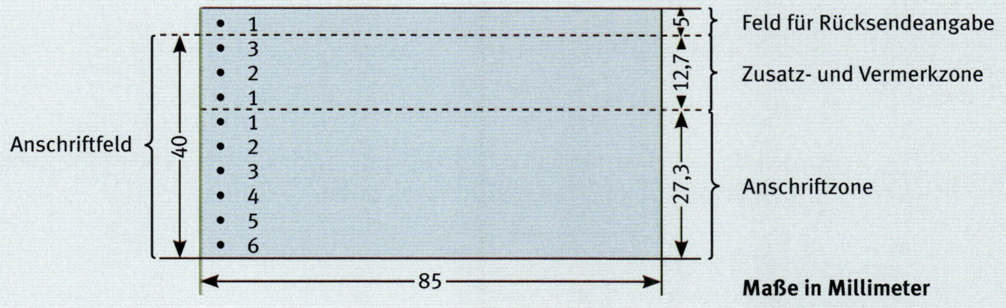


Rücksendeangabe und Zusatz- und Vermerkzone dürfen auch zu einer Zone zusammengefügt werden. Die Rücksendeangabe wird dann wie Zusätze und Vermerke behandelt. Mit Verwendung der für Rücksendeangaben empfohlenen Schriftgröße von 8 Punkt stehen in der Zusatz- und Vermerkzone mit Rücksendeangabe fünf Zeilen.[2]

!

### 2. Anschriftfeld mit Rücksendeangabe

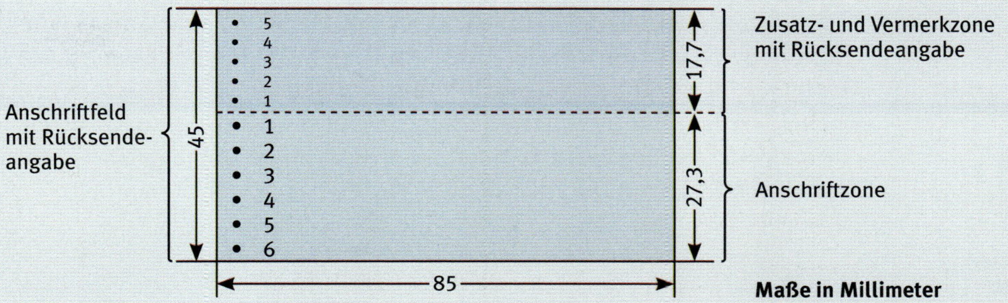

| Beispiele für die Gestaltung von Empfängeranschriften | |
|---|---|
| 1 MODE CONNECTION GmbH – Elsässer Str. 218 – 70435 Stuttgart<br><br>3<br>2 Einschreiben<br>1 Persönlich/Vertraulich | 5<br>4<br>3<br>2 MODE CONNECTION GmbH – Elsässer Str. 218 – 70435 Stuttgart<br>1 Bei Umzug mit neuer Anschrift zurück! |
| 1 Frau<br>2 Sabine Köster<br>3 Seelacher Weg 48<br>4 70134 Stuttgart<br>5<br>6 | 1 Frau<br>2 Sabine Köster<br>3 Seelacher Weg 48<br>4 70134 Stuttgart<br>5<br>6 |
| 1 MODE CONNECTION GmbH – Elsässer Str. 218 – 70435 Stuttgart<br><br>3<br>2<br>1 Postzustellungsauftrag | 1 MODE CONNECTION GmbH – Elsässer Str. 218 – 70435 Stuttgart<br><br>3<br>2<br>1 |
| 1 Frau<br>2 Sabine Köster<br>3 Seelacher Weg 48<br>4 70134 Stuttgart<br>5<br>6 | 1 Fellmann & Köster GmbH<br>2 Frau Karin Gresser<br>3 Postfach 58 48<br>4 71522 Backnang<br>5<br>6 |

### Elektronische Freimachung mit „Stampit“

Werden bei der elektronischen Freimachung mehr als drei Zeilen Platz benötigt, ist die Anschriftzone entsprechend zu verkleinern.

## 4.3.2 Zusammentragen

Manche Sendungen bestehen aus mehreren Teilen. Dies können z. B. Rundschreiben, Berichte, Kataloge und Preislisten sein. In kleinen Betrieben werden diese Beilagen mit der Hand zusammengetragen. In Mittel- und Großbetrieben arbeiten halb- oder vollautomatische **Zusammentragmaschinen.**

Die leistungsfähigsten von ihnen tragen von vielen Stapeln Anlagen zusammen und stoßen die fertigen Sätze, soweit ein Rütteltisch angeschlossen ist, ab. Papiere zwischen 50 g und 260 g Gewicht können nach dem Saug-Blasluft-Prinzip verarbeitet werden. Ein integrierter Zähler stoppt die Maschine nach Erreichen der voreingestellten Stückzahl automatisch. Durch einen Impulsgeber lassen sich aus beliebigen Stationen Deckblätter und/oder Rückendeckel einschließen.

*www.pitney-bowes.de*
*www.ideal.de*

## 4.3.3 Falten, Kuvertieren und Schließen

Um kleinere Umschläge verwenden zu können und um Entgelt einzusparen, werden die meisten Geschäftsbriefe gefaltet. Aufgedruckte Faltmarken eines Geschäftsbriefbogens erleichtern das Falten von Hand.

**Falzmaschinen** ermöglichen ein rasches, kantenfreies Falten von Briefen, Prospekten u. Ä. Die Maschinen sind auf verschiedene Falzarten einstellbar. Die Arbeitsgeschwindigkeit hängt vom Papierformat, der Falzart und dem Papiergewicht ab. Kombinierte **Falz- und Kuvertiermaschinen** falzen z. B. Rechnungen, fügen automatisch das vorgedruckte Überweisungsformular hinzu und kuvertieren das Füllgut in die passenden Briefhüllen.

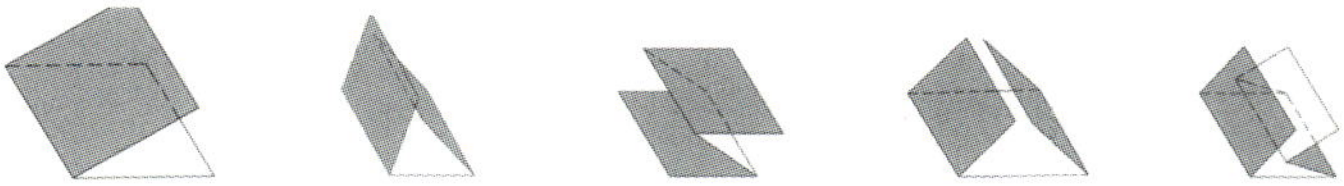

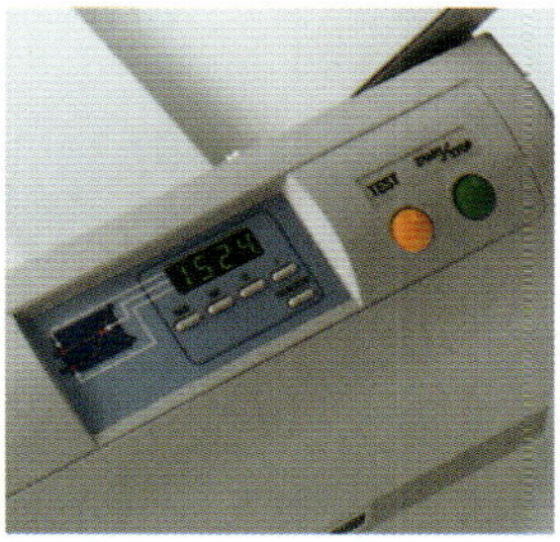


*Bedienelemente und LED-Anzeige*

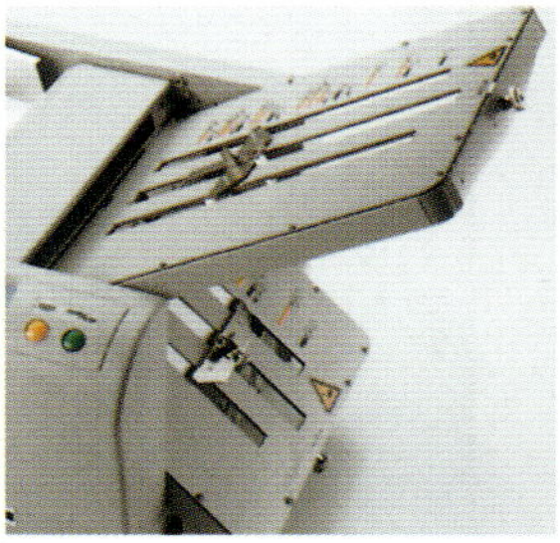

*Einstellung der Falzart*

*Papierauswurf*

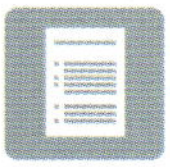

***Arbeitsblatt 4 Postausgang I***

Mithilfe von **Kuvertiermaschinen** werden die gefalteten Briefe automatisch in die Briefhüllen eingelegt. Wird das Füllgut von Hand eingelegt, ist darauf zu achten, dass der Falz unten ist. Sonst könnte der Inhalt beim Öffnen der Umschläge zerschnitten werden. Beim Einlegen in Fensterbriefhüllen ist zu kontrollieren, dass die ganze Adresse im Sichtfenster lesbar ist.

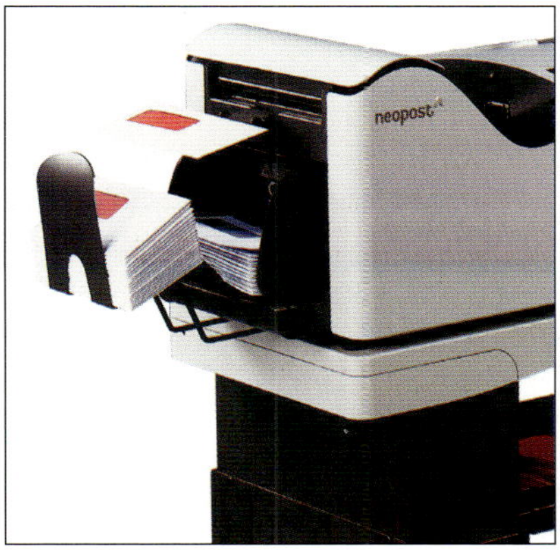


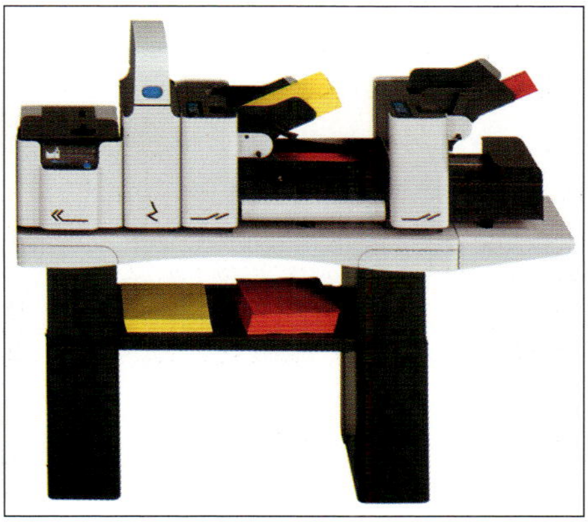

4

**Gebräuchliche Falzarten:**

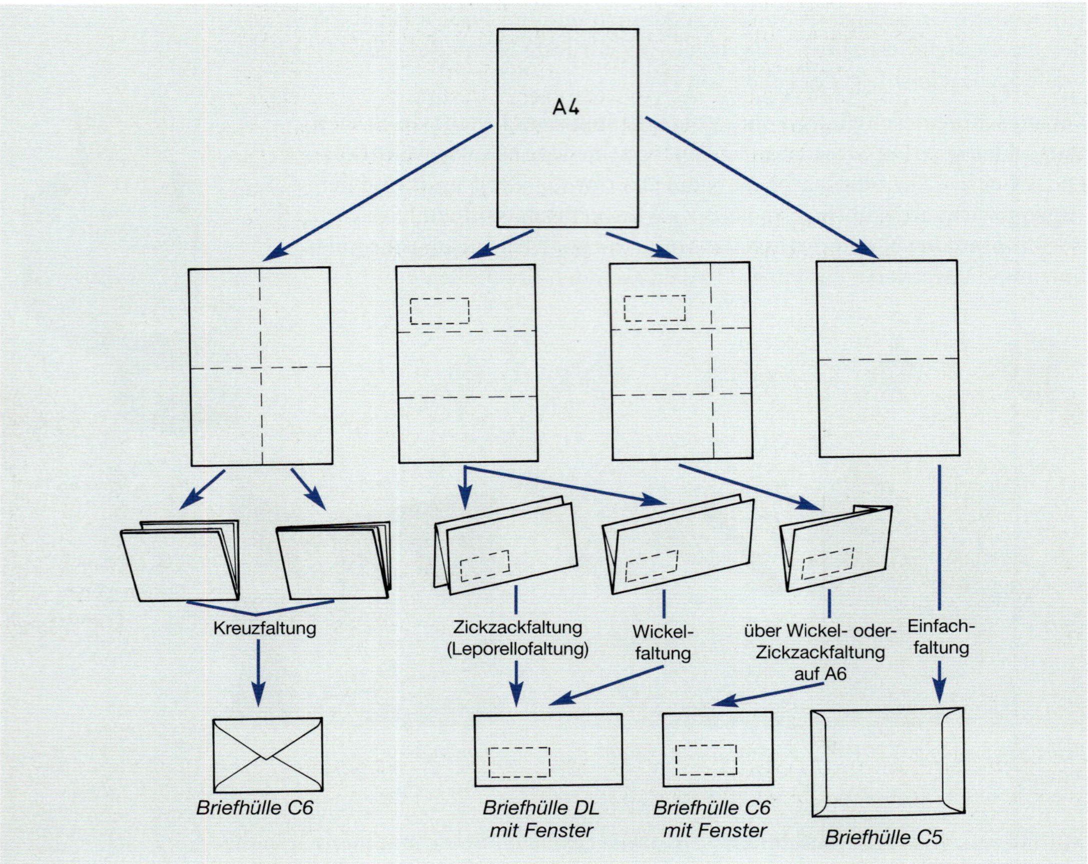


Briefhüllen mit Adhäsionsverschluss (selbstklebenden Streifen) eignen sich besonders für das Verschließen von Hand. Müssen täglich viele Briefe verschlossen werden, kann in der Kombination mit der Kuvertiermaschine eine **Briefschließmaschine** eingesetzt werden. Die meisten Hersteller bieten die Postbearbeitungsmaschinen als Module an. Eine spätere Ergänzung eines Moduls ist meistens kostengünstiger und platzsparender.

## 4.3.4 Wiegen

Bei den sich häufig ändernden Entgelten ist der Arbeitsvorgang „Wiegen" besonders wichtig. Deshalb sollten nach Möglichkeit nur Standardbriefe (Höchstgewicht 20 g) versendet werden. Es ist empfehlenswert, auf das Papiergewicht der Briefbögen zu achten. Bei der Verwendung von Normaldruckpapier (80 g/$m^2$) bleibt man mit drei DIN-A4-Bögen (16 A4-Bögen = 80 g) einschließlich Umschlag unter der 20-Gramm-Grenze.

*www.neopost.de*
*www.maul.de*

Das Wiegen mit herkömmlichen Briefwaagen ist zeitaufwendig und führt durch Ungenauigkeiten häufig zu Überfrankierungen.

Elektronische Portowaagen und -computer gewährleisten größte Sicherheit bei der Entgeltermittlung. Sie zeigen nicht nur das Gewicht und das Entgelt auf Tastendruck an, sondern berücksichtigen auch die vielfältigen Versendungsarten und Zusatzleistungen. Einige Modelle arbeiten mit einem sogenannten Optimierungsprogramm, das anzeigt, ob es zu der vorgewählten Versendungsart eine günstigere Alternative gibt. Portocomputer haben noch zusätzliche Leistungsmerkmale, wie kleine Datenbanken, die z.B. alle Postleitzahlen enthalten. So erscheint nach dem Eintippen des Ortsnamens die richtige Postleitzahl auf Knopfdruck. Ändert die Deutsche Post AG die Entgelte, so können diese Geräte durch Auswechseln des entsprechenden Chips an die neuen Gebührensätze angepasst werden.

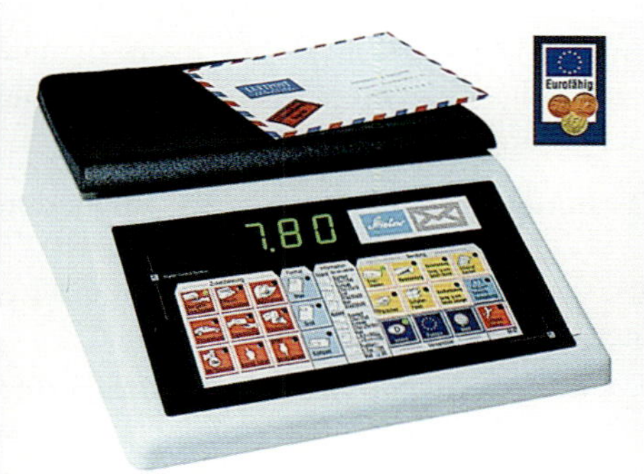


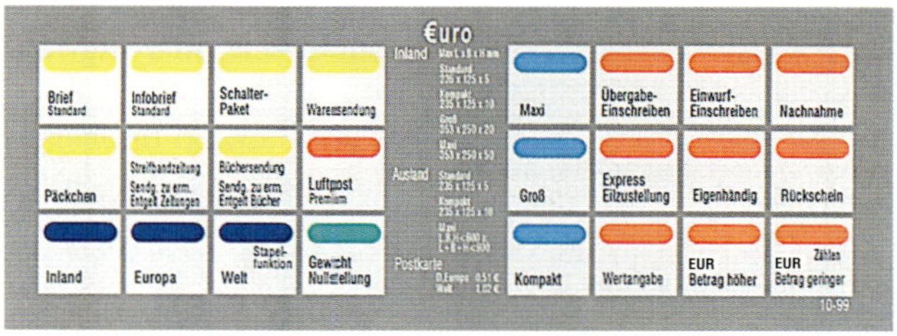


## 4.3.5 Frankieren

Das Freimachen der Ausgangspost kann durch Briefmarken, die Digitalmarke oder mithilfe von Frankiermaschinen erfolgen.

### Digitalmarke

Alternativ zur Briefmarke bietet die Deutsche Post AG seit Anfang 2004 die Möglichkeit, an jedem Schalter eine Digitalmarke zu erstellen, die auf die eingelieferte Sendung geklebt wird. Neben dem **Portowert** enthält der Aufdruck weitere Informationen wie **Einlieferungsdatum, Filialkennung** und **verschlüsselte kryptografische Daten,** die die Fälschungssicherheit gewährleisten.

**Vorteile:**

- Einstellung des Portowertes in beliebiger Höhe,
- digitale Weiterbearbeitung der Sendung,
- wenig Frankierfehler,
- schnellere Bearbeitung,
- Integration von Zusatzleistungen (z. B. Einschreiben).

*Digitalmarke*

### Frankiermaschine

Schon bei einem geringen Postanfall ab etwa 15 Briefen am Tag lohnt sich die Anschaffung einer Frankiermaschine. Ab 40 bis 50 Briefen täglich ist bereits eine

erhebliche Einsparung möglich, wenn die Frankiermaschine richtig in den Arbeitsablauf integriert ist.

Seit der Einführung der Digitalmarke durch die Deutsche Post AG bieten viele Hersteller digitale Frankiermaschinen nach der Frankit-Technologie an.

### Stempelabdruck einer Frankiermaschine

*www.ascom-hasler.de*
*www.frama.de*
*www.francotyp.de*
*www.pitney-bowes.de*
*www.telefrank.de*
*www.frankieren.de*
*www.ideal.de*
*www.neopost.de*

Bei **Briefen** drucken die Frankiermaschinen die eingestellte Gebühr direkt auf den Briefumschlag, bei **sperrigen Sendungen** (Pakete, Päckchen, Rollen usw.) auf einen selbstklebenden Frankierstreifen.

Seit 1. Januar 2006 wird die herkömmliche Frankiertechnik durch die digitale Frankit-Technologie abgelöst. Das hat zur Folge, dass die alte Frankiermaschine umgerüstet oder eine neue Frankiermaschine angeschafft werden muss.

**Der Stempelabdruck einer digitalen Frankiermaschine besteht aus folgenden Teilen:**

- **Klartext** mit lesbaren Informationen wie Logo der Deutschen Post AG, Frankierdatum, Portowert, Seriennummer, Sendungsart und Zusatzleistung,

- **zweidimensionaler Matrixcode** mit weiteren Informationen in verschlüsselter Form, die dem Nutzer umfangreiche Analysemöglichkeiten seiner Sendungen erlauben (z. B. Anzahl der frankierten Sendungen, Kundennummer),
- **Werbeklischee und Zusatztext** der Firma, die nach Bedarf ausgetauscht werden können (z. B. Hinweis auf Sonderaktionen),
- **integrierter eindimensionaler Barcode** für Briefzusatzleistungen. Damit entfällt das manuelle Aufkleben des Barcodes auf den Umschlag.

*Arbeitsblatt 6*

**Durch den Einsatz von Frankiermaschinen ergeben sich folgende Vorteile:**

- Es muss kein Portobuch geführt werden,
- es gibt keine Portokasse mit Bargeld,
- es müssen keine Briefmarken gekauft und bevorratet werden,
- Sendungen werden schneller freigemacht,
- Portoeinsparung durch Entgeltermäßigung,
- da die Briefe in der Postfiliale nicht mehr gestempelt werden müssen, können sie sofort weitergeleitet werden,
- Frankiermaschinen haben Zählwerke, die Auskunft geben
  - über den täglichen Portoverbrauch (Portozähler),
  - über die Zahl von Sendungen,
  - über den Portovorrat.

**Es werden verschiedene Abrechnungsarten unterschieden:**

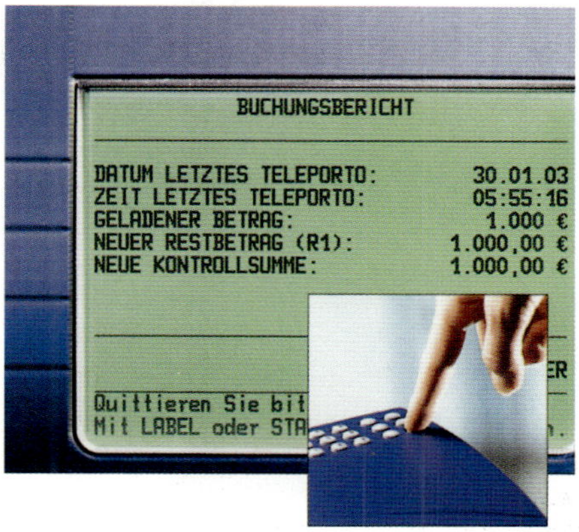


- Am 1. Januar 2006 hat die Deutsche Post AG die Wertkartentechnik eingestellt. Nach der alten Technik freigemachte Sendungen werden nicht mehr angenommen und befördert.
- **Fernwertvorgabesystem mit Telefon.** Der Benutzer ruft zum Portoabruf bei einer **Datenzentrale** an. Zur Identifikation gibt er seine **Kunden- und Frankiernummer** an. Außerdem werden die **Zählerstände** der Entgeltvorgabe und des Entgeltverbrauchs sowie der gewünschte Vorgabebetrag mitgeteilt. Die Datenzentrale prüft die Angaben und teilt dem Benutzer **einen Code** mit. Dieser Code wird in die Frankiermaschine eingegeben. Auf diese Weise wird die gewünschte Wertvorgabe selbst eingestellt.
- **Fernwertvorgabesystem.** Das System wählt die Datenzentrale automatisch an. Die Zugangsdaten und der gewünschte Vorgabebetrag werden im direkten Dialog mit der Datenzentrale ausgetauscht und die Vorgabe durchgeführt.

## Weitere Möglichkeiten der Freimachung von Briefen

- **Digitale Frankierung mit Frankit**

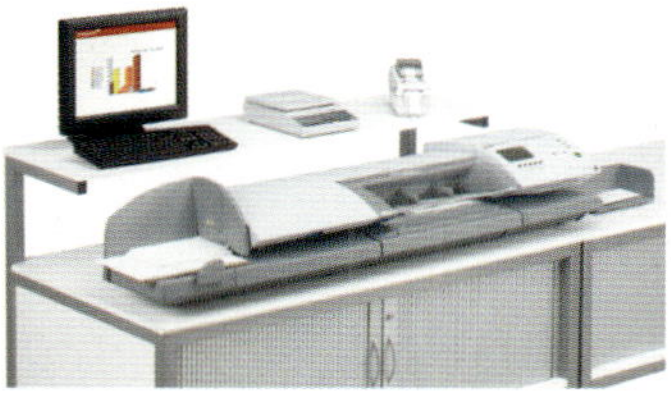

**Frankit** ist ein Produkt der Deutschen Post AG, das die bisherige Stempelung in der Zukunft ablösen soll. Der **digitale Stempelabdruck** macht das Frankieren komfortabler und sicherer. Das Porto wird mithilfe eines in der Frankiermaschine eingebauten Modems direkt über das Internet aufgeladen.

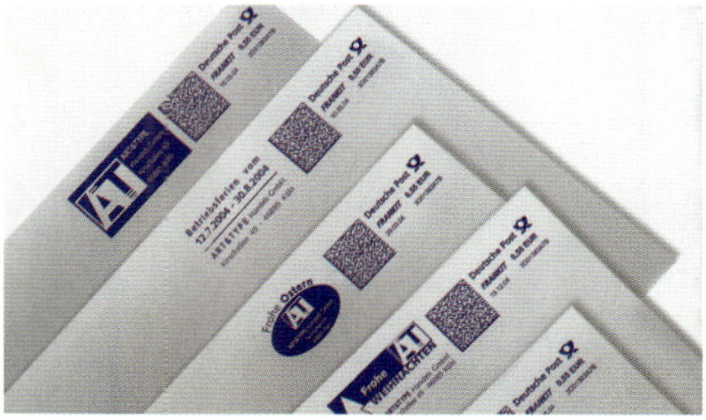

Die Frankit-Technologie verschlüsselt alle relevanten Daten für die Frankierung in einem **zweidimensionalen Matrixcode** (2-D-Matrixcode), der die eigentliche „Briefmarke“ bzw. den bisherigen Stempelabdruck ersetzt. Neben den lesbaren Daten aus dem Klartext enthält der Matrixcode weitere Informationen, wie z. B. Frankierart, Kundennummer, eventuelle Briefzusatzleistungen oder laufende Seriennummer. Diese Informationen werden in den Briefzentren der Deutschen Post AG automatisch gelesen.

Briefzusatzleistungen können durch einen **1-D-Barcode** gekennzeichnet und von der Frankiermaschine automatisch mitgedruckt werden. Dadurch entfällt z. B. beim Einschreiben das manuelle Aufkleben des 1-D-Barcode-Etiketts auf den Umschlag.

- **DV-Frankierung**

Mithilfe einer speziellen Software (z. B. MAILOPTIMIZER) erfolgt das Freimachen über die EDV-Anlage. Dieses Verfahren muss von der Deutschen Post AG genehmigt werden, ist kostengünstig und bietet sich beim Versand von Massenpost an. Der Frankiervermerk wird direkt auf die Briefumschläge oder bei sperrigen Sendungen auf einen Aufschriftzettel gedruckt. Bei Verwendung von Fensterbriefhüllen steht der Frankiervermerk im Anschriftfeld.

Zukünftig wird die DV-Freimachung mit dem **Matrixcode** im Fenster die Abrechnungszeile ersetzen. Freie Bytes im Code können kundenindividuell genutzt werden. Für DV-freigemachte Briefe bietet die Deutsche Post AG eine Entgeltermäßigung an.



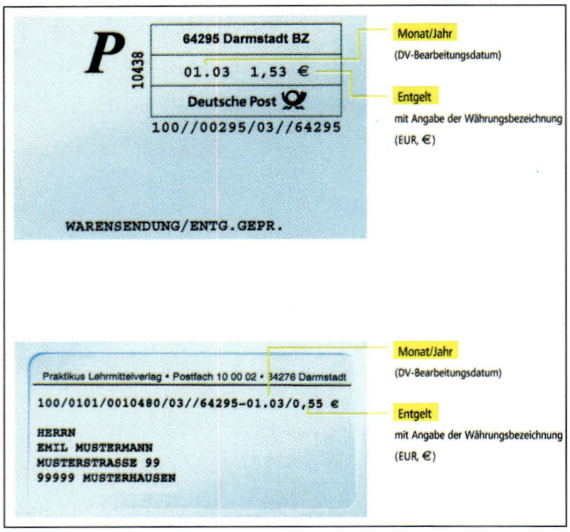


Frühere DV-Freimachung

DV-Freimachung mit Matrixcode

- **PC-Frankierung mit Stampit**

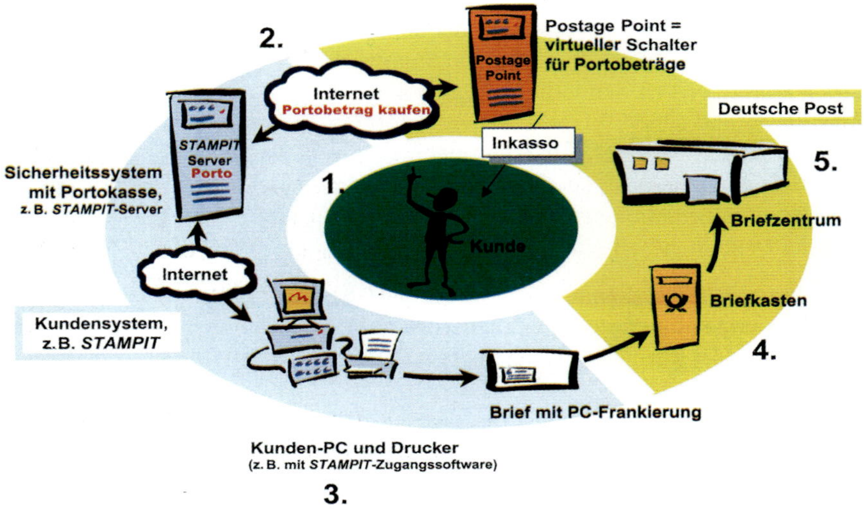

Mit einem PC, Drucker und Internetanschluss sowie der Software „Stampit“ kann der Nutzer seine Briefmarke selbst drucken. Für den Einsatz ist eine Vereinbarung zur PC-Frankierung notwendig. Der voraussichtlich benötigte Portobetrag wird mithilfe der PC-Software über das Internet, den sogenannten Postage Point, gekauft. Der geladene Betrag kann in beliebigen Frankierwerten verwendet und abfrankiert werden.

*www.stampit.de*

Der Stempelabdruck besteht aus dem Datum, Entgeltbetrag und einem fälschungssicheren Matrixcode.

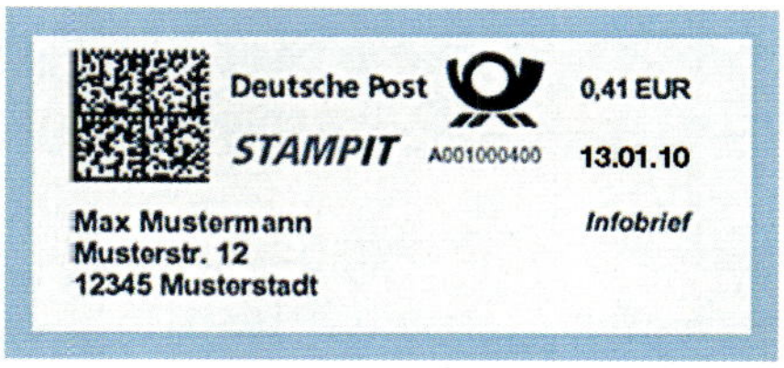


Der Matrixcode enthält aus Sicherheitsgründen Elemente der Zustellanschrift, sodass die Frankierung nur im Zusammenhang mit der Adressierung möglich ist. Frankiert werden können Etiketten und Briefumschläge. Bei der Verwendung von Fensterbriefumschlägen wird der Frankiervermerk direkt auf dem Dokument über der Anschrift positioniert. Wurde aus Versehen der falsche Freimachungsvermerk gedruckt, bleiben in der Regel nur drei Tage Zeit, um sich das Porto für die versehentlich falsch frankierte Sendung erstatten zu lassen.

Dieses Verfahren eignet sich vor allem für kleine und mittlere Firmen, die bis zu 200 Sendungen pro Woche abwickeln.

- **Handyporto**

Wenn Sie auf die Schnelle eine Briefmarke brauchen und keine zur Hand haben, bietet die Deutsche Post mit dem Service „Handyporto“ ihren Kunden die Möglichkeit, per SMS oder Anruf Porto zu kaufen. Die Abrechnung erfolgt über die Mobilfunkrechnung.

*www.handyporto.de*

- **Frankierservice**

Die unfrankierten Sendungen werden vom Kunden nach Formaten und Beförderungsentgelt getrennt zur Post gebracht. Der Frankierservice übernimmt die Frankierung von gewöhnlichen Briefsendungen (Briefe, Postkarten, Bücher- und Warensendungen sowie Infopostsendungen). Der Preis für diese Dienstleistung richtet sich nach der Sendungsmenge.

- **Plusbrief**

Der Plusbrief ist ein Briefumschlag mit eingedruckter Sondermarke. Die Preise für den Plusbrief sind gestaffelt. Geschäftskunden und Großabnehmer bekommen Sonderkonditionen.

### 4.3.6 Poststraße

Viele Arbeitsgänge des Postausgangs können in sogenannten Poststraßen auf engstem Raum zentral zusammengefasst werden. In einem automatischen Maschinengang werden Falzen, Beilegen, Kuvertieren, Schließen, Trennen nach Portoklassen und Frankieren miteinander verbunden. Eine Poststraße ist schon bei 150 Sendungen täglich mit Gewinn einzusetzen. Die meisten Poststraßen werden im Baukastensystem (modular) angeboten. So kann jede Firma nach ihren augenblicklichen Erfordernissen und finanziellen Möglichkeiten ihre maßgeschneiderte Poststraße komplett kaufen, leasen oder nach und nach zusammenstellen und erweitern. Die höchste Ausbaustufe ist die Online-Kombination. Sie macht postfertig, was der Computer in großen Mengen ausdruckt.



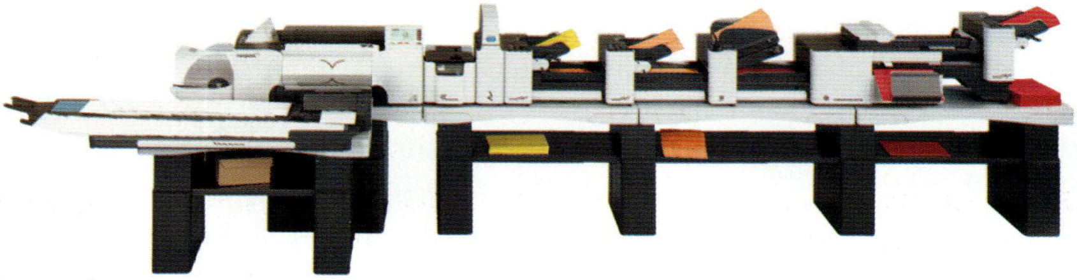

*Poststraße*

**Zusammenfassung**

1 Die **Tätigkeiten beim Posteingang** sind Sortieren, Öffnen, Kontrollieren, Stempeln und Verteilen.

2 Für die **Rationalisierung** der Arbeiten beim Posteingang stehen als Hilfsmittel Brieföffnermaschinen, Durchleuchtungsgeräte und Eingangsstempel zur Verfügung.

3 Bei der **digitalen Archivierung** der Eingangspost wird das Schriftgut an einer Scannerstation eingelesen und im Computer gespeichert.

4 Post für die Geschäftsleitung, Privatpost sowie Post für die Personalabteilung werden aussortiert und **ungeöffnet** weitergeleitet. Irrläufer müssen zur Postfiliale zurückgebracht werden.

5 Wenn der Absender eine Verfügung in Form von "vertraulich", "persönlich" oder "eigenhändig" gesetzt hat, geht immer das Briefgeheimnis vor.

6 Die Empfängeranschrift besteht nach DIN 5008 aus dem Feld für die Rücksendeangabe, der Zusatz- und Vermerkzone und der Anschriftzone.

7 Werden mehr als sechs Zeilen in der Anschriftzone benötigt, darf der Platz der Zusatz- und Vermerkzone sowie das Feld für die Rücksendeangabe mit genutzt werden.

8 Rücksendeangabe und Zusatz- und Vermerkzone dürfen - wenn erforderlich - auch zu einer Zone zusammengeführt werden.

9 Die **Stationen des Postausgangs** sind Adressieren, Zusammentragen, Falten, Kuvertieren, Schließen, Sortieren, Wiegen und Frankieren.

## Zusammenfassung

10 Fast alle Arbeiten beim Postausgang lassen sich mithilfe von Maschinen erledigen: Etikettendrucker, Zusammentragmaschine (Beilagengeber), Falzmaschine, Kuvertiermaschine, elektronische Briefwaage und Frankiermaschine.

11 Die am häufigsten eingesetzte Maschine ist die **Frankiermaschine.**

12 Die Entgeltabrechnung beim Einsatz von Frankiermaschinen erfolgt über das Wertvorgabesystem oder das computergesteuerte Fernvorgabesystem.

13 Die **Digitalmarke** kann alternativ zur Briefmarke an jedem Schalter der Deutschen Post AG für alle Sendungen erstellt werden.

14 Die digitale Frankierung mit der **Frankit-Technologie** ist durch den zweidimensionalen Matrixcode komfortabel und sicher.

15 Die **DV-Frankierung** lohnt sich vor allem für die Abwicklung von Massenpost.

16 Mit der PC-Frankierung können Briefe, Serienbriefe oder Etiketten mithilfe der entsprechenden Software direkt bei der Erstellung freigestempelt werden.

17 Mit dem **Handyporto** kann immer und überall per SMS oder Anruf Porto gekauft und ein Brief oder eine Postkarte frankiert werden.

18 Je nach Postanfall können die benötigten Maschinen wie in einem Baukastensystem zu einer **Poststraße** zusammengebaut werden.

4

## Aufgaben

1 Sie sollen bei der Postfiliale die für Ihren Betrieb eingegangene Post (Briefe, Einschreibesendungen usw.) abholen. Benötigen Sie dazu eine Genehmigung?

2 Die Patenfirma Mode Idee GmbH der MODE CONNECTION GmbH hat bei ihrer Postfiliale ein Postfach gemietet. Welche Vorteile ergeben sich daraus??

3 Nach welchen Gesichtspunkten wird die Eingangspost sortiert?

4 Was verstehen Sie unter digitaler Archivierung der Eingangspost und welche Vorteile ergeben sich durch dieses Verfahren?

5 In der DIN-Norm 5008 ist die Schreibweise der Postfachnummer festgelegt.
   a) Korrigieren Sie die falschen Schreibweisen: 123 – 23 45 – 294949
   b) Formulieren Sie die Regel für die richtige Schreibweise.

6 Die Anschriften von zwei Briefen lauten:
   a) Herrn Geschäftsführer Marc Dahlmann, Mode | Idee GmbH,
   b) Mode | Idee GmbH, Frau Kathrin Müller.
   Darf die Poststelle der Mode | Idee GmbH die beiden Schreiben öffnen (Begründung)?

7 Welche Kontrollen müssen Sie beim Öffnen der Eingangspost durchführen?

8 Sie haben beim Öffnen eines Briefes festgestellt, dass
   a) eine Anlage fehlt,
   b) zwischen Briefdatum und Eingangsdatum ein großer Zeitunterschied besteht.
   Wie verhalten Sie sich?

**Aufgaben**



9 Begründen Sie den Sinn eines Eingangsstempels.

10 Auf welchen Schriftstücken dürfen Sie keinen Eingangsstempel aufbringen?

11 Entwerfen Sie ein Muster für einen Posteingangsstempel Ihrer Schule.

12 Welche Hilfsmittel eignen sich in Großbetrieben für die innerbetriebliche Postbeförderung?

13 In der Patenfirma Mode | Idee GmbH der Übungsfirma MODE CONNECTION GmbH werden jährlich mehrmals an die gleichen Personen Briefe verschickt. Machen Sie Vorschläge, wie das zeitaufwendige Adressieren vereinfacht werden könnte.

14 Ein Brief soll in einem Fensterbriefumschlag verschickt werden. Was ist beim Falten und Kuvertieren des Briefes zu beachten?

15 Welche der folgenden Falzarten eignen sich für eine Fensterbriefhülle DL: Kreuzfalz, Wickelfalz, Zickzackfalz, Einfachfalz?

16 In welcher Reihenfolge erfolgt bei der Poststraße die maschinelle Bearbeitung?

17 Aus welchen Angaben besteht der Stempelabdruck einer Frankiermaschine?

18 Um Porto zu sparen, wollen Sie möglichst viele Briefe als Standardbriefe versenden.
a) Welche Briefhüllen können Sie verwenden?
b) Wie viele A4-Briefbögen (80 g) können Sie in einer Briefhülle versenden? Begründen Sie Ihre Antwort.

19 Welche Vorteile bietet der Einsatz von
a) elektronischen Briefwaagen,
b) Frankiermaschinen?

20 Beschreiben Sie die Abrechnungsmöglichkeiten beim Einsatz von Frankiermaschinen.

21 Seit Anfang 2004 können Sie an jedem Schalter der Deutschen Post AG die Digitalmarke zur Freimachung von Sendungen erstellen lassen. Auch die Hersteller von Frankiermaschinen haben darauf reagiert und bieten Frankiermaschinen mit integrierter Frankit-Technologie an.
a) Was verstehen Sie unter der „Digitalmarke“?
b) Worin unterscheiden sich die Frankiermaschinen mit der Frankit-Technologie von den herkömmlichen Frankiermaschinen?

22 Die Mode | Idee GmbH denkt darüber nach, mit der DV- bzw. PC-Frankierung das Frankieren zu verbessern.
a) Nehmen Sie dazu Stellung.
b) Welche Möglichkeiten der Frankierung bieten sich noch an?

# 4.4 Postversand

Seit dem 1. Januar 2008 wurde in Deutschland die Postliberalisierung beendet und das Privileg der Deutschen Post AG für die Beförderung von Briefsendungen bis 20 Gramm aufgehoben. Von 2011 an dürfen zugelassene Postdienste EU-weit auch Briefe unter 50 Gramm befördern. Das Europaparlament stimmte für die endgültige Abschaffung des Briefmonopols. Damit Postkarten und Briefe auch in entlegene Regionen der EU zuverlässig ausgeliefert werden, soll eine Grundversorgung zu einem erschwinglichen Preis garantiert werden.

## 4.4.1 Briefe

Briefe eignen sich vor allem zur Übermittlung vertraulicher Nachrichten. Zugelassen sind Mitteilungen und Gegenstände bis 1 000 g im Inland und bis zu 2 000 g im Ausland. Feste Gegenstände, wie z. B. Schlüssel, sollten nur in Polsterumschlägen verschickt werden.

### Briefbeförderung der Deutschen Post AG

**Inlandsbriefe gibt es in folgenden vier Basisgruppen:**

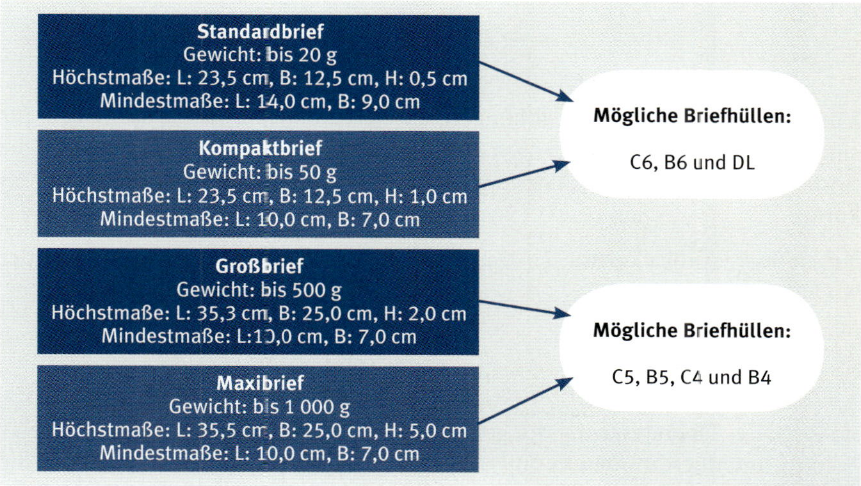

Überschreitet eine Briefsendung Gewicht, Format oder Dicke des Maxibriefs, so kann sie nur als Päckchen oder Paket befördert werden. Eine nützliche Hilfe, um die Maße und damit das richtige Entgelt für Briefsendungen ermitteln zu können, bietet die Briefschablone, die bei jeder Postfiliale gekauft werden kann. Briefe und Pakete werden von der Aufgabepostfiliale an die regionalen Brief- und Frachtpostzentren weitergeleitet. Bei über 90 % aller maschinengeschriebenen Anschriften erkennt ein Anschriftenlesegerät die Postleitzahl und den Bestimmungsort.

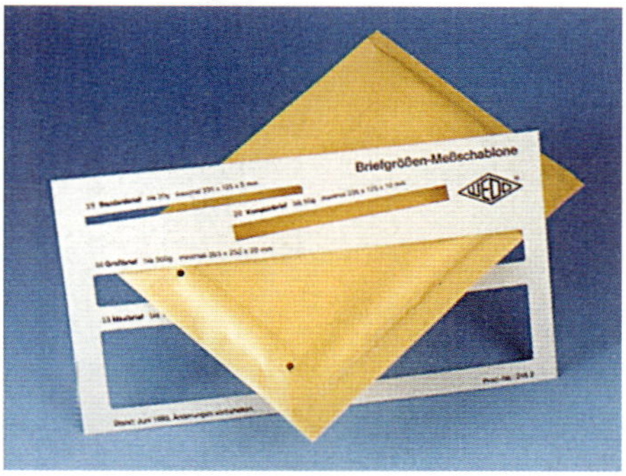

**Für eine schnelle und fehlerfreie Bearbeitung der Sendungen sind folgende Regeln zu beachten:**

!

1. Briefe für Postfachinhaber immer an die Postfachanschrift senden.
2. Postleitzahl und Bestimmungsort nicht unterstreichen.
3. Die Anschrift immer linksbündig schreiben.
4. Postleitzahl und Bestimmungsort immer in eine Zeile schreiben.

!

*Sparen Sie Porto!*

- Wiegen Sie die Briefe und vermeiden Sie damit, dass der Empfänger Strafporto bezahlen muss.
- Falzen Sie Briefe und verwenden Sie anstelle von größeren Briefumschlägen Briefhüllen mit den Formaten C6, B6 oder DL.
- Prüfen Sie, ob Sie eine Mitteilung statt per Brief preisgünstiger als Fax oder E-Mail verschicken können.



## Portokalkulator

Unter ***www.portokalkulator.de*** können Sie schnell und zuverlässig das Entgelt für einen Brief oder Ihre Geschäftspost ermitteln. Sie wählen im Online-Formular die zutreffenden Optionen, klicken auf „Berechnen" und erhalten den Betrag für das Porto.

Neben dem Portokalkulator der Deutschen Post AG gibt es auch andere Ermittler wie z. B. ***www.postsitter.de.***

## Briefbeförderung durch Postdienstleister

www.

***www.deutschepost.de/preise***
***www.bundesnetzagentur.de***
***www.posttip.de***

Im Zuge der Liberalisierung des gesamten Briefmarktes vergibt die Bundesnetzagentur unter bestimmten Voraussetzungen Lizenzen an Postdienstleister für die Briefbeförderung. Bei Briefen von weniger als 200 Gramm bieten die meisten Dienstleister einen sogenannten höherwertigen Service wie Abholung und Zustellung am gleichen Tag. Die Abholung der Briefe erfolgt bei Großkunden oder bei einer Mindestmenge, die vom jeweiligen Dienstleister bestimmt wird. Um auch die Privatkunden zu erreichen, stellen manche Postdienstleister Briefkästen auf. **Die günstigen Preise beschränken sich allerdings meistens auf ein bestimmtes Liefergebiet.**

BEISPIELE:

TNT post | Spring Global Mail Germany | PostCon Consolidation Services | primeMail

**Briefmarke** und **Briefkasten** des Anbieters PIN:

## Auswahl eines geeigneten Postdienstleisters

| Nr. | Teilprozess | Hilfsmittel | Bemerkung |
|---|---|---|---|
| 1 | Postdienstleister auswählen; Absage | | |
| 2 | Qualifikation → Lizenz? (Nein → Absage; Ja → Art und Umfang der Leistung prüfen) | Checkliste | Bundesnetzagentur |
| 3 | Sendungsübergabe/ Schnittstelle → Vorbereitende Tätigkeiten → Zustellgebiete/ Zustellart → Brieflaufzeiten Zustellquoten → Produkte/ Preise → Rechnungsstellung/ Dokumentation | | Deutsches Portobuch |
| 4 | Geeigneter Postdienstleister | | |

**„Deutsches Portobuch"** ist ein umfassendes Nachschlagewerk, das die Brief-, Express- und Paketlogistiker übersichtlich nach den Leitzonen 0 bis 9 aufführt. Die Angebote enthalten Preise, Abholungs- und Zustellregionen, Leistungen und Mehrwertdienste sowie Kontaktdaten.

**Alle Briefzusteller bieten verschiedene Mehrwertdienstleistungen und -dienste wie z. B.**

- Sendungsverfolgung
- Redress-Management: Ist eine Sendung durch einen Zusteller an einen Empfänger nicht zustellbar, handelt es sich um eine sogenannte Redresse. Das Redress-Management beschreibt die Erfassung, Prüfung, Bearbeitung, Auswertung und Weitergabe von Redressen.
- Hybridpost (= ein Konzept zum digitalen und physischen Briefversand)
- Frankierservice
- Sortierservice
- Kuvertierservice
- Druckservice
- Poststellen-Management
- Ident-Prüfung und Unterschrifteneinholung an Wohnort oder Arbeitsplatz

### 4.4.2 Infopost und Infobrief

*www.infopost-manager.de*

#### Infopost

Werbebriefe, Einladungen, Unterlagen (z. B. Proben, Muster, Werbeartikel) sowie Datenträger (z. B. Disketten, CDs, Kataloge) können werbewirksam und preiswert als Infopost oder Kataloge zu den vier Basisprodukten versandt werden, wenn

- die Sendungen **inhaltsgleich** sind,
- die festgelegten **Mindestmengen** eingehalten werden,
- die Sendungen nach **auf- oder absteigenden Postleitzahlen geordnet sind.**

Infopost-Sendungen sind mit einem Freimachungsvermerk (Zahlung bei Einlieferung), einer Freistempelung bzw. einer DV-Freimachung oder einer Absenderstempelung und einer **Einlieferungsliste** in der Postfiliale abzugeben.

**Inhaltsgleich:** Die Sendungen dürfen sich durch folgende Merkmale unterscheiden:

- Codier- und Steuerzeichen,
- Ort und Tag der Absendung, Unterschriften,
- zusätzliche Angaben zum Absender wie Name und Anschrift eines Vertreters, Geschäftszeiten von Niederlassungen u. Ä.,

- je zehn unterschiedliche Ordnungsbezeichnungen wie Nummern, Buchstaben und Zeichen, jedoch keine Wörter,
- die Anrede darf sich zwischen der Begrüßung und der Wiederholung im Text unterscheiden.

Für den Versand als Infopost müssen folgende **Mindestmengen** vorliegen:

- **4000 Sendungen** nach Postleitzahl in auf- oder absteigender Reihenfolge geordnet oder
- **250 Sendungen** für dieselbe Leitregion (Übereinstimmung der ersten beiden Stellen der Postleitzahl) in auf- oder absteigender Reihenfolge der Postleitzahl geordnet oder
- **50 Sendungen** für den Leitbereich der Einlieferungsstelle in auf- oder absteigender Reihenfolge geordnet.

Zahlung bei Einlieferung

Stempelabdruck einer Frankiermaschine

DV-Frankierung

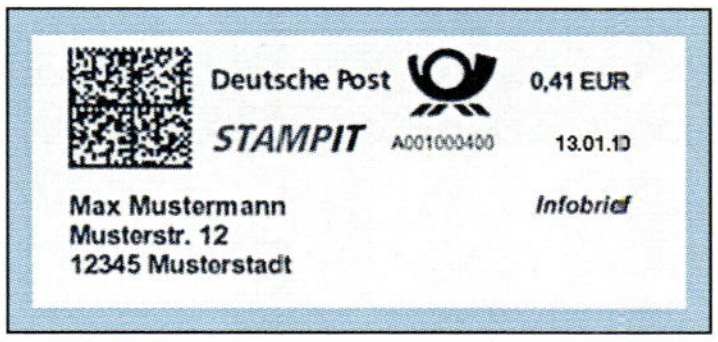


PC-Frankierung

Frankierservice

## Infobrief

- Kleinere Mengen inhaltsgleicher Briefe (mindestens 50 Sendungen) mit unterschiedlichen Postleitzahlen können unsortiert eingeliefert und als **Infobriefe** versandt werden.
- Bei Infobriefen gelten die gleichen Bestimmungen über Inhaltsangaben, Freimachung und Vorausverfügung wie bei der Infopost.
- Infosendungen (Infopost und Infobrief) ins Ausland können zum Kilotarif (mindestens 50 Sendungen in dasselbe Land) verschickt werden. Die Tarife sind von der Land- bzw. Luftbeförderung und vom Gewicht abhängig.
- Liegt die Stückzahl unter der Mindestmenge, empfiehlt es sich oft, das Porto für die fehlenden Sendungen aufzuzahlen, um so den Normaltarif für Briefe zu umgehen.

### Infopost-Manager

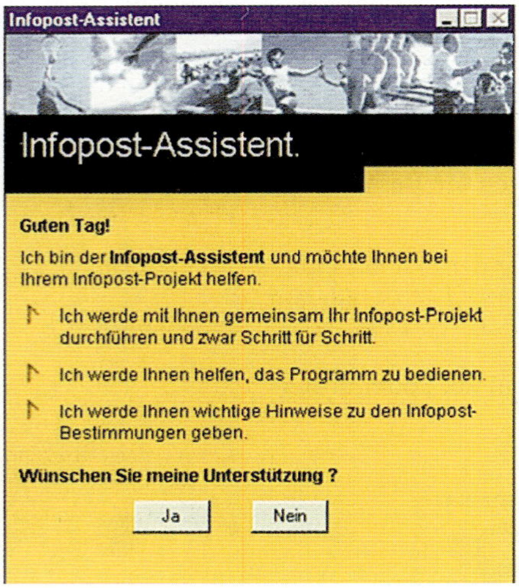


Die Software „Infopost-Manager“ bietet Funktionen wie Adressmanagement, Informationen und Formulare für die Einlieferung von Infopost und Infobrief. Sie kann bei der Deutschen Post AG gekauft werden.

**Leistungsmerkmale:**

- Automatische Berechnung der günstigsten Entgelte,
- Unterstützung aller gängigen Dateiformate beim In- und Export von Adressdateien,
- Berichtigung falscher Postleitzahlen, Orts- und Straßenbezeichnungen durch integrierte Anschriftenüberprüfung,
- Erkennen und Löschen von doppelten Anschriften,
- Druck von Endlos- und Einzelblattetiketten, Serienbriefen und Briefumschlägen mit Freimachungsvermerk,
- Druck aller Einlieferungsunterlagen und Aufschriftzettel.

## 4.4.3 Werbeantwort

Die Werbeantwort eignet sich insbesondere für Anmeldungen, Reservierungen und Bestellungen. Die Kennzeichnung erfolgt durch „Antwort“ bzw. „Werbeantwort“ und muss oberhalb der Anschrift stehen. Die Werbeantwort ist bereits frankiert, sodass derjenige, der die Antwortkarte erhält, sie nur noch ausfüllen und an den Absender zurückschicken muss.

## 4.4.4 Päckchen und Pakete

### Beförderung mit der Deutschen DHL

- **Päckchen**

Wie die Warensendung dient das Päckchen dem Versand verschiedener kleiner Gegenstände, jedoch mit folgenden Unterschieden:

- Höchstgewicht 2 000 g,
- briefliche Mitteilungen sind erlaubt,
- Versand auch in Rollenform möglich.

- **Pakete National und International**

Gegenstände aller Art können bis zu 31,5 kg als **Paket** versandt werden. Pakete sind automatisch mit dem Standardbetrag versichert. Liegt der Wert der Sendung über dem Standardbetrag, kann für das Paket eine Transportversicherung gegen eine zusätzliche Gebühr abgeschlossen werden. Überschreitet ein Paket die festgelegte Größe, muss es als **Sperrgut** versandt werden.

*www.efiliale.de*
*www.dhl.de*
*www.dpwn.de*
*www.posttip.de*

Alle Pakete erhalten **scannerlesbare Codes,** die für eine schnellere Verteilung und Bearbeitung der Pakete sorgen. Sie dienen als Informationsträger für Absenderangaben, Empfängerbezeichnung und Produktkennung. Der **Identcode** wird bei der Einlieferung, der **Leitcode** im Frachtpostzentrum auf das Haftetikett aufgeklebt.
Privatkunden oder Firmen können Pakete mit **Paketmarken** selbst postfertig machen. Der Absender kauft bei einer Postfiliale eine oder mehrere Paketmarken und klebt sie nach dem Ausfüllen auf das Paket. Das so vorfrankierte Paket kann dem Frachtpostzusteller mitgegeben oder am Postschalter einfach durchgereicht werden.

*www.packstation.de*
*www.dhl.de/paketbox*

4

- **Online-Frankierung für Pakete und Päckchen**

Über ***www.dhl.de*** kann die Online-Frankierung für Päckchen und Pakete genutzt und Porto gespart werden. Der Kunde gibt in die Abfragemaske die entsprechenden Daten ein und druckt anschließend die Versandmarke am besten gleich auf ein passendes Klebeetikett. Bezahlt wird per Rechnung, Kredit- oder Kundenkarte.

- **Alternative Paketzustellung über Packstationen**

In vielen deutschen Städten bietet DHL die Packstation an. Die Kunden erhalten nach der Registrierung per Einschreiben eine Identifikationskarte mit einer persönlichen PIN-Nummer, die zusammen die Bedienung des Paketautomaten ermöglichen. Der Kunde wird per E-Mail oder SMS über den Eingang eines Paketes benachrichtigt. Die eingegangenen Pakete werden maximal neun Tage in der Packstation gelagert.

- **Paketbox**

Sendungen bis zu einer Größe von 50 x 40 x 30 cm mit einem maximalen Höchstgewicht von 31,5 kg können über die Paketbox versendet werden. Das Prinzip ist einfach: Sie frankieren Pakete und Päckchen, bei Retouren kleben Sie den Rücksendeschein auf und legen die Sendung in die Paketbox.

**Vorteile:**
- Unabhängigkeit von den Öffnungszeiten,
- Funktionsweise wie beim Briefkasten,

- kostenlose Nutzung,
- kein Zugriff durch Unbefugte möglich.

**Nachteil:**
- Bei Abgabe der Sendung wird kein Beleg ausgestellt.

### Beförderung durch Paketdienstleister

*www.deutsche-post.de*
*www.dhl.com*
*www.dpd.de*
*www.german-parcel.de*
*www.postexpress.de*
*www.tnt.de*
*www.ups.com*
*www.packstation.de*

Die Deutsche Post AG übernahm im Jahr 2000 51 % der Anteile beim weltweit führenden Expressdienstleister DHL.

In den letzten Jahren bekam die Deutsche Post DHL durch die Vielzahl an Postdienstleistern eine beachtliche Konkurrenz. Etwa 6000 Firmen bieten in Deutschland inzwischen ihre Dienstleistungen an und teilen sich schon 75 % des Marktes. Ihre Vorteile liegen vor allem in der Schnelligkeit (garantierte Zustellzeiten) und im „Haus-zu-Haus-Service" (Abholung der Dokumente und Pakete, Erledigung der Zollformalitäten, Zustellung, Inkasso usw.). Einige Dienstleister bieten „Terminzustellungen" an, d.h., der Kunde kann innerhalb Deutschlands die Zustellung des Dokuments oder Pakets für den folgenden Tag bis 08:00, 09:00, 10:00 oder 12:00 Uhr bestimmen.

## 4.5 Schnelle und sichere Beförderung von Sendungen

### 4.5.1 Express-Dienst

Für **Briefe und Pakete,** die besonders schnell den Empfänger erreichen sollen, bietet die Deutsche Post DHL den Express-Dienst an.

Briefe dürfen nicht mit Postwertzeichen freigemacht werden. Die Zustellung erfolgt in der Regel am nächsten Werktag. Muss es schneller gehen, kann der Absender unter folgenden Möglichkeiten wählen:

**Express vor 12:00 Uhr, Express vor 10:00 Uhr, Express vor 09:00 Uhr, Express Samstagszustellung, Express Sonn- und Feiertagszustellung.**

### 4.5.2 Einschreiben, Eigenhändig, Rückschein, Nachnahme

*Arbeitsblatt 5*
*Postausgang II*

Eine besondere Behandlung der Sendung bieten die Zusatzleistungen:

- Einschreiben
- Einschreiben Einwurf
- Eigenhändig } nur in Verbindung mit **Einschreiben** oder
- Rückschein } **Nachnahme** möglich.
- Nachnahme

Bei der **Portoberechnung** wird das Entgelt für die **Zusatzleistung** zum **Beförderungsentgelt der Sendung** hinzugerechnet.

| | |
|---|---|
| **Einschreiben** | Beim Einschreiben wird der Versand durch einen **Einlieferungsschein** nachgewiesen. Die **Auslieferung** der Sendung dokumentieren der Zusteller und der Empfänger mit ihren Unterschriften. Ist der Empfänger nicht persönlich anwesend, können auch Ehegatte, Empfangsberechtigte oder Familienangehörige sowie andere in der Wohnung anwesende Personen das Einschreiben gegen Unterschrift in Empfang nehmen. |
| **Einschreiben Einwurf** | Das Einschreiben Einwurf wird vom Zusteller **nicht persönlich** übergeben, sondern in den Briefkasten oder in das Postfach geworfen. Nur der Zusteller unterschreibt und bestätigt damit den Einwurf der Sendung. |
| **Einschreiben Rückschein** | Benötigt man einen Nachweis über die Übergabe an den Empfänger, sollte das Einschreiben mit der Zusatzleistung Rückschein gekoppelt werden. Der Empfänger bestätigt die Übergabe auf dem Rückschein, der dann an den Absender zurückgeschickt wird. |
| **Einschreiben Eigenhändig** | Das Einschreiben Eigenhändig ist zum Versand von vertraulichen Unterlagen und besonders sensiblen Informationen geeignet. Nur der Empfänger selbst oder eine von ihm bevollmächtigte Person ist berechtigt, die Sendung entgegenzunehmen. |
| **Einschreiben Eigenhändig Rückschein** | Nur der Empfänger oder eine von ihm bevollmächtigte Person darf die Sendung entgegennehmen. Der Rückschein mit Datum und Unterschrift des Empfängers wird als Empfangsbestätigung an den Absender zurückgeschickt. |

Der **Sendestatus** von einem oder mehreren Einschreiben kann einen Tag nach der Zustellung im Internet oder telefonisch abgefragt werden.

*www.deutschepost.de/zlmaterialien*
*www.deutschepost.de/postkit.de*
*www.deutschepost.de/briefstatus*
*www.mailing-manager.de*
*www.porto-kalkulator.de*

## Nachnahme

Mit einer Nachnahmesendung kann man

- Geldbeträge durch die Post einziehen lassen,
- eine Ware (Päckchen, Paket) nur gegen Zahlung des Nachnahmebetrages ausliefern lassen,
- fällige Beträge anmahnen und den Schuldner zur Zahlung veranlassen.

Die Nachnahme wird wie eine gewöhnliche Briefsendung eingeliefert, somit entfällt zukünftig der Ein- und Auslieferungsnachweis. Der Inkassobeleg erhält auch den Sendungsbarcode, sodass die Statusabfrage zur Geldübermittlung telefonisch oder über das Internet möglich ist.

## Sendestatus

> *Tipp:* Über das Internet können Sie prüfen, ob das von Ihnen abgeschickte Einschreiben, die Nachnahmesendung oder das Paket den Empfänger erreicht hat. Rufen Sie dazu die Internetseite der Deutschen Post DHL auf. Über die Sendungsnummer Ihrer Sendung und das Einlieferungsdatum kommen Sie zu den gewünschten Informationen.

Auch wenn Sie einen überregional tätigen Paket- und Kurierdienst für Auslieferungen nutzen, haben Sie die Möglichkeit, unter ***www.letmeship.de*** zu ermitteln, ob und wann die Lieferung zugestellt wurde. Für die Statusabfrage haben Sie direkten Zugriff auf die Systeme der Kurierdienste TNT, UPS, DHL, FedEx und Legatus.

*Arbeitsblatt 6*
*Arbeitsschritte des Postein- und -ausgangs*

## Zusammenfassung

1 Beim Briefkonzept der Deutschen Post AG gibt es **vier Basisprodukte: Standard, Kompakt, Groß und Maxi.**

2 Über den **Portokalkulator** *(www.portokalkulator.de)* der Deutschen Post AG oder über andere Ermittler (z. B. *www.postsitter.de*) können Entgelte für Briefe und Geschäftspost schnell und zuverlässig ermittelt werden.

3 Seit der Liberalisierung des gesamten Briefmarktes vergibt die **Bundesnetzagentur** unter bestimmten Voraussetzungen Lizenzen an Postdienstleister für die Briefbeförderung.

4 Briefe, Infopost und Infobrief können zu Basisprodukttarifen versandt werden. Sie unterscheiden sich im Format, in der Dicke, im Gewicht und im Preis.

5 Inhaltsgleiche Sendungen (Werbebriefe, Einladungen usw.) können bei bestimmten Mindestmengen als **Infopost** oder **Infobrief** befördert werden.

6 Mit den **„Zusätzlichen Leistungen"** bietet die Post gegen zusätzliche Bezahlung eine besondere Behandlung der Sendung an. Zusatzleistungen sind: Einschreiben, Eigenhändig, Rückschein, Nachnahme.

7 **Postpakete** (Schalterpakete) werden nur bis zu einem Höchstgewicht von 31,5 kg befördert. Das Entgelt hängt vom Gewicht ab.

8 Briefe und Postpakete können mit dem **Express-Dienst** besonders schnell befördert und zugestellt werden.

9 DHL bietet über sein Internet-Portal eine kostengünstige Online-Frankierung für Pakete und Päckchen an.

10 In vielen Städten hat DHL an zentralen Punkten Packstationen eingerichtet. Der Paketempfänger kann über seine persönliche Identifikation zu jeder Tages- und Nachtzeit sein Paket an der Packstation abholen.

11 Unabhängig von der Tages- und Nachtzeit kann ein DHL-Kunde ein Paket über die Paketbox versenden.

12 **Die Deutsche Post AG befördert schriftliche Informationen**

| auf normalem Weg | besonders sicher | besonders schnell | besonders preiswert |
|---|---|---|---|
| • als Standardbrief<br>• als Kompaktbrief<br>• als Großbrief<br>• als Maxibrief | • als Einschreiben<br>• als Nachnahme | • mit Express-Dienst | • als Infobrief<br>• als Infopost |

13 Der **Sendestatus** von abgeschickten Einschreiben, Nachnahmesendungen oder Paketen kann im Internet über den entsprechenden Anbieter abgerufen werden.

## Aufgaben

4

Besorgen Sie sich bei Ihrer Postfiliale einen Klassensatz des Heftes „Leistungen und Preise“.

1 Nennen Sie die wichtigsten Sendungsarten der Deutschen Post DHL:
a) im Inland, b) ins Ausland.

2 Welche Voraussetzungen muss ein Brief erfüllen, um von der Post als Standardbrief befördert zu werden?

3 In Ihrem Postausgangskorb befinden sich fünf Briefe, die weniger als 20 g wiegen, aber in verschiedenen Briefhüllen versandt werden sollen. Welche der folgenden Briefhüllen können Sie nicht als Standardbrief versenden (Begründung):
a) C6, b) C5, c) B6, d) DL, e) C4?

4 Welche Briefhülle verwenden Sie beim Versand
a) einer Urkunde im Format A4, die nicht gefaltet werden darf?
b) von zwei A4-Bogen, die im Kreuzfalz gefaltet sind?
c) eines A4-Briefes nach DIN 676, der im Zickzackfalz gefaltet wurde?
d) von zwei Fotos im Format A5?
e) eines Schnellhefters, in dem viele Schriftstücke abgeheftet sind?

5 Sie wollen Ihrem Onkel in Kanada einen Brief schicken. Unter welchen Briefarten können Sie wählen?

6 Was müssen Sie beachten beim Versand
a) einer Infopost? b) eines Postpakets? c) eines Einschreibens Rückschein?

7 Unterscheiden Sie:
a) Infopost und Infobrief, b) Infopost und Postwurfsendung.

8 Machen Sie Vorschläge, wie Sie Portokosten sparen können.

9 Postpakete können Sie „frei“ oder „unfrei“ aufgeben. Erklären Sie den Unterschied.

10 Ein Brief oder ein Postpaket soll die Maschinenbau AG in München besonders schnell erreichen.
a) Welche Versandmöglichkeit bietet die Deutsche Post DHL?
b) Bis zu welchem Höchstgewicht können Sie das Paket aufgeben?
c) Wären außer mit der Post auch andere schnelle Versandarten möglich?
d) Welche schnelle Post-Versandart wäre zweckmäßig, wenn das Paket an eine Firma in London versandt werden soll?

11 Alternative Postdienstleister für die Beförderung von Päckchen, Paketen und Briefen haben in den letzten Jahren einen erheblichen Marktanteil errungen.
a) Nennen Sie die zurzeit bekanntesten alternativen Frachtdienste.
b) Worauf ist ihr beachtlicher Marktanteil zurückzuführen?

12 In der Patenfirma ModelIdee GmbH der Übungsfirma MODE CONNECTION GmbH sollen die Versandkosten von Päckchen, Paketen und evtl. Briefen reduziert werden. Frau Weber bittet Sie, mindestens drei Paketdienstleister am Ort zu vergleichen. Folgende Vergleichskriterien sollen zugrunde gelegt werden: Annahme der Päckchen/Pakete, maximales Beförderungsgewicht, notwendige Menge für kostenlose Abholung, Laufzeiten, Versicherung, Auslandsversand möglich, welt-

Aufgaben

weiter Versand, Beförderung von Briefen. In einer kurzen Präsentation sollen Sie die Mitglieder Ihrer Abteilung über das Ergebnis Ihrer Recherchen informieren.

13 Welche Sendungsarten müssen Sie bei einer Postfiliale aufgeben?

14 Die Post bietet mehrere Varianten des Einschreibens an:
a) Wie werden sie bezeichnet?
b) Wodurch unterscheiden sie sich?
c) Welche Sendungen können Sie als Einschreiben versenden?

15 Welche Sendungsarten können mit dem Zusatz „Rückschein" und/oder „Eigenhändig" versandt werden? Was bedeuten die Zusätze?

16 Sie sollen eine Ware im Gewicht von 10 kg im Inland versenden.
a) Welche Möglichkeiten haben Sie bei der Deutschen Post DHL?
b) Suchen Sie im Internet nach Alternativen bei anderen Anbietern.



17 Entscheiden Sie sich beim Versand folgender Unterlagen für die zweckmäßigste Sendungsart bzw. zusätzliche Leistung:
a) Kündigungsschreiben,
b) teure Filmkamera (5 kg),
c) Buchgeschenk mit beiliegendem Brief (600 g),
d) Prospekte an alle Kunden in München,
e) Millionen Preislisten an alle Haushaltungen in Baden-Württemberg.

Öko-Tipps

## Öko-Tipps

- Fensterbriefhüllen getrennt entsorgen.
- Postbearbeitungsmaschinen, wenn möglich, nicht in Arbeitsräumen aufstellen.
- Briefumschläge gibt es in fast allen Formaten aus Umweltschutz-/Recyclingpapier.
- Briefumschläge aus Papier sind umweltfreundlicher als Plastikumschläge.
- Fahrradkuriere in Großstädten belasten die Luft nicht und sind häufig schneller als Kurierwagen.
- Übergeben Sie die Overnight-Post um 18.00 Uhr an den Postdienstleister und reduzieren Sie die Abholintervalle.

HOT

## Methode 6-3-5

### Methodenbeschreibung

Die Methode 6-3-5 (6 Personen – 3 Ideen – 5 Minuten) ist eine Form des Brainstormings, bei der die Ideenfindung schriftlich – ähnlich wie beim Brainwriting – vorgenommen wird. Ziel der Methode ist die gegenseitige Weiterentwicklung der Teilnehmerideen. Der Name der Methode leitet sich daraus ab, dass jeder von sechs Teilnehmern drei Ideen in fünf Minuten entwickelt.

HOT

- Die Arbeitszeit für die Methode 6-3-5 sollte nicht länger als **40 Minuten** betragen.
- Eine Gruppe besteht maximal aus **sechs Personen.**
- Die Tische im Unterrichtsraum sollten so aufgestellt werden, dass **jede** Gruppe um **einen** Tisch sitzen kann.
- Jeder Gruppe stehen **Bleistifte** und das **6-3-5-Formular** zur Verfügung.

**Ablauf**

1. Bilden Sie Gruppen mit maximal sechs Personen.
2. Jedes Gruppenmitglied erhält ein vorbereitetes 6-3-5-Formular.
3. Das Problem wird vom Moderator (Lehrerin/Lehrer) vorgestellt bzw. gemeinsam formuliert und von den Teilnehmern auf dem 6-3-5-Formular notiert.
4. Jeder Teilnehmer trägt innerhalb von maximal fünf Minuten drei Ideen in die oberste Zeile des 6-3-5-Formulars ein.
5. Die Lehrerin/der Lehrer gibt das Signal zur Weitergabe des 6-3-5-Formulars an den rechten Tischnachbarn.
6. Die zweite Tabellenzeile wird vom Tischnachbarn mit weiteren drei Ideen beschrieben. Die vorhandenen Ideen können ergänzt oder variiert werden.
7. Es dürfen aber auch völlig neue Ideen aufgeschrieben werden. Das 6-3-5-Formular wird im Fünf-Minuten-Takt so lange weitergegeben, bis die sechste und letzte Zeile ausgefüllt ist.
8. Im Anschluss an die Ideenfindung kann zunächst in der eigenen Gruppe und dann mit den anderen Gruppen eine Bewertung stattfinden.

**Hinweise**

1. Es besteht kein Zwang, in jedes Kästchen etwas zu schreiben.
2. Die Gedanken werden eindeutig und kurz in das vorgesehene Kästchen eingetragen.
3. Unnötige und störende Gespräche während der Arbeitsphase sind zu vermeiden.
4. Die ausgefüllten 6-3-5-Formulare können an einer Moderationstafel präsentiert werden.

**Arbeitsauftrag**

*In Ihrer Übungsfirma soll der Postversand und die Postbearbeitung rationalisiert werden. Entwickeln Sie Ideen, wie dies realisiert werden könnte!*

**Ideenfindung:**

**Problem:** ______________________________

______________________________

| | | |
|---|---|---|
| 11 | 12 | 13 |
| 21 | 22 | 23 |
| 31 | 32 | 33 |
| 41 | 42 | 43 |
| 51 | 52 | 53 |
| 61 | 62 | 63 |

# 5 Berufliche und schriftliche Kommunikation



## Berufliche Kommunikation

- Corporate Culture
- Corporate Behaviour
- Corporate Communication

## Schriftliche Kommunikation

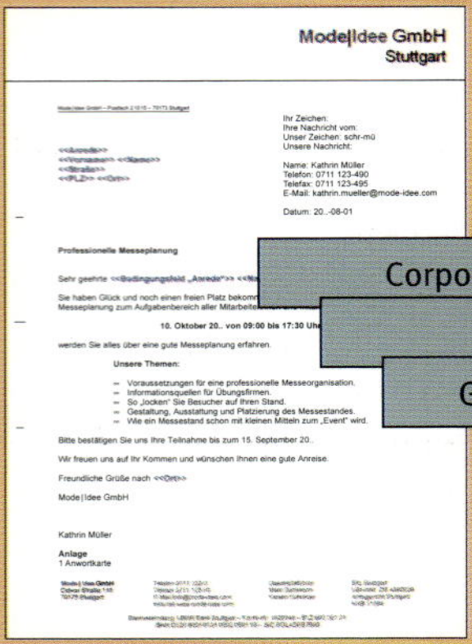
Mode|Idee GmbH
Stuttgart

- Corporate Design
- DIN-Regeln
- Gesetzliche Vorschriften

**DIN 5008**

**Rationalisierung durch**

| Briefe im Geschäftsprozess | Rationalisierung durch | Formulare im Geschäftsprozess DIN 4991 | Formulare, z. B. |
|---|---|---|---|
| Werbebrief | Schemabriefe | Anfrage | Kurzmitteilung |
| Anfrage | Textbausteine | Angebot | Telefonnotiz |
| Angebot | Serienbriefe | Bestellung | Aktennotiz |
| Bestellung | | Bestellantwort | |
| Auftragsbestätigung | | Lieferschein | |
| Rechnung | | Rechnung | |

*Lernziele*

- Die Bedeutung der Kommunikation im Beruf erkennen.
- Das Corporate Design anwenden.
- Geschäftsbriefe, E-Mails und Faxe anlassgerecht formulieren und erstellen.
- Formulare und Organisationsmittel entwerfen und erstellen.
- Formulare ständig neuen Entwicklungen anpassen.
- Seriendruck und Textbausteine als rationelle Möglichkeiten der Textverarbeitung einsetzen.

*Fallbeispiel*

Seit einiger Zeit ist die Arbeitsatmosphäre in der Übungsfirma MODE CONNECTION GmbH angespannt. Ein Hauptgrund dafür ist, dass gemeinsam vereinbarte Regeln von einigen Mitschülerinnen und Mitschülern nicht eingehalten werden. Dadurch kommt es an vielen Stellen in der Übungsfirma zu einem erheblichen Mehraufwand, um die Routinearbeiten zu erledigen. In einer Besprechung wurde dies thematisiert und nach Lösungen gesucht. Als Ergebnis wollen die Mitarbeiterinnen und Mitarbeiter in Zukunft einen verantwortungsvollen und wertschätzenden Umgang miteinander und mit den Kunden pflegen und dies auch nach außen sowohl schriftlich als auch mündlich kommunizieren.



## 5.1 Geschäftliche Korrespondenz

Grundlage für die geschäftliche Korrespondenz sind die verwendeten Geschäftspapiere. Zu den Geschäftspapieren eines Unternehmens gehören Briefbögen, Rechnungsvordrucke, Faxformulare u. Ä., mit denen das Unternehmen den Kontakt zu seinen Kunden pflegt.

**Bei der Gestaltung sind folgende Regeln und Vorschriften zu beachten:**

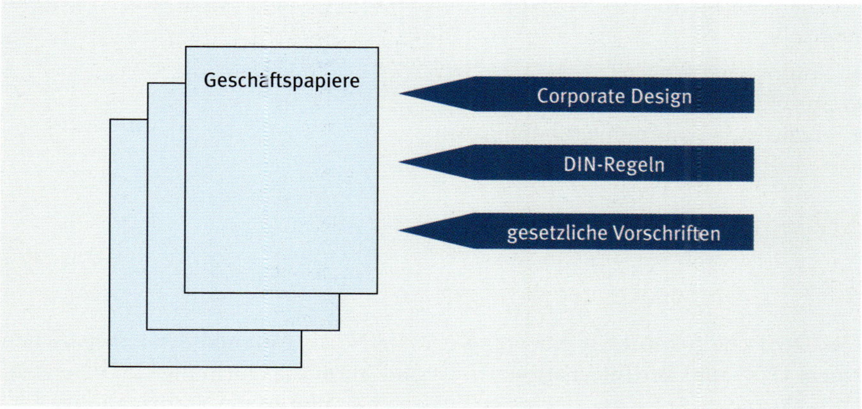


Unternehmen, die ins Handelsregister eingetragen sind, müssen nach den gesetzlichen Vorschriften (z. B. §§ 37a, 125a, 177a HGB) auf bestimmten Geschäftspapieren **Geschäftsangaben** machen. Diese Angaben müssen über die wesentlichen Verhältnisse eines Unternehmens informieren. Der Umfang der vorgeschriebenen Angaben richtet sich nach der Rechtsform des Unternehmens.

*Arbeitsblatt 1 Geschäftspapiere*

**Zu den Geschäftsangaben des Absenders zählen:**

- die genaue Firmenbezeichnung
- der Firmenname
- die Bezeichnung der Rechtsform (z. B. GmbH, KG, OHG, AG, e. K.)
- der rechtliche Vertreter
- Sitz des Unternehmens (anzugeben ist der satzungsmäßige Hauptsitz)
- Handelsregistergericht
- Handelsregisternummer
- Steuernummer (Wirtschafts-Identifikationsnummer)
- USt-IdNr. (die Umsatzsteuer-Identifikationsnummer muss auf Rechnungen immer angegeben werden)

BEISPIELE:

| | | |
|---|---|---|
| **Comodores**<br>Design Handel GmbH<br>Geschäftsführerin:<br>Karin Herrmann<br><br>Sitz: Stuttgart<br>USt-IdNr. DE 3995888<br>Amtsgericht Stuttgart<br>HRB 12209 | **Kleber KG**<br>Büromöbelgroßhandlung<br>Inhaber: Konrad Regler<br>Geschäftsführer: Rainer Stolz<br><br>Sitz: Karlsruhe<br>USt-IdNr. DE 934717<br>Amtsgericht Karlsruhe<br>HRB 34020 | **Konrad-Verlag GmbH**<br>Geschäftsführung:<br>Maximilian Ackermann<br>Hans Sommer<br><br>USt-IdNr. DE 399488<br>Amtsgericht Mannheim<br>HRB 336422 |

Seit dem 1. Januar 2007 müssen nach dem „Gesetz über elektronische Handelsregister und Genossenschaftsregister sowie das Unternehmensregister" (EHUG) **auch Geschäftsbriefe, die mithilfe neuer Telekommunikationssysteme übermittelt werden** (z. B. E-Mails), die Pflichtangaben enthalten.

Nach DIN 5008 stehen die Geschäftsangaben im Allgemeinen am Fuß der Vorlage.

Geschäftsangabe, die vom Gesetzgeber nicht zwingend angegeben werden müssen, sind z. B.

- Kontoverbindungen,
- Sprech- und Geschäftszeiten,
- ergänzende Kommunikationsangaben.

## 5.2 Papiernormung

### 5.2.1 Grundsätze der Normung

*Arbeitsblatt 2 Papiernormung*

Das Deutsche Institut für Normung e.V. (DIN) als Mitglied der Europäischen Norm (EN) und der Internationalen Organisation für Normung (ISO[1]) erstellt DIN-Normen[2]. In Fachnormenausschüssen (z. B. Bürowesen, Informationsverarbeitung) werden Richtlinien erarbeitet, die Größe, Maße und Bezeichnungen einheitlich festlegen. Jedes Normblatt erhält eine Nummer und einen Namen.

Wesentliches Merkmal der Normung ist die Vereinheitlichung. Sie bildet die Grundlage für eine Leistungssteigerung auf vielen Gebieten des Geschäftslebens:

[1] *Engl.: International Organization for Standardization*
[2] *DIN = Abk. für **D**eutsche **I**ndustrie-**N**orm(en)*

- **Hersteller**
  Beschränkung der Produktion auf ganz bestimmte Größen (z. B. Papierformate, Autoteile, Schrauben)
- **Händler**
  Übersichtliche und kostengünstige Lagerhaltung
- **Verbraucher**
  Problemloser Einkauf bei gleichbleibenden Maßen

## 5.2.2 Papierformate

Unter Berücksichtigung der Internationalen Organisation für Normung (ISO) erschien DIN 476 für Papierformate.

Ausgangsformat für die Hauptreihe (A-Reihe) ist A0 mit den Seitenmaßen 841 × 1 189 mm und einem Flächeninhalt von 1 m². Die Breite eines A-Formats verhält sich zu seiner Länge wie die Seite eines Quadrats zu seiner Diagonalen.

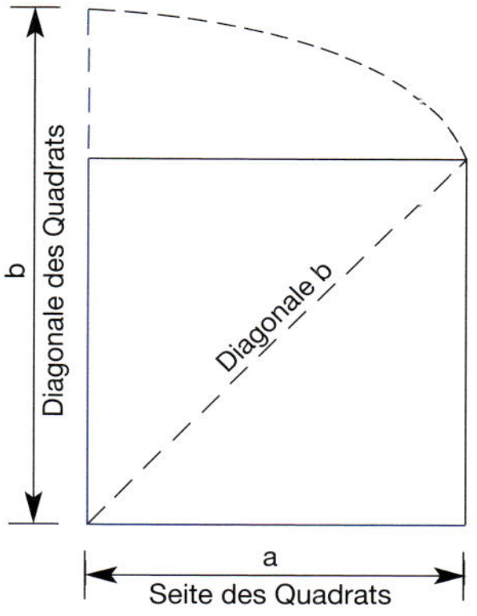

*Quadrat*

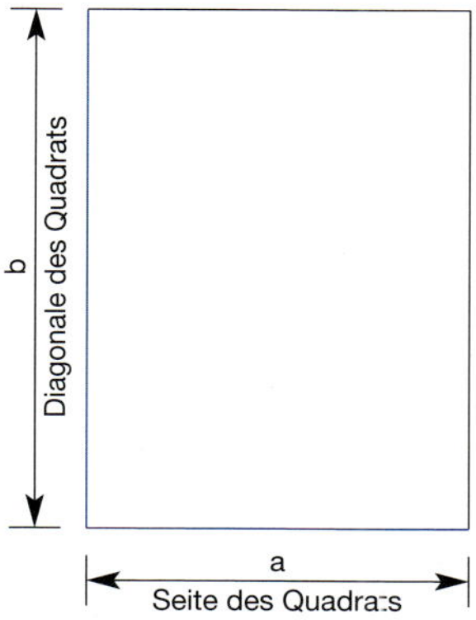

*A-Format*

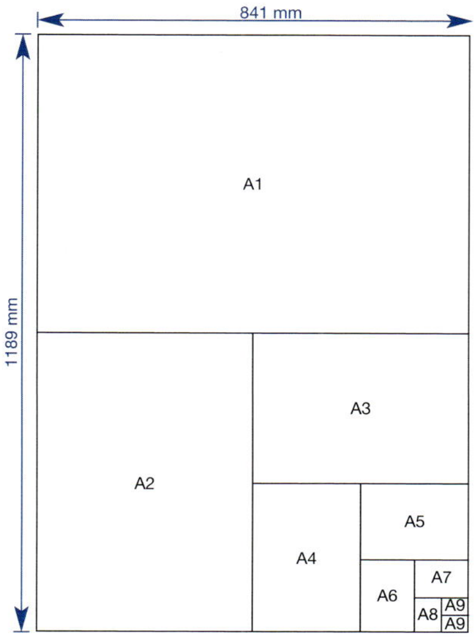


Durch Halbieren der längeren Seite entsteht das nächstkleinere Format:

- A0 halbiert ergibt A1
- A1 halbiert ergibt A2
- A4 halbiert ergibt A5

usw.

**Anwendungsbeispiele der A-Reihe:**

| | |
|---|---|
| A0 | Plakate |
| A1 | Landkarten |
| A2 | Poster, Zeitungen |
| A3 | Zeichnungen |
| A4 | Briefpapiere, große Hefte |
| A5 | normale Hefte |
| A6 | Postkarten, Schecks |
| A7 | Aufkleber |

Durch Dritteln der Formate der A-Reihe parallel zur kürzeren Seite erhält man Streifenformate.

BEISPIEL:

*2/3 A4 verkleinertes Briefblatt*

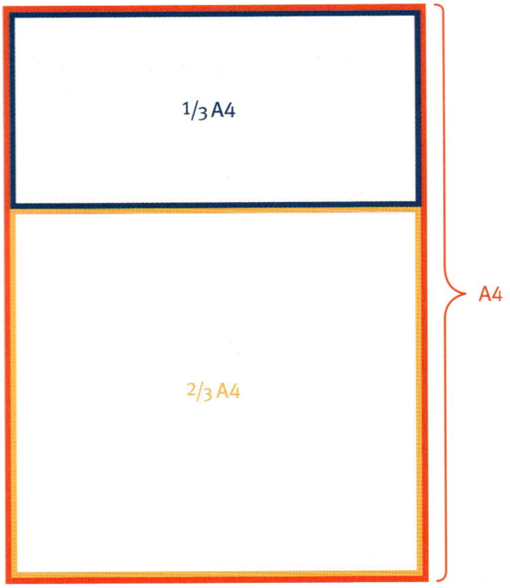




Auf 1/3 A4 L gefaltete Briefe werden in eine Briefhülle mit der Formatbezeichnung DL (110 × 220 mm) eingelegt.

Neben der **A-Reihe** für Schreib- und Druckpapier gibt es für Briefhüllen, Mappen usw. die **Zusatzreihen B und C.** Dabei sind folgende Größenverhältnisse zu berücksichtigen:

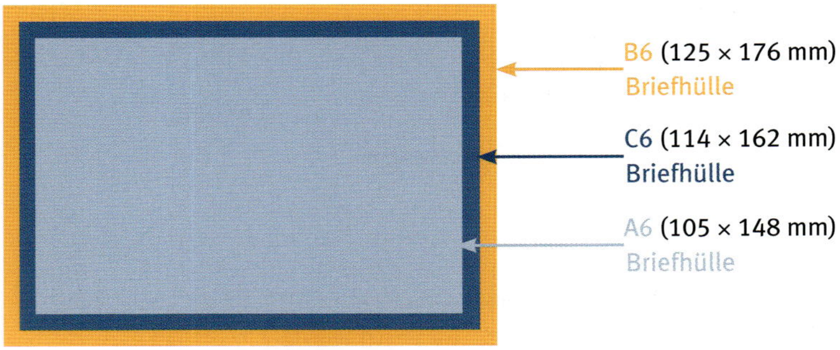


!

**Grundsatz:**

A passt in C; also A6 (Postkarte) in C6 (Briefhülle).
C passt in B; also C6 (Briefhülle) in B6 (Briefhülle).

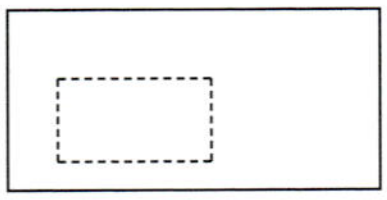

*Fenster-Briefhülle DL*

Ein auf die Größe A6 gefalteter Brief oder eine Postkarte passt in eine Briefhülle der Größe C6. Mehrere Briefhüllen der Größe C6 können in einer Briefhülle der Größe B6 versandt werden.

Außer in C6-Briefhüllen werden Briefe auch in Lang-DIN-Hüllen (**DL**) verschickt. Um das Beschriften von Briefhüllen einzusparen, können **Fensterbriefhüllen** verschiedener Formate verwendet werden.

### Die wichtigsten Papierformate

| Hauptreihe | | Zusatzreihen | | | |
|---|---|---|---|---|---|
| **A-Reihe** | | **B-Reihe** | | **C-Reihe** | |
| DIN A0 | 841 × 1 189 mm | DIN B0 | 1 000 × 1 414 mm | DIN C0 | 917 × 1 297 mm |
| DIN A1 | 594 × 841 mm | DIN B1 | 707 × 1 000 mm | DIN C1 | 648 × 917 mm |
| DIN A2 | 420 × 594 mm | DIN B2 | 500 × 707 mm | DIN C2 | 458 × 648 mm |
| DIN A3 | 297 × 420 mm | DIN B3 | 353 × 500 mm | DIN C3 | 324 × 458 mm |
| DIN A4 | 210 × 297 mm | DIN B4 | 250 × 353 mm | DIN C4 | 229 × 324 mm |
| DIN A5 | 148 × 210 mm | DIN B5 | 176 × 250 mm | DIN C5 | 162 × 229 mm |
| DIN A6 | 105 × 148 mm | DIN B6 | 125 × 176 mm | DIN C6 | 114 × 162 mm |
| DIN A7 | 74 × 105 mm | DIN B7 | 88 × 125 mm | DIN C7 | 81 × 114 mm |
| DIN A8 | 52 × 74 mm | DIN B8 | 62 × 88 mm | DIN C8 | 57 × 81 mm |

A-Reihe passt in C-Reihe

C-Reihe passt in B-Reihe

### Gebräuchliche DIN-Normen im Büro

| DIN-Nummer | Bezeichnung |
|---|---|
| 2137 | Alphanumerische Tastaturen |
| 44303 | Textverarbeitung, Begriffe |
| 476 | Papierendformate |
| 5007 und 5007-2 | Regeln für die alphabetische Ordnung |
| 5008 | Schreib- und Gestaltungsregeln für die Textverarbeitung |
| 5009 | Regeln für das Phonodiktat |
| 5012 | Kurzmitteilung |
| 66233 | Bildschirmarbeitsplätze |
| 678 | Briefhüllen |
| 680 | Fensterbriefhüllen |
| ISO 3535 | Entwurfsblatt für Vordrucke |
| ISO 11180 | Postal addressing (Postanschrift) |

## 5.3 Corporate Design

Das Corporate Design prägt das **visuelle Erscheinungsbild** eines Unternehmens nach außen und ist Teil der Corporate Identity. Dies ist insbesondere bei der Gestaltung von **Geschäftspapieren** und **Formularen** zu berücksichtigen. Bei der Gestaltung von Geschäftspapieren ist auf folgende Faktoren zu achten:

*Arbeitsblatt 3*
*Corporate Design*

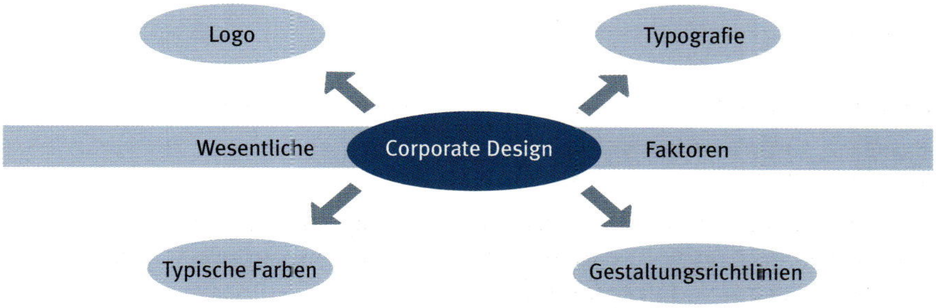

**Format- und Dokumentvorlagen** erleichtern die Anwendung in der Textverarbeitung, sie werden den Mitarbeiterinnen und Mitarbeitern im **Firmennetz** oder über das **Intranet** zur Verfügung gestellt.

**Weitere Anwendungsbereiche**

| nach außen | nach innen |
|---|---|
| • Informationsbroschüren<br>• Anzeigen<br>• Beschriftungen<br>• Messepräsentationen | • Betriebszeitung<br>• Arbeitsplatzgestaltung<br>• Interne Formulare<br>• Jubiläen<br>• Feste |

## 5.3.1 Das Firmenlogo

Das Logo ist das Gesicht eines Unternehmens, es sollte so gestaltet sein, dass es in den verschiedensten Medien entsprechend zur Geltung kommt. Einige Unternehmen, z. B. Mercedes-Benz und Nivea, haben es geschafft, dass man sie an ihren Zeichen erkennt und in Erinnerung behält. Die Gestaltung und das Design eines Firmenlogos wird meistens an professionelle Dienstleister, z. B. Werbeagenturen, in Auftrag gegeben.

BEISPIELE:

## 5.3.2 Typografie

In der Typografie unterscheidet man zwischen **Makrotypografie** und **Mikrotypografie**. Die Makrotypografie legt das Gesamterscheinungsbild eines Dokuments (z. B. das Layout) fest. Die Mikrotypografie umfasst die Detailarbeit an einem Dokument (z. B. Zeilen- und Wortabstände oder Farben).

Es kann festgelegt werden, dass für die Korrespondenz eine ganz bestimmte Schriftart und Schriftgröße in einem bestimmten Buchstaben- und Zeilenabstand verwendet wird. Die Hausschrift ist die von einem Unternehmen bewusst gewählte Schrift.

## 5.3.3 Farbe

Viele Firmen haben eine **Hausfarbe**, die durchgängig verwendet wird, z. B. für

- Geschäftspapiere,
- Raumgestaltung und
- Internetauftritt,
- Kleidung.

## 5.3.4 Gestaltungsrichtlinien

Sie garantieren ein einheitliches Auftreten eines Unternehmens in den Medien. Diese Richtlinien werden in Handreichungen dokumentiert und in Papierform, auf elektronischen Datenträgern oder im Intranet zur Verfügung gestellt, sie sind für alle Mitarbeiter verbindlich.

# 5.4 Formulargestaltung

Formulare/Vordrucke sind **Informationsträger** und für eine **rationelle** Abwicklung des **inner- und außerbetrieblichen Informationsflusses** von besonderer Bedeutung. Durch die Verwendung von Formularen soll sichergestellt werden, dass standardisierbare Informationsverarbeitung (gleichartige und häufig wiederkehrende Vorgänge) vereinfacht und beschleunigt wird.

***Arbeitsblatt 4 Formulare***

Nach DIN 32754 ist ein Formular ein Papier eines bestimmten Formats mit Aufdruck zur ergänzenden (ausfüllen, ankreuzen, durchstreichen) Beschriftung.

BEISPIELE:

- *Anmeldeformular der Schule, Zeugnis;*
- *Geschäftsbrief, Kurzmitteilung, Telefonnotiz;*
- *Formulare der Banken, der Versicherungen, der Post usw.*

**Die Vorteile bei der Verwendung von gut gestalteten Formularen sind:**

- Die Bearbeitung läuft nach einem vorgegebenen Schema ab.
- Die gleiche Reihenfolge der Angaben ermöglicht ein schnelles Ausfüllen.
- Beim Erfassen der Daten kann nichts vergessen werden (weniger denken!).
- Schwierige Arbeitsvorgänge werden in einzelne Schritte zerlegt und damit überschaubar.
- Schreibarbeit wird eingespart, da das bereits Vorgedruckte nicht jedes Mal geschrieben werden muss.
- Formulare vereinfachen den Austausch von Informationen.
- Mithilfe von Vordrucksätzen werden mehrere Durchschriften erstellt, die verschiedenfarbig sind (Organisationsmittel).
- Auch weniger qualifizierte Mitarbeiter können bei der Erfassung und Auswertung von Daten eingesetzt werden.

## 5.4.1 Formulararten

**Man unterscheidet drei Arten von Formularen:**

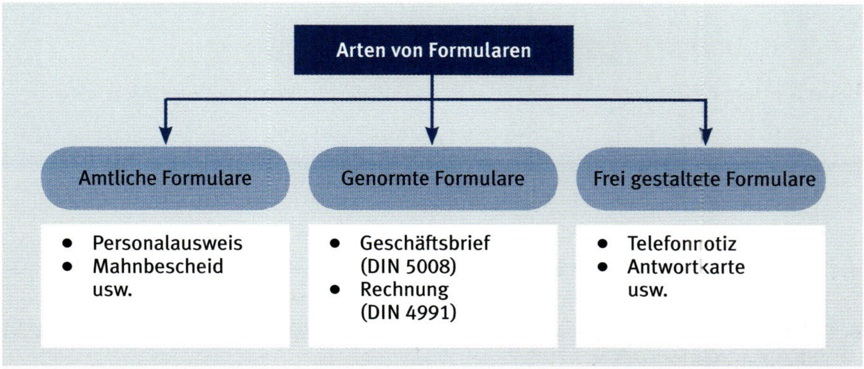

**Außerdem wird zwischen Online- und Offline-Formularen unterschieden:**

Formulare, die direkt am PC ausgefüllt und weiterbearbeitet werden, nennt man **Online-Formulare. Offline-Formulare** werden ausgedruckt und von Hand ausgefüllt. Um das Beschriften zu erleichtern, befinden sich an größeren Ausfüllpositionen Hilfslinien.

Mit Textverarbeitungsprogrammen werden dafür **Vorlagen** (Masken) am Bildschirm erstellt und abgespeichert. Mit einem geeigneten Drucker (z. B. Laserdrucker) wird die Vorlage zusammen mit den eingegebenen Daten auf neutralem Papier ausgedruckt.

BEISPIELE:

- *Geschäftsbriefvordrucke (Vorlagen Form A bzw. B nach DIN 5008),*
- *Vorlagen für private Schreiben,*
- *Angebote,*
- *Rechnungen,*
- *Vorlagen für Reisekostenabrechnungen.*



Eine Vorlage für den Geschäftsbrief enthält das Firmenlogo, die Absenderzeile, das Anschriftenfeld, die Bezugszeichenzeile usw. Außerdem werden in der Vorlage das Seitenlayout (Seitenränder), die Schriftart, der Schriftgrad (Schriftgröße), Kopf- und Fußzeilen u. a. festgelegt. Natürlich können in eine Vorlage (z. B. Mahnschreiben) auch gleichbleibender Text und Textbausteine aufgenommen werden, die dann im jeweiligen Anwendungsfall nur mit wenigen Eintragungen (z. B. Beträge, Fristen) ergänzt werden müssen. Diese Eintragungen nennt man Variablen, die in der Vorlage mit Haltestopps gekennzeichnet werden.

**Bei der Nutzung von Online-Formularen ergeben sich folgende Vorteile:**

- Das Ausfüllen am Bildschirm geht wesentlich schneller als von Hand.
- Die Zeit- und damit Kosteneinsparung gegenüber der herkömmlichen Arbeitsweise beträgt bis zu 80 %.
- Tippfehler können sofort korrigiert werden.
- Das Formular lässt sich bei Bedarf schnell verändern bzw. aktualisieren.
- Das Formular kann als E-Mail verschickt oder ins Internet gestellt werden.

## 5.4.2 Gestaltungsgrundsätze

Beim Entwurf eines neuen Formulars sind folgende **Vorüberlegungen** erforderlich:

- Wozu wird das Formular verwendet (Formularbenennung)?
- Welche Daten sollen erfasst werden (Name, Wohnort, Geburtstag, Familienstand usw.)?
- In welcher Reihenfolge sollen die Daten erfasst werden (Arbeitsablauf)?
- Wie soll das Formular ausgefüllt werden (von Hand, am PC)?
- Wie sollen die Daten erfasst werden (durch Eintragen eines Textes und/oder mit der Ankreuzmethode)?

- Wer soll mit dem Formular arbeiten?
- Welches DIN-Format soll für das Formular verwendet werden?
- Werden Durchschläge benötigt?

Bei der **Formulargestaltung** ist darauf zu achten, dass sie

- vollständig,
- ablaufgerecht (entsprechend dem Arbeitsablauf),
- schreibgerecht (hand- bzw. maschinenschriftliche Eintragungen),
- verständlich (auch für Nichtfachkundige),
- behandlungsgerecht (Format, Versandart usw.) und
- umweltverträglich (Papier usw.)

entworfen und hergestellt werden.

**Folgende Grundregeln sind besonders zu beachten:**

- Bei der Gestaltung der **Datenfelder** ist von dem Grundsatz „Leittext über Schreibtext“ (OLE-Prinzip: Leittext gehört in die „**O**bere **L**inke **E**cke“) auszugehen.
  Der **Leittext** (Leitwort) ist eindeutig zu formulieren. Schwierige Fragen und Fachausdrücke sind zu erläutern. Abkürzungen, die nicht allgemein bekannt sind, sollten vermieden werden.
- Die Datenfelder für den **Schreibtext** müssen ausreichend **lang** und **hoch** sein, d. h., sie richten sich in der Regel nach der längsten Eintragung. Sie können noch mit Ziffern gekennzeichnet werden, damit beim Diktat oder in den Erläuterungen auf das betreffende Feld hingewiesen werden kann.
- **Punktierte Linien** sind zu vermeiden, da sie oft störend wirken und das Ausfüllen erschweren.
- Der **Schreibfluss** soll möglichst wenig unterbrochen werden, um Leerzeichen und Zeilenschaltungen beim Ausfüllen zu vermeiden.
- **Schriftarten, -größen und -stärken** sollten sparsam eingesetzt werden.
- **Ausfüllanweisungen** und Bearbeitungsvermerke sollten so angeordnet sein, dass sie während des Beschriftens gelesen werden können.
- Bei **Auswahlantworten** sind Kästchen voranzustellen. Die zutreffende Antwort wird durch Ankreuzen gekennzeichnet. Auswahlantworten mit dem Hinweis „Nichtzutreffendes streichen“ sind zu vermeiden.
- Vordrucke, die für eine Ablage vorgesehen sind, sollten **Warnmarken** für das Seitenende sowie **Loch- und Faltmarkierungen** aufweisen oder vorgelocht werden.
- Jedes Formular erhält einen **Namen** und eine **Nummer**.

BEISPIEL:

**Nicht so:**

Name . . . . . . . . . . . . . . . . . Vorname . . . . . . . . . . . . . . . . . .

Straße und Hausnummer . . . . . . . . . . . . . . . . . . . . . . . . . .

Wohnort . . . . . . . . . . . . . . . . . . . . . . . . . . . . . . . . . . . . . .

**Sondern so:**

| Name, Vorname |
|---|
| Straße, Hausnummer |
| PLZ, Wohnort |

**Oder so:**

| | |
|---|---|
| Vor- und Zuname: | |
| Straße und Hausnummer: | |
| PLZ und Wohnort: | |

**Nicht so:**

Wir bitten am . . . . . . . . . . . . . . . . . 20 . . . . . . . Uhr . . . . . . .
um Ihren Besuch

**Sondern so:**

Wir bitten um Ihren Besuch am
(Tag – Uhrzeit)

**Nicht so:**

Ich bitte um Barzahlung,*) Überweisung*)

auf unser*)/mein*) Konto Nr. . . . . . . . . . . . . . . . . . . . . . . . .

beim Geldinstitut . . . . . . . . . . . . . . . . . . . . . . . . . . . . . . . . .

*) Nichtzutreffendes streichen

**Sondern so:**

Zutreffendes bitte ankreuzen ☒ oder ausfüllen

Ich bitte um
☐ Barzahlung ☐ Überweisung

| auf Konto Nr. | Geldinstitut |
|---|---|
| | |

Vorhandene Formulare sind ständig auf Verbesserungsmöglichkeiten zu überprüfen (innerbetriebliches Vorschlagwesen). Vor jeder Neuauflage ist festzustellen, ob Änderungen vorzunehmen sind.

## 5.4.3 Formularbeispiel

### Die Kurzmitteilung

**Das Formular für die Kurzmitteilung sollte enthalten:**

- Firmennamen (Firmenlogo),
- ein Anschriftfeld (passend für einen Fensterbriefumschlag),
- Stichworte zum Ankreuzen,
- einen Platz für hand- bzw. maschinenschriftlichen Text und
- das Datum sowie die Unterschrift.

Der große Vorteil einer Kurzmitteilung liegt eindeutig in der Zeitersparnis, da kein Diktat und nur wenig Schreibarbeit anfallen. Sie eignet sich besonders zum Versand von Unterlagen (bzw. Anlagen), die teilweise weiterbearbeitet werden sollen.

**MC** MODE CONNECTION GmbH

MODE CONNECTION GmbH – Elsässer Str. 218 – 70435 Stuttgart

**Kurzmitteilung**

Datum:
Ihre Zeichen:
Unsere Zeichen:

☎ 0211 123-899
Fax 0211 123-890

| **Mit der Bitte um:** | | **Beigefügte Unterlagen erhalten Sie** |
|---|---|---|
| ☐ Kenntnisnahme | ☐ Erledigung | ☐ zu Ihrer Orientierung |
| ☐ Rücksprache | ☐ Weitergabe | ☐ zum Verbleib |
| ☐ Prüfung | ☐ Zur Erinnerung | ☐ mit Dank zurück |
| ☐ Ergänzung | ☐ Genehmigung | ☐ zur Bestätigung |

**Nachricht:**

**Anlage(n):**

☐ Rechnung ☐ Scheck ☐ Kopien ☐ Prospekte

MODE CONNECTION GmbH
Elsässer Str. 218
70435 Stuttgart

Telefon 0711 123-0
Telefax 0711 123-10
E-Mail info@mc.com

Geschäftsführer:
Rainer Waldmann
Bettina Bold

Sitz Stuttgart
USt-IdNr. DE 4392929
Amtsgericht Stuttgart

## 5.4.4 Checklisten

Checklisten helfen, immer wiederkehrende Aufgaben zu organisieren. Für einfache Checklisten werden Listen erstellt, für komplexere Aufgaben ist es sinnvoll, Formulare zu gestalten, die zentral im Intranet allen Mitarbeiterinnen und Mitarbeitern zur Verfügung gestellt werden. Nach jeder Nutzung werden Checklisten überarbeitet und optimiert, sodass eine kontinuierliche Verbesserung gewährleistet ist.

**Der Einsatz von Checklisten ist vielfältig:**

- Arbeitsabläufe,
- Fragenkatalog,
- organisatorische Abläufe,
- Informationssammlung,
- u. Ä.

**Vorteile:**

- entlasten das Gedächtnis,
- verhindern, dass etwas vergessen wird,
- helfen, Stress zu reduzieren.

BEISPIELE:

*Liste*

**Besprechungsvorbereitung**
**Organisatorische und technische Hilfsmittel**

- Beamer, PC/Laptop, Software, USB–Stick
- Flipchart, Stifte, Papier
- Moderationstafeln und -koffer, Papierbögen
- Schreibmappen, Stifte, Papier
- Videorekorder
- …

*Formular*

**Die Übungsfirma plant eine Hausmesse**

Termine, Aktivitäten, Verantwortlichkeiten

| Was? | Wer | Bis wann? | Notizen |
|---|---|---|---|
| | | | |
| | | | |
| | | | |

**Wie erstellt man eine Checkliste?**

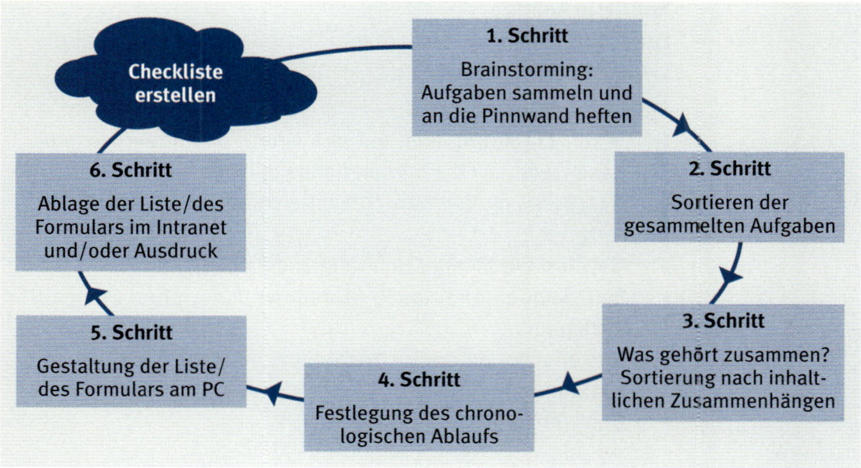

## 5.4.5 Formulare in Geschäftsprozessen nach DIN 4991

### 5.4.5.1 Die Anfrage

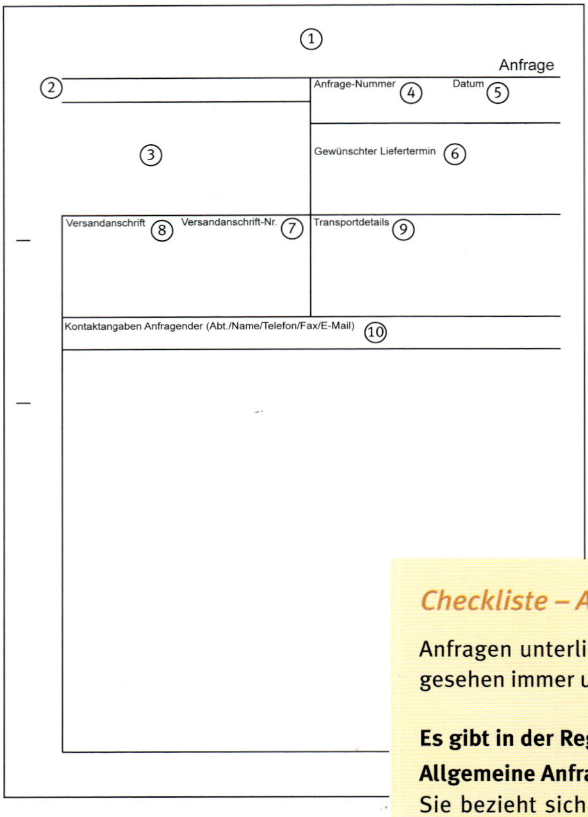


① Absenderangabe mit Logo u. Ä.
② Postanschrift des Absenders
③ Empfängeranschrift (Lieferant)
④ Anfrage-Nummer
⑤ Absendedatum (JJJJ-MM-TT)
⑥ Liefertermin (JJJJ-MM-TT)
⑦ Versandanschrift-Nr.
⑧ Versandanschrift
⑨ Transportdetails (Abladestelle, Anschlussgleis, Verfügungsvermerke)
⑩ Kontaktangaben Anfragender (Abteilung/Name/Telefon/Fax/E-Mail)

*Checkliste – Anfrage*

Anfragen unterliegen keiner Formvorschrift und sind rechtlich gesehen immer unverbindlich.

**Es gibt in der Regel zwei Arten von Anfragen:**

**Allgemeine Anfrage**
Sie bezieht sich nicht auf ein Produkt sondern auf die ganze Produktpalette. Es werden Kataloge, Preislisten, Prospekte u. Ä. angefordert.

**Spezielle Anfrage**
Für ein bestimmtes Produkt wird gezielt nach Qualität, Preis, Lieferzeiten usw. nachgefragt.

**Eine Anfrage formulieren:**

- In der Einleitung kurz auf den Grund des Interesses eingehen. Evtl. auf die Informationsquelle hinweisen.
- Beschreibung der Ware/Dienstleistung; Qualitätsanforderungen.
- Gewünschte Menge, Lieferung und Preis nennen.
- Evtl. Sonderkonditionen (Abnahme von großen Mengen) erfragen.
- Das Angebot anfordern. Mitteilung, bis wann Sie das Angebot wünschen.
- Dank im Voraus.

## 5.4.5.2 Das Angebot

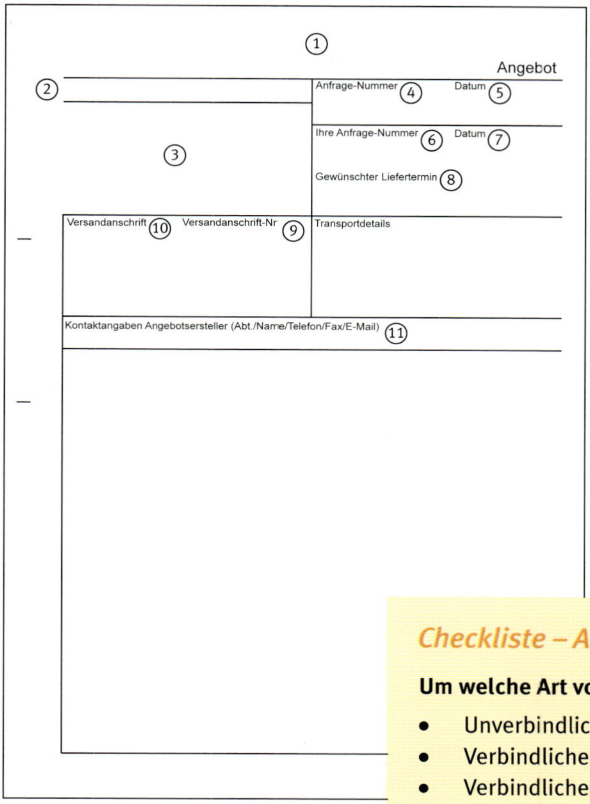


① Absenderangabe mit Logo u. Ä.
② Postanschrift des Absenders
③ Empfängeranschrift (Kunde)
④ Angebots-Nr.
⑤ Datum des Angebots (JJJJ-MM-TT)
⑥ Anfrage-Nr. des Kunden
⑦ Datum der Anfrage
⑧ Möglicher Liefertermin (JJJJ-MM-TT)
⑨ Versandanschrift-Nr.
⑩ Versandanschrift
⑪ Kontaktangaben Angebotsersteller (Abt./Name/Telefon/Fax/E-Mail)

### *Checkliste – Angebot*

**Um welche Art von Angebot handelt es sich?**

- Unverbindliches Angebot
- Verbindliches Angebot befristet
- Verbindliches Angebot unbefristet

**Ein Angebot formulieren:**

- Dank für die Anfrage.
- Genaue Beschreibung der Ware.
- Menge, Preis, Lieferungs- und Zahlungsbedingungen, Hinweis auf Rabatte, allgemeine Geschäftsbedingungen (AGB) usw.
- Abgrenzung des Unternehmens von der Konkurrenz, Werbung in eigener Sache. Den Kunden zur Annahme des Angebots motivieren.
- Schlusssatz wie z. B. „Wir freuen uns auf Ihre Bestellung.“

## 5.4.5.3 Die Bestellung/Bestelländerung

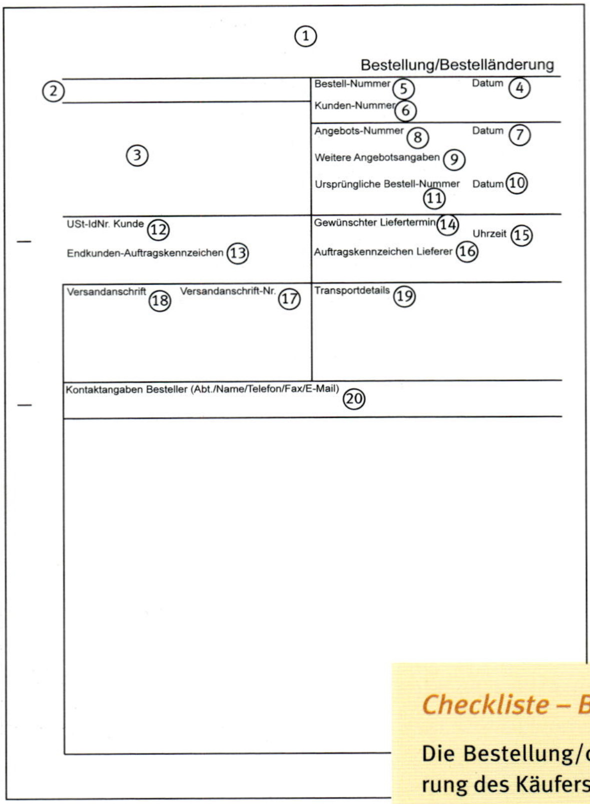


① Absenderangabe mit Logo u. Ä.
② Postanschrift des Absenders
③ Empfängeranschrift (Lieferant)
④ Datum der Bestellung (JJJJ-MM-TT)
⑤ Bestell-Nummer
⑥ Kunden-Nummer
⑦ Datum des Angebotes
⑧ Angebots-Nummer
⑨ Weitere Angebotsangaben
⑩ Datum der Ursprungsbestellung (JJJJ-MM-TT)
⑪ Ursprüngliche Bestellnummer
⑫ USt-IdNr. Kunde
⑬ Endkunden-Auftragszeichen
⑭ Gewünschter Liefertermin
⑮ Uhrzeit zum gewünschten Liefertermin (HH:MM Uhr)
⑯ Auftragskennzeichen Lieferer
⑰ Versandanschrift-Nr.
⑱ Versandanschrift
⑲ Transportdetails (Abladestelle, Anschlussgleis, Verfügungsvermerke)
⑳ Kontaktdaten Besteller (Abt./Name/Telefon/Fax/E-Mail)

### *Checkliste – Bestellung*

Die Bestellung/der Auftrag ist eine verbindliche Willenserklärung des Käufers an den Lieferanten.

**Eine Bestellung formulieren:**

- Dank für das Angebot.
- Die genauen Bezeichungen, Mengen und Preise der Artikel.
- Lieferungs- und Zahlungsbedingungen.
- Liefertermin.
- Erwartung einer guten Zusammenarbeit formulieren.

### 5.4.5.4 Die Bestellantwort

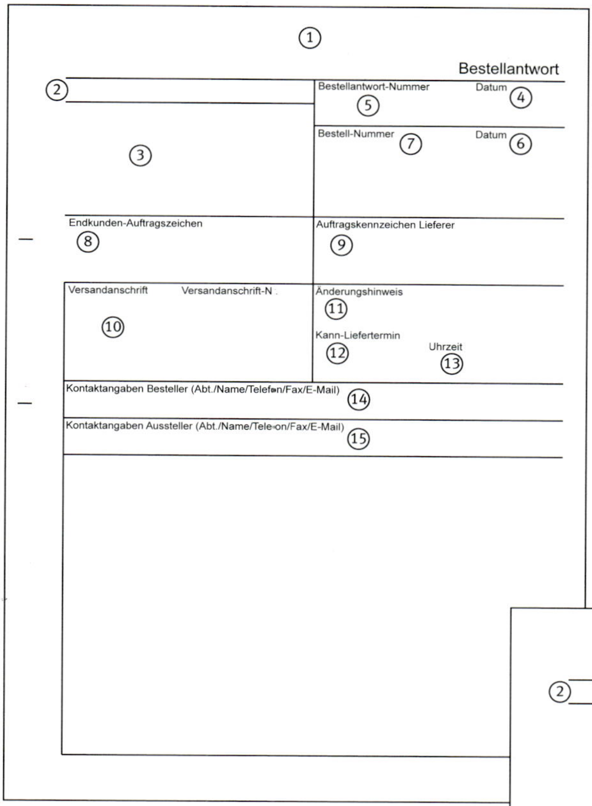


1. Absenderangabe mit Logo u. Ä.
2. Postanschrift des Absenders
3. Empfängeranschrift
4. Datum der Bestellantwort
5. Bestellantwort-Nummer
6. Datum der Bestellung
7. Bestell-Nummer
8. Endkunden-Auftragszeichen
9. Auftragskennzeichen Lieferer
10. Versandanschrift-Nummer, Versandanschrift
11. Änderungshinweis
12. Kann-Liefertermin
13. Uhrzeit
14. Kontaktangaben Besteller (Abteilung/Name/Fax/E-Mail)
15. Kontaktangaben Aussteller (Abteilung/Name/Fax/E-Mail)

### 5.4.5.5 Der Lieferschein

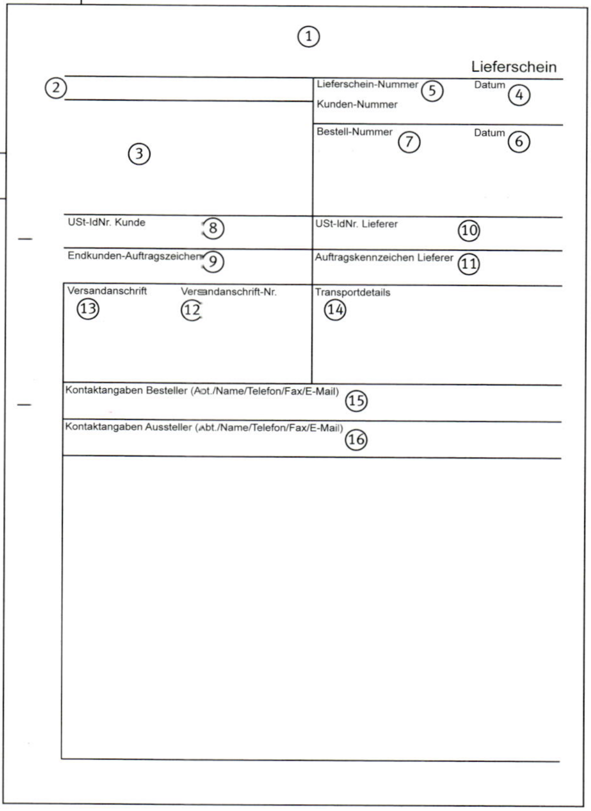


1. Absenderangabe mit Logo u. Ä.
2. Postanschrift des Absenders
3. Empfängeranschrift (Kunde)
4. Datum des Lieferscheins
5. Lieferschein-Nummer
6. Datum der Bestellung
7. Bestell-Nummer
8. USt-IdNr. Kunde
9. Endkunden-Auftragszeichen
10. USt-IdNr. Lieferer
11. Auftragskennzeichen Lieferer
12. Versandanschrift-Nummer
13. Versandanschrift
14. Transportdetails (Abladestelle, Anschlussgleis, Verfügungsvermerke)
15. Kontaktangaben Besteller (Abteilung/Name/Telefon/Fax/E-Mail)
16. Kontaktangaben Aussteller (Abteilung/Name/Telefon/Fax/E-Mail)

## 5.4.5.6 Die Rechnung

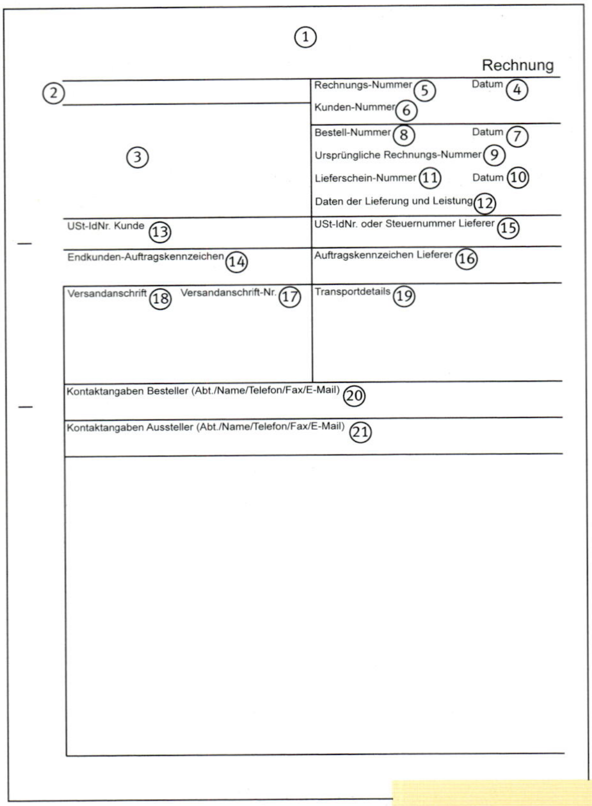


(1) Absenderangabe mit Logo u. Ä.
(2) Postanschrift des Absenders
(3) Empfängeranschrift (Kunde)
(4) Datum der Rechnung
(5) Rechnungs-Nummer
(6) Kunden-Nummer
(7) Datum der Bestellung
(8) Bestell-Nummer
(9) Ursprüngliche Rechnungs-Nummer (nur bei Rechnungsberichtigung)
(10) Datum des Lieferscheins
(11) Lieferschein-Nummer
(12) Datum der Lieferung und Leistung
(13) USt-IdNr. Kunde
(14) Endkunden-Auftragszeichen
(15) USt-IdNr. oder Steuernummer Lieferer
(16) Auftragskennzeichen Lieferer (z. B. Buchungskonto/Debitor)
(17) Versandanschrift-Nummer
(18) Versandanschrift
(19) Transportdetails (Abladestelle, Anschlussgleis, Verfügungsmerkmale)
(20) Kontaktdaten Besteller (Abteilung/Name/Telefon/Fax/E-Mail)
(21) Kontaktangaben Aussteller (Abteilung/Name/Telefon/Fax/E-Mail)

### *Checkliste – Rechnung*

Die Rechnung ist steuerrechtlich gesehen ein Beleg, mit dem ein Unternehmen über eine Lieferung oder Dienstleistung abrechnet.

**Eine Rechnung formulieren:**

- Bezug auf den ausgeführten Auftrag/Dienstleistung.
- Leistung mit dem Einzel- und dem Gesamtbetrag auflisten.
- Zusätzliche Kosten (z. B. An- und Abfahrt).
- Aufgeschlüsselter Rechnungsbetrag (Nettobetrag, Mehrwertsteuersatz, Mehrwertsteuerbetrag).
- Kalendermäßig festgelegter Zahlungstermin.
- Dank.

Tipp

- **Online-Formulare.** Die in einem Unternehmen **genutzten Formulare** werden in der Regel im **Intranet** in einem für alle zugänglichen Verzeichnis abgelegt.
- **Offline-Formulare.** Die eingesetzten Formulare sollten in einem Folienordner gesammelt und regelmäßig auf ihre Aktualität geprüft werden.
- Daneben sollten **keine** individuell gestalteten Formulare genutzt werden.
- Eine **regelmäßige Anpassung** der Formulare an Veränderungen ist unerlässlich.
- Eine Person sollte für die **Aktualisierung** verantwortlich sein.

## 5.5 Der Geschäftsbrief

Trotz Telefon, Fax und E-Mail hat der Geschäftsbrief nicht an Bedeutung verloren. In der geschäftlichen Korrespondenz wird er insbesondere in folgenden Bereichen eingesetzt:

- Zur Übermittlung von Nachrichten mit **persönlichem oder vertraulichem Inhalt**.
- Bei **rechtsverbindlichen Anlässen** wie z. B. Kündigung und Mahnung.
- Wenn dem Empfänger eine besondere **Wertschätzung** entgegengebracht wird, z. B. Erstkontakte, Gratulationen.

| Vorteile | Nachteile |
|---|---|
| • Hohes Maß an Verbindlichkeit,<br>• Wertschätzung und Vertraulichkeit,<br>• höhere Aufmerksamkeit beim Empfänger. | • Sehr langsam,<br>• im Vergleich zu E-Mail und Fax erfordert das Schreiben und Versenden erheblich mehr Aufwand. |

**Die Gestaltung des Geschäftsbrief nach DIN 5008:**

Der in der Praxis wohl am meisten benutzte Vordruck ist der Geschäftsbrief. In der DIN 5008 sind die genauen Maße und Datenfelder festgelegt. Dabei wird zwischen zwei Formen unterschieden:

- hochgestelltes Anschriftfeld (Form A)
- tiefgestelltes Anschriftfeld (Form B)

In der Praxis wird überwiegend die Form B verwendet.

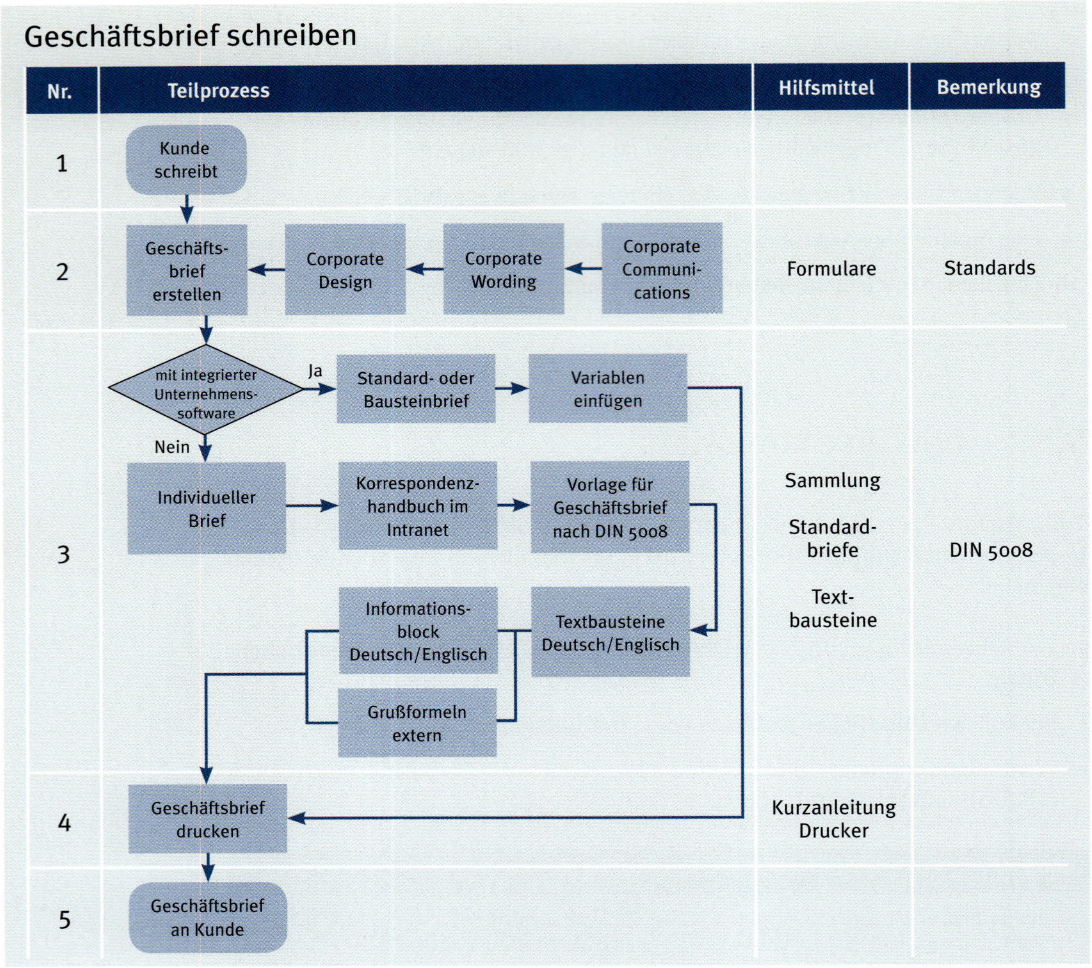


## Nach der DIN 5008 bestehen folgende Gestaltungsmöglichkeiten:

### Informationsblock

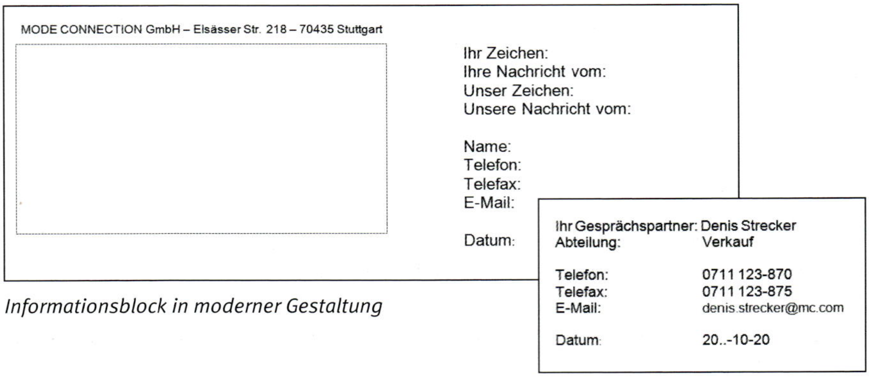


*Informationsblock in moderner Gestaltung*

Der Standardinformationsblock besteht aus den Leitwörtern „Ihr Zeichen, Ihre Nachricht vom, Unser Zeichen, Unsere Nachricht vom, Name, Telefon, Telefax, E-Mail“ und „Datum“. Hier ist die angegebene Reihenfolge einzuhalten. Vor den Leitwörtern „Name“ und „Datum“ sollte eine Leerzeile stehen. Leitwörter dürfen ergänzt, verändert oder weggelassen werden.

### Bezugszeichenzeile

Die Bezugszeichenzeile kann alternativ zum Informationsblock verwendet werden. „Ihr Zeichen, Ihre Nachricht vom – Unser Zeichen, Unsere Nachricht vom – Telefon, Name – Datum“ sollten in Schriftgröße 6 Punkt (mehrzeilig) oder Schriftgröße 8 Punkt gestaltet werden. Nicht benötigte Leitwörter dürfen entfallen.

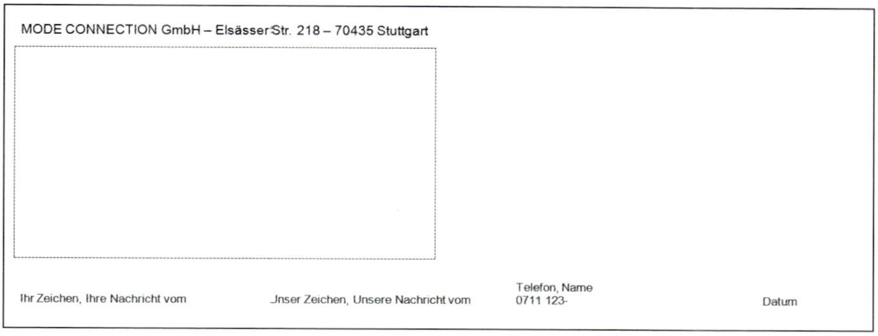


### Kommunikationszeile

Die Bezugszeichenzeile kann durch weitere Kommunikationsdaten, z. B. „Telefax“ und „E-Mail“ in einer Kommunikationszeile ergänzt werden. Sie steht neben dem Anschriftfeld in Höhe der letzten Zeile.

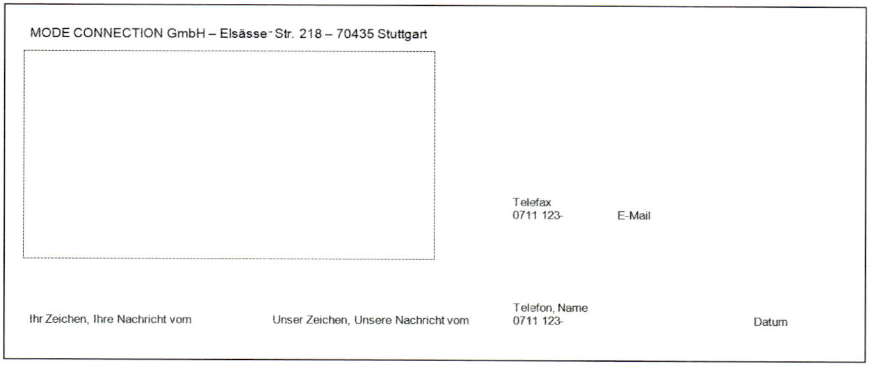


Das **Datum** kann alphanumerisch (z. B. 3. August 2011) oder numerisch geschrieben werden. Bei der **numerischen Schreibweise** werden die Daten in der Reihenfolge Jahr-Monat-Tag mit Mittelstrich gegliedert (z. B. 2011-08-03). Um Missverständnisse zu vermeiden, dürfen Daten auch in der Reihenfolge Tag-Monat-Jahr (z. B. 03.08.2011) geschrieben werden.

***Arbeitsblatt 5 Geschäftsbrief nach DIN 5008***

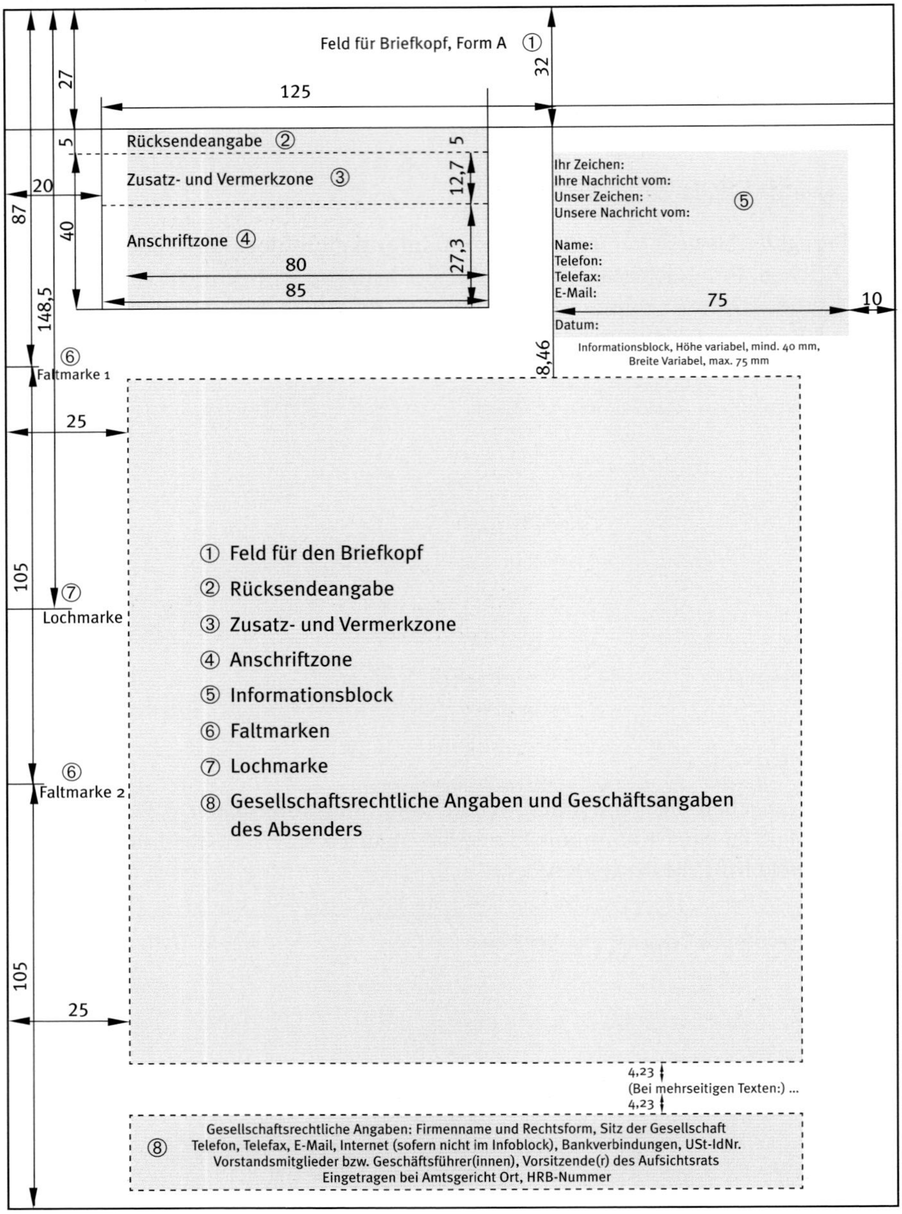


***Vorlage Form A***
*Maße: DIN 5008*

*Arbeitsblatt 6 Geschäftsbrief, Faxmitteilung und E-Mail*

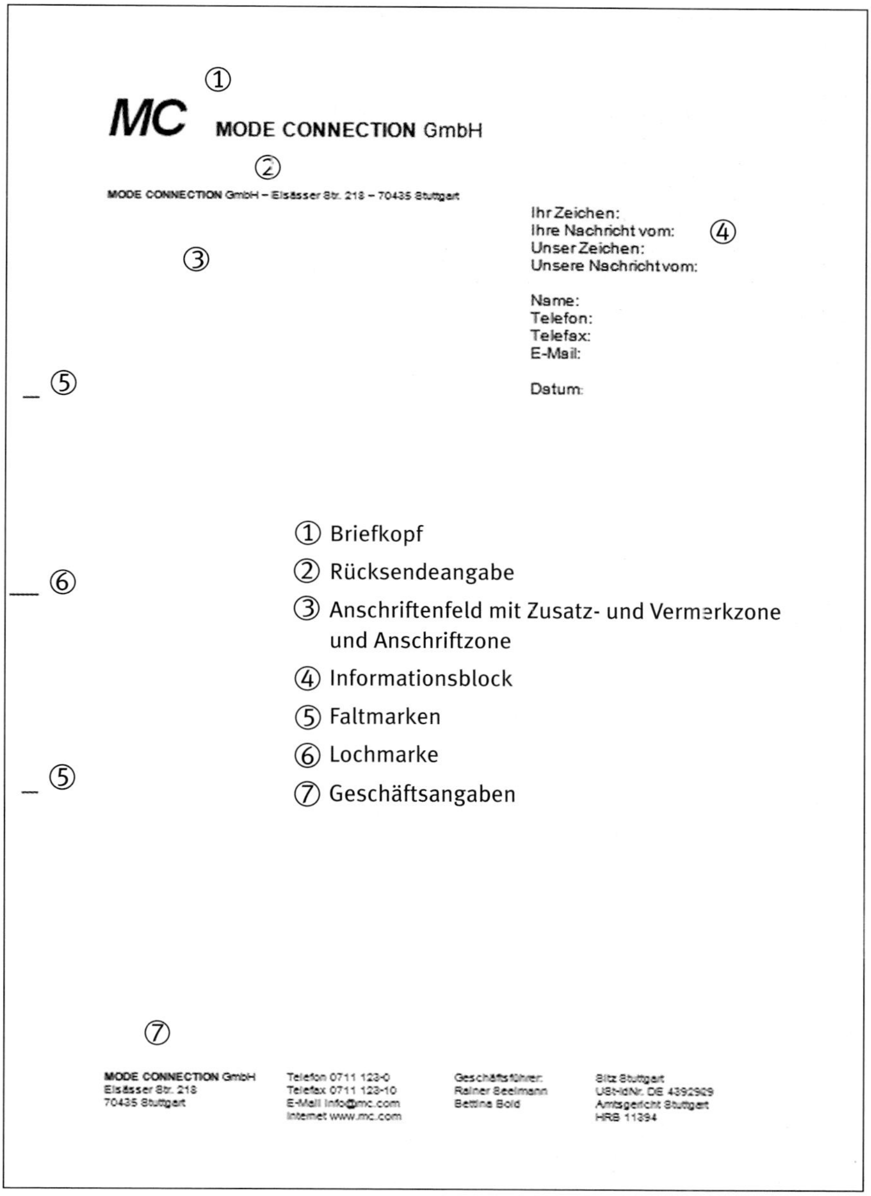

①

MC MODE CONNECTION GmbH

②

MODE CONNECTION GmbH – Elsässer Str. 218 – 70435 Stuttgart

③

Ihr Zeichen:
Ihre Nachricht vom: ④
Unser Zeichen:
Unsere Nachricht vom:

Name:
Telefon:
Telefax:
E-Mail:

Datum:

_ ⑤

__ ⑥

_ ⑤

① Briefkopf
② Rücksendeangabe
③ Anschriftenfeld mit Zusatz- und Vermerkzone und Anschriftzone
④ Informationsblock
⑤ Faltmarken
⑥ Lochmarke
⑦ Geschäftsangaben

⑦

| | | | |
|---|---|---|---|
| MODE CONNECTION GmbH<br>Elsässer Str. 218<br>70435 Stuttgart | Telefon 0711 123-0<br>Telefax 0711 123-10<br>E-Mail info@mc.com<br>Internet www.mc.com | Geschäftsführer:<br>Rainer Seelmann<br>Bettina Bold | Sitz Stuttgart<br>USt-IdNr. DE 4392929<br>Amtsgericht Stuttgart<br>HRB 11394 |

Der Aufbau und die Maße des Geschäftsbriefs sind in **DIN 5008 „Schreib- und Gestaltungsregeln für die Textverarbeitung“** geregelt (früher in DIN 676).

## 5.6 Faxmitteilung

Zum Fax greift man, wenn eine Mitteilung schnell an eine oder mehrere Personen verschickt werden soll. Dazu gehören Anfragen, Angebote, Auftragsbestätigungen und Informationen, die beim Empfänger in gedruckter Form (z. B. Zeichnungen, Skizzen) vorliegen sollen.

| Vorteile | Nachteile |
|---|---|
| • Schnell,<br>• kostengünstig,<br>• Verteiler möglich. | • Gefahr von Irrläufern bei gemeinsamer Nutzung eines Faxgerätes,<br>• langsam bei großen Text- oder Datenmengen. |

### Regeln im Umgang mit dem Faxgerät

**Bei der Benutzung eines Faxgeräts ist zu beachten:**

- Faxen Sie nur **kurze und eilige** Informationen.
- Mitteilungen mit **vertraulichem Inhalt** sollten nicht gefaxt werden.
- **Werbebriefe** per Telefax können den Kunden verärgern und wirken unpersönlich – es sei denn, der Kunde wünscht diese Versendungsart ausdrücklich.
- Telefaxe sind **juristisch gesehen bedenklich.** Rechtsungültig sind Bürgschaftsverpflichtungen, Vollmachtsurkunden, Steuererklärungen usw. per Telefax.
- Der **OK-Sendevermerk** eines Faxgerätes beweist nicht, dass der Empfänger das Faxschreiben auch erhalten hat. Dies ist besonders wichtig, wenn es um die Einhaltung von Fristen geht.
- **Kondolenzbriefe, offizielle Einladungen und geschäftliche Erstkontakte** sollten nicht per Fax verschickt werden.

### Faxmitteilung

Eine Faxmitteilung enthält die wesentlichen Bestandteile eines Geschäftsbriefes und dient der schnellen Übermittlung von ein- bis zweiseitigen Schriftstücken.

**Faxmitteilungen sollten enthalten:**

- Firmennamen (Firmenlogo) des Absenders,
- Absender- und Empfängeranschrift,
- Stichworte zum Ankreuzen,
- die Gesamtzahl der übermittelten Seiten,
- Absendedatum,
- Platz für hand- und maschinenschriftlichen Text.

Organisieren Sie bei zentral aufgestellten Faxgeräten die schnelle Verteilung der eingehenden Faxe an die zuständigen Mitarbeiter.

Nutzen Sie für **eingehende Faxe** farbiges Papier (hellgelbes Papier z. B. hat den Vorteil, dass ohne Schatten kopiert werden kann). So können Sie ein Originalfax von einer Kopie auf einen Blick unterscheiden.

Füllen Sie am Ende eines Arbeitstages das Papiermagazin des Faxgerätes auf und lassen Sie das Gerät eingeschaltet, damit auch nach Geschäftsschluss die Faxe nicht ins Leere laufen.

Tipp

Faxgerät

**MC** MODE CONNECTION GmbH

Unser Zeichen:

*Empfängerangaben*

Name:
Telefon:
Telefax:
E-Mail:
Seitenzahl:

Datum:

☐ zur Information ☐ zur Erledigung ☐ Bitte um Rücksprache

Faxmitteilung Faxmitteilung Faxmitteilung

*Betreff*

*Anrede*

*Text*

**MODE CONNECTION** GmbH
Elsässer Str. 218
70435 Stuttgart

Telefon 0711 123-0
Telefax 0711 123-10
E-Mail info@mc.com
Internet www.mc.com

Geschäftsführer:
Rainer Seelmann
Bettina Bold

Sitz Stuttgart
USt-IdNr. DE 4392929
Amtsgericht Stuttgart
HRB 11394

## 5.7 E-Mail

Das Verschicken, Lesen und Archivieren von E-Mails ist heute kein Problem mehr. Die Merkmale persönlich, direkt, mobil, grenzüberschreitend und vertraulich werden dabei besonders geschätzt (wobei hinter „vertraulich" ein dickes Fragezeichen gesetzt werden muss!).

**Vor- und Nachteile der E-Mail-Kommunikation**

| Vorteile | Nachteile |
|---|---|
| • Schnell,<br>• kostengünstig,<br>• weltweiter Zugriff auf die eigene Mailbox möglich,<br>• Versand von E-Mails zu jeder Tages- und Nachtzeit möglich,<br>• gleichzeitiges Versenden an mehrere Empfänger (Verteilerliste) möglich,<br>• der Empfänger kann den Zeitpunkt der Bearbeitung selbst bestimmen. | • Elektronischer Werbemüll,<br>• Computerviren werden eingeschleppt,<br>• Abhängigkeit von der Technik. |

5

### Wichtige Regeln im Umgang mit E-Mails

In der geschäftlichen Korrespondenz nimmt die E-Mail durch den schnellen und kostengünstigen Versand weltweit einen hohen Stellenwert ein. **Deshalb müssen im Umgang mit E-Mails folgende Regeln beachtet werden:**

- Überlegen Sie genau, ob eine E-Mail wirklich **notwendig** ist und wer sie bekommen muss.
- Elektronische Nachrichten sollten Sie nur an die Empfänger versenden, die die Informationen wirklich benötigen. Der Verarbeitungsvermerk „Dringend" sollte **sparsam** verwendet werden. Nur so kann der Empfänger sich einen schnellen Überblick über seinen Postkorb verschaffen.
- Vermeiden Sie Hervorhebungen oder Ausrufezeichen, die Wichtigkeit symbolisieren sollen. Die Prioritäten setzt der Empfänger.
- Nachrichten mit **persönlichem oder vertraulichem Inhalt** sollten möglichst **nicht** per E-Mail verschickt werden. Ein Vertreter oder eine andere nicht berechtigte Person könnte die Nachricht lesen.
- Bei sehr **wichtigen** und kurzfristig verschickten Nachrichten sollten Sie sich beim Empfänger telefonisch vergewissern, ob die Nachricht angekommen ist.
- E-Mails müssen mit der gleichen **Sorgfalt** wie die Papierpost bearbeitet werden. Der Mail-Partner verlässt sich darauf, dass die elektronische Post gelesen und auch entsprechend bearbeitet wird.
- Definieren Sie feste Zeiten, zu denen Sie Ihre E-Mails bearbeiten.
- Säubern Sie den Posteingang sofort, und lesen Sie jede E-Mail nur einmal.
- In der Urlaubszeit muss jemand beauftragt werden, der die elektronische Post der einzelnen Mitarbeiter liest und weiterleitet.
- Teilen Sie Ihre **Arbeitsschritte im Umgang mit elektronischer Post** in **drei Phasen** ein:

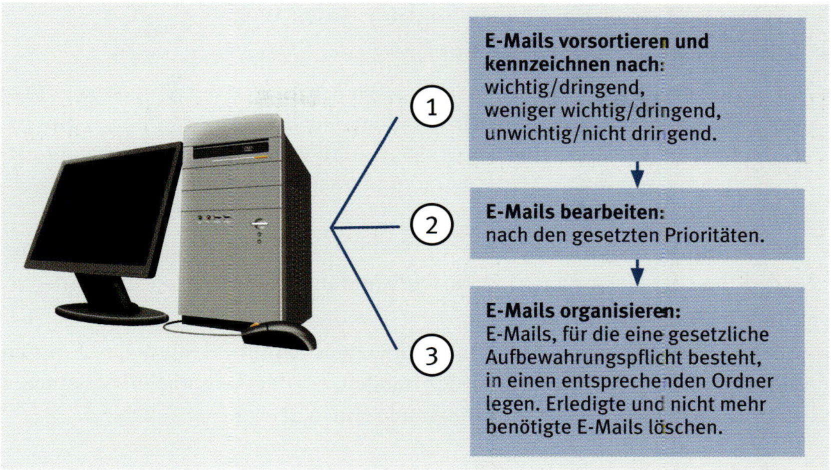


- Schalten Sie den automatischen Abruf aus und bestimmen Sie stattdessen **feste Abrufzeiten**.
- Beim Umgang mit E-Mails sind die bestehenden Richtlinien und Bestimmungen des **Bundesdatenschutzgesetzes** zu beachten.
- Die **Geschäftsangaben** dürfen in einer geschäftlichen E-Mail nicht fehlen.

Wenn Sie mit einem Dokumentenmanagementsystem arbeiten, können Sie die eingegangenen E-Mails direkt in den richtigen Ordner übernehmen. Ist das nicht der Fall, empfiehlt es sich, in der Mailbox für jeden Monat einen Ordner zu erstellen, in dem die bearbeiteten Mails vorübergehend abgelegt werden können. Unverlangte Werbepost können Sie durch Spamfilter in Ihrer Mailbox abwehren.

## Aufbau einer E-Mail nach DIN 5008:

| | |
|---|---|
| **An:** | susanne.maier@mc.com; adrian.celik@mc.com |
| **CC:** | bettina.bold@mc.com |
| **BCC:** | |
| **Betreff:** | Ausbildungsgespräch |

Guten Tag, Frau Maier,
guten Tag, Herr Celik,

wie bereits mündlich verabredet, erinnere ich Sie an unser Ausbildungsgespräch am

**Donnerstag, 18. September 20..**
**14:00 – 15:30 Uhr**
**Raum 117**

Bitte bringen Sie die notwendigen Unterlagen mit und bereiten Sie sich – wie besprochen – auf das Gespräch vor, damit wir die vorgesehene Zeit effektiv nutzen können.

Freundliche Grüße

**MODE CONNECTION** GmbH

Rainer Seelmann

E-Mail: rainer.seelmann@mc.com
Internet: www.mc.com
Telefon: 0711 123-891
Telefax: 0711 123-895

Sitz: Elsässer Str. 218, 70435 Stuttgart
Postanschrift: Postfach 10 15, 70173 Stuttgart
Geschäftsführer: Rainer Seelmann, Bettina Bold
Handelsregister HRB 11394 beim Amtsgericht Stuttgart

| | |
|---|---|
| Anhang: | Agenda-20..-09-18 |

**Die Felder im E-Mail-Kopf haben folgende Bedeutung:**

- **An:** Hier wird die Adresse des Empfängers der E-Mail eingetragen.
- **CC (Carbon Copy):** Hier werden die E-Mail-Adressen der Empfänger eingegeben, die eine Kopie der Nachricht erhalten. Die Empfänger erfahren durch eine Liste, welche Adressen eine Kopie der E-Mail erhalten haben. Trennen Sie die E-Mail-Adressen durch Semikola: joerg.bauer@gmx.de; karin.sturm@web.de; julius.boll@t-online.de
- **BCC (Blind Carbon Copy):** Auch hier werden die Empfänger eingetragen, die eine Kopie der Nachricht erhalten. Die Empfänger erfahren jedoch nicht, an wen Kopien versandt wurden.
- **Betreff oder Subjekt:** Jede E-Mail sollte einen Betreff erhalten. Der Empfänger kann so sofort sehen, worum es sich handelt, und die Wichtigkeit einstufen. Der Betreff sollte aus einem Satz – maximal zehn Wörtern – bestehen.

## E-Mail-Anhänge (Attachments)



Mit jedem E-Mail-Provider können **Attachments (Dateien jeder Art)** verschickt werden, indem man sie einfach an eine E-Mail anhängt. So können Sie z. B. einen DIN-gerechten, ausführlichen Geschäftsbrief, eine mehrseitige Dokumentation oder eine PowerPoint-Präsentation original als Datei mit einer kurzen E-Mail verschicken.

## Packprogramme

*Hersteller und Anbieter von Packprogrammen:*
*www.top-soft.de*
*www.data-becker.de*
*www.winzip.de*
*www.squeez.de*

Attachments können manchmal im Dateiumfang so groß sein, dass sie die noch zur Verfügung stehende Kapazität einer Mailbox übersteigen. Dieses Problem kann aber auch sehr schnell auf der eigenen Festplatte auftreten, wenn z. B. Platz für ein neues Programm geschaffen werden muss oder Sie alte Dateien platzsparend auf der Festplatte speichern wollen.

Pack- und Komprimierungsprogramme können den Speicherplatzbedarf stark verringern. Beim Packen bzw. Komprimieren werden die Dateien in ein sog. Archiv zusammengefasst, das weniger Platz benötigt als alle Dateien zusammen. Beim Entpacken bzw. Dekomprimieren werden die zuvor konvertierten Dateien eines Archivs in ihre ursprüngliche Form zurückgewandelt. Die Textdateien, Excel-Tabellen, PowerPoint-Präsentationen oder auch Klangdateien und Bilder können ohne Verluste gelesen werden.

Die gängisten Archivformen sind: .ace, .rrc, .cab, .rar, .sit, .tar, .tgz, .zip, .zoo

## Netiquette

Schon Anfang der 90er-Jahre wurde die erste „Netiquette" für den Online-Briefverkehr erstellt. Sie ist eine Sammlung von Verhaltensregeln, die für eine reibungslose elektronische Kommunikation sorgen soll.

**Was ist bei der E-Mail-Korrespondenz zu beachten?**

- E-Mails dienen der **schnellen Kommunikation** und sollten deshalb **kurz** und **präzise** verfasst werden.

- E-Mail-Anhänge sollten nicht zu viel **Speicherplatz** beanspruchen. Da nicht jeder unendlich viel Speicherplatz zur Verfügung hat, sollten große Dateien mit **Packprogrammen** (z.B. Winzip) **komprimiert** werden. Viele E-Mail-Programme ermöglichen eine Kennzeichnung der Datei mit **„long“**, was dem Empfänger signalisiert, dass die Mail einen hohen Speicherbedarf hat.
- Auf **besondere Schriften** und **Dekore** innerhalb der E-Mail sollten Sie verzichten, da nicht alle Mailprogramme in der Lage sind, diese darzustellen.
- Verwenden Sie für eine Gefühlsäußerung Emoticons (z.B. :-) bedeutet glücklich) nur dann, wenn Sie sicher sind, dass der Empfänger diese Art von Kommunikation versteht bzw. wenn Sie einen informellen Stil miteinander pflegen.
- **Akronyme** (Kurzwörter) können beim Erstellen von E-Mails Zeit sparen, sollten aber nur sehr sparsam eingesetzt werden. Eine Verwendung ist nur dann sinnvoll, wenn beide Seiten die Bedeutung kennen. Die meisten Akronyme stammen aus dem Englischen. Hier einige Beispiele:

| Abkürzung | Englisch | Deutsch |
|---|---|---|
| **asap** | as soon as possible | so schnell wie möglich |
| **afaik** | as far as I know | meines Wissens |
| **btw** | by the way | übrigens |
| **fyi** | for your information | zu Ihrer Information |
| **imo** | in my opinion | meiner Meinung nach |
| **np** | no problem | kein Problem |

- Vermeiden Sie **Tipp- und Rechtschreibfehler** – auch wenn sie in E-Mails eher toleriert werden als in Briefen. Eine E-Mail hat die Wirkung einer Visitenkarte und repräsentiert das Unternehmen nach außen.
- Wörter in **GROSSBUCHSTABEN** sind tabu. Versalien werden in der E-Mail-Welt zum Ausdruck von Ärger und Aggression verwendet!
- Eine E-Mail hat den Charakter einer Postkarte. **Vertrauliche und persönliche Nachrichten** sollten nicht auf elektronischem Weg verschickt werden, sofern Sie sich nicht sicher sind, dass diese von niemand anderem als dem berechtigten Empfänger gelesen werden können.

Tipp – E-Mail

- **Kein Massenversand** von E-Mails: Dämmen Sie die E-Mail-Flut bei Ihren Adressaten durch **sinnvolle** interne und externe Verteilerlisten im E-Mail-Programm ein. Achten Sie darauf, dass nur die Personen die Informationen erhalten, die sie auch wirklich brauchen.
- Bei längerer **Abwesenheit am Arbeitsplatz** aktivieren Sie die Weiterleitung an eine Vertretung oder eine Abwesenheitsnotiz in Ihrem E-Mail-Programm.
- Wenn Sie Ihren Arbeitsplatz z.B. zu einer Besprechung verlassen, nehmen Sie ein **Notebook mit drahtlosem Internetzugang** mit, sodass Sie überall die eingehenden E-Mails empfangen und sofort weiterleiten können.

**E-Mail-Bearbeitung**

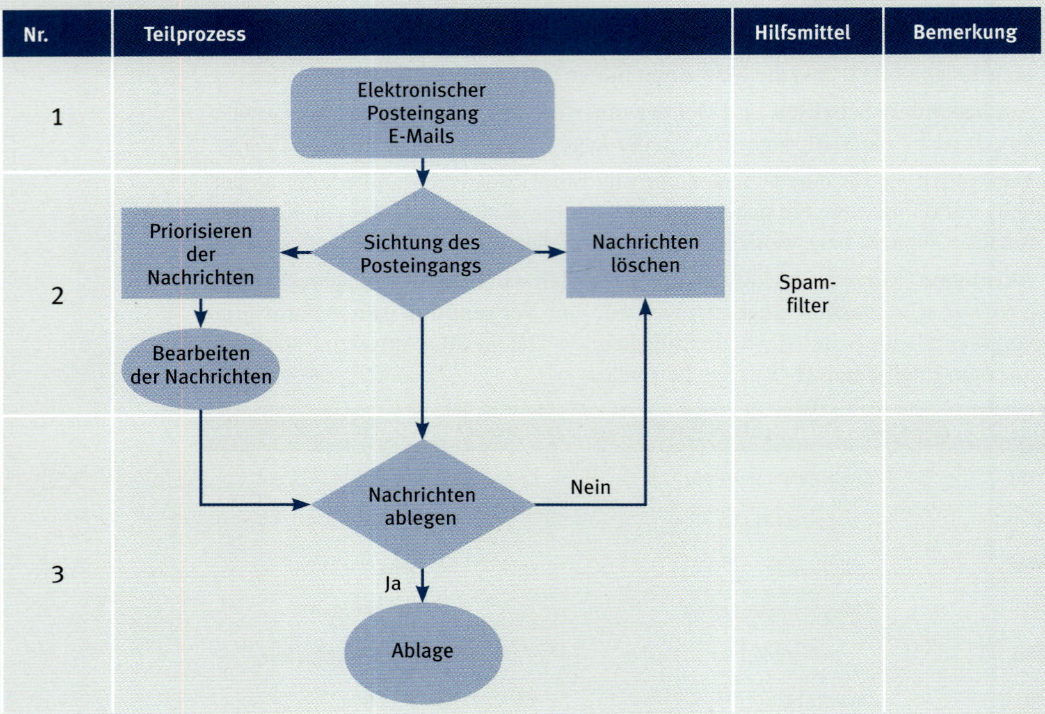




## 5.8 Schemabriefe

*Arbeitsblatt 7 Kreuzworträtsel*

Für den Schemabrief wird eine **Vorlage** erstellt und abgespeichert. In dieser Vorlage wird das äußere Erscheinungsbild eines Textes festgelegt. Sie enthält den Text des Briefes und die Formatierungsangaben wie Randeinstellung, Zeilenabstand, Schriftart, Absatzformate (z. B. Blocksatz) und Zeichenformate (z. B. Fettdruck).

An den Stellen des Briefes, an denen **Variablen** eingefügt werden müssen, werden **Stoppcodes** (Haltepunkte) gesetzt. Bei Bedarf ruft der Nutzer die Vorlage auf, springt die Stoppcodes an und fügt die Variablen manuell ein.

Bei der Erstellung der Vorlage können die Stoppcodes „leer" sein, d. h. sie dienen lediglich als Haltepunkte. Sie können aber auch mit einer **„Bedienerführung"** (z. B. Vorname, Name, Straße, PLZ, Ort) ergänzt werden, um das Einfügen der jeweiligen Variablen zu erleichtern.

Das folgende Beispiel zeigt die Vorlage eines Schemabriefes, der immer dann benötigt und aufgerufen wird, wenn eine Mitarbeiterin der MODE CONNECTION GmbH ihren Mutterschaftsurlaub antreten wird.

BEISPIEL:

**MC** **MODE CONNECTION** GmbH

MODE CONNECTION GmbH – Elsässer Str. 218 – 70435 Stuttgart

{Anrede}
{Vorname Name}
{Straße Hausnummer}
{PLZ Ort}

**Ihr Zeichen:**
**Ihre Nachricht vom:**
**Unser Zeichen: hei-..**
**Unsere Nachricht vom:**

**Name: Andrea Heil**
**Telefon: 0711 123–456**
**Telefax: 0711 123–457**
**E-Mail: andrea.heil@mc.com**
**Internet: www.mc.com**

**Datum: {aktuelles Datum}**

**Ihre Probezeit endet bald**

Sehr geehrte {Anrede Name},

Ihre Probezeit wird am {Datum} beendet sein. Damit Sie und wir besser planen können, sollten Sie wissen, dass wir Sie sehr gerne weiter in unserem Unternehmen beschäftigen möchten.

Es freut uns sehr, wenn Sie sich ebenfalls für uns entscheiden. Ihr Vorgesetzter, {Anrede Name}, schätzt Sie sehr. Auch Ihre Kolleginnen und Kollegen arbeiten gerne mit Ihnen zusammen.

Bitte geben Sie uns bis zum {Datum} Bescheid.

Wir freuen uns auf eine weitere gute Zusammenarbeit.

Freundliche Grüße

**MODE CONNECTION** GmbH

Andrea Heil

**MODE CONNECTION** GmbH
Elsässer Str. 218
70435 Stuttgart

Telefon 0711 123-0
Telefax 0711 123-10
E-Mail info@mc.com
Internet www.mc.com

Geschäftsführer:
Rainer Seelmann
Bettina Bold

Sitz Stuttgart
USt-IdNr. DE 4392929
Amtsgericht Stuttgart
HRB 11394

Stoppcodes mit Bedienerführung

BEISPIEL:

**MC** **MODE CONNECTION GmbH**

MODE CONNECTION GmbH – Elsässer Str. 218 – 70435 Stuttgart

Frau
Svenja Belz
Silberpappelweg 88
71522 Backnang

**Ihr Zeichen:**
**Ihre Nachricht vom:**
**Unser Zeichen: hei-..**
**Unsere Nachricht vom:**

**Name: Andrea Heil**
**Telefon: 0711 123–456**
**Telefax: 0711 123–457**
**E-Mail: andrea.heil@mc.com**
**Internet: www.mc.com**

**Datum: 20..-11–28**

**Ihre Probezeit endet bald**

Sehr geehrte Frau Belz,

Ihre Probezeit wird am 1. Januar 20.. beendet sein. Damit Sie und wir besser planen können, sollten Sie wissen, dass wir Sie sehr gerne weiter in unserem Unternehmen beschäftigen möchten.

Es freut uns sehr, wenn Sie sich ebenfalls für uns entscheiden. Ihr Vorgesetzter, Herr Boss, schätzt Sie sehr. Auch Ihre Kolleginnen und Kollegen arbeiten gerne mit Ihnen zusammen.

Bitte geben Sie uns bis zum 15. Dezember 20.. Bescheid.

Wir freuen uns auf eine weitere gute Zusammenarbeit.

Freundliche Grüße

**MODE CONNECTION GmbH**

Andrea Heil

MODE CONNECTION GmbH
Elsässer Str. 218
70435 Stuttgart

Telefon 0711 123-0
Telefax 0711 123-10
E-Mail info@mc.com
Internet www.mc.com

Geschäftsführer:
Rainer Seelmann
Bettina Bold

Sitz Stuttgart
USt-IdNr. DE 4382929
Amtsgericht Stuttgart
HRB 11394

eingefügte Variablen

# 5.9 Serienbriefe

## Seriendruck

Unter Seriendruck versteht man, dass immer wieder benötigte Daten (z. B. Adressen) **automatisch** in Serienbriefe oder Listen eingefügt bzw. auf Etiketten oder Briefumschläge ausgedruckt werden. Im Unterschied zum Schemabrief mit manuellen Einfügungen werden beim Seriendruck die Variablen nicht über die Tastatur, sondern automatisch eingefügt.

Für die Erstellung eines Seriendrucks sind zwei Dateien erforderlich:

- ein Hauptdokument und
- eine Datenquelle (Steuerdatei).

Das Hauptdokument enthält den Standardtext, der bei allen Serienbriefen gleich ist, und die „Platzhalter“, an deren Stellen die Variablen beim Ausdruck eingefügt werden.

In der Datenquelle dagegen sind die Datensätze (Variablen), die in den Serienbrief eingemischt werden (z. B. Adressen), gespeichert.

Wichtig ist vor allem, dass die Datensätze permanent gepflegt und aktualisiert werden.

BEISPIEL:

**Datenquelle**

| Anrede | Vorname | Name | Straße | PLZ | Ort | Land |
|---|---|---|---|---|---|---|
| Frau | Maria | Fischer | Alsterstraße 18 | 20354 | Hamburg | |
| Herrn | Werner | Bucher | Leopoldstraße 11 | 80802 | München | |
| Herrn | Karl | Schneider | Färbergasse 28 | 94034 | Passau | |
| Frau | Monika | Faller | Falkenstraße 181 | 8001 | Zürich | Schweiz |
| Frau | Angelika | Schmitt | Frankenberggasse 9 | 1040 | Wien | Österreich |
| Herrn | Oliver | Keller | Hebelstraße 19 | 4056 | Basel | Schweiz |

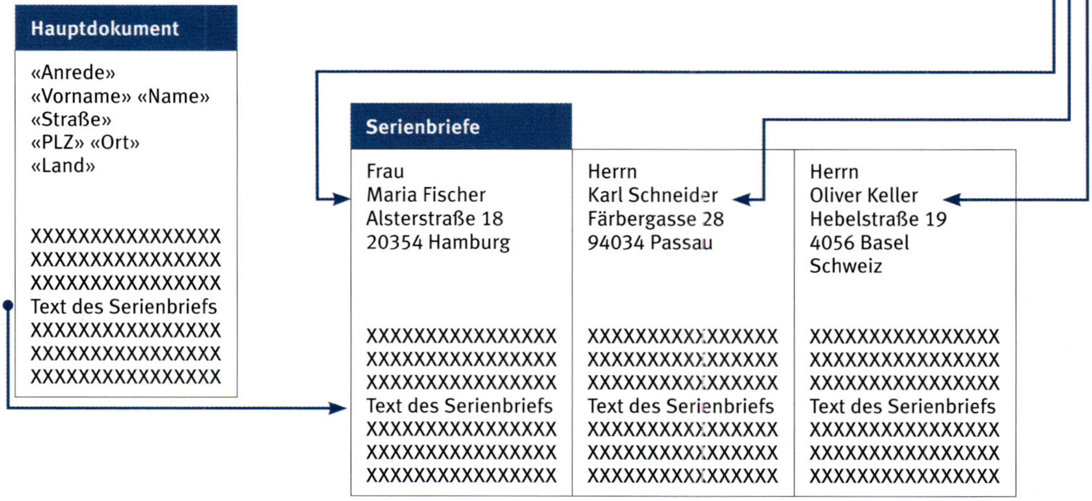


**Die Verwendung einer Datenquelle bietet folgende Möglichkeiten:**

- In einem bestimmten Anwendungsfall (Brief, Liste, Etiketten usw.) können der Datenquelle nur die jeweils benötigten Daten entnommen werden.
- **Stoppcodes** in der für einen Seriendruck erstellten Vorlage werden beim automatischen Einmischen **durch den entsprechenden Eintrag im Datenfeld der Datenmaske ersetzt.** In den folgenden Beispielen sind sie durch den Feldnamen gekennzeichnet (z. B. „Firma“).

- Beim Seriendruck lassen sich auch **Bedingungen für den Inhalt der Variablen verknüpfen.** Wenn z. B. der Eintrag im entsprechenden Datenfeld ein „w" für weiblich ist, dann soll er durch die Anrede „Frau" ersetzt werden, sonst soll das Wort „Herrn" eingemischt werden.
- **Datensätze** können auch **selektiert** werden, wenn z. B. zu einer Jahreshauptversammlung einer Volksbank **nur die Mitglieder, nicht aber alle Bankkunden** eingeladen werden sollen. Um diese Selektion vornehmen zu können, muss in der Datenmaske ein Feldname „Mitglied" aufgenommen und im dazugehörigen Datenfeld „J" oder „N" eingetragen sein.
- **Datensätze** können außerdem **sortiert** werden, z. B. ist das Sortieren der Datensätze nach den Postleitzahlen für das Vorbereiten der Infopost mit Entgeltermäßigung notwendig.
- Der **Datenquelle** können bei Bedarf **nachträglich weitere Feldnamen hinzugefügt** bzw. **nicht mehr benötigte Feldnamen gelöscht werden.**

BEISPIEL:

*Die Mode | Idee GmbH bietet der MODE CONNECTION GmbH und anderen Übungsfirmen ein **Seminar zur Messeplanung** an. Die Organisation des Seminars übernehmen die Mitarbeiter/-innen der Übungsfirma MODE CONNECTION GmbH. Die Anschriften der zu diesem Seminar angemeldeten Teilnehmer/-innen wurden in einer Datenquelle gespeichert und die folgende Vorlage für einen Seriendruck erstellt:*

**Mode|Idee** GmbH
Stuttgart

Mode|Idee GmbH – Postfach 10 15 – 70173 Stuttgart

**<<Anrede>>**
**<<Vorname>> <<Name>>**
**<<Straße>>**
**<<PLZ>> <<Ort>>**

Ihr Zeichen:
Ihre Nachricht vom:
Unser Zeichen: schr-mü
Unsere Nachricht vom:

Name: Kathrin Müller
Telefon: 0711 123–490
Telefax: 0711 123–495
E-Mail: kathrin.mueller@mode-idee.com
Internet: www.mode–idee.de

Datum: 20..-08–01

**Professionelle Messeplanung**

Sehr geehrte**<<Bedingungsfeld „Anrede">> <<Name>>,**

Sie haben Glück und noch einen freien Platz bekommen. In fast allen Übungsfirmen gehört die Messeplanung zum Aufgabenbereich aller Mitarbeiterinnen und Mitarbeiter. Am

**10. Oktober 20.. von 09:00 bis 17:30 Uhr**

werden Sie alles über eine gute Messeplanung erfahren.

**Unsere Themen:**

- Voraussetzungen für eine professionelle Messeorganisation.
- Informationsquellen für Übungsfirmen.
- So „locken" Sie Besucher auf Ihren Stand.
- Gestaltung, Ausstattung und Platzierung des Messestandes.
- Wie ein Messestand schon mit kleinen Mitteln zum „Event" wird.

Bitte bestätigen Sie uns Ihre Teilnahme bis zum 15. September 20..

Wir freuen uns auf Ihr Kommen und wünschen Ihnen eine gute Anreise.

Freundliche Grüße nach **<<Ort>>**

Mode|Idee GmbH

Kathrin Müller

**Anlage**
1 Antwortkarte

**Mode|Idee** GmbH
Calwer Straße 118
70173 Stuttgart

Telefon 0711 123-0
Telefax 0711 123-10
E-Mail info@mode-idee.com
internet www.mode-idee.com

Geschäftsführer:
Marc Dahlmann
Kerstin Schröder

Sitz Stuttgart
USt-IdNr. DE 4392929
Amtsgericht Stuttgart
HRB 11394

Bankverbindung: LBBW Bank Stuttgart – Konto-Nr. 1026949 – BLZ 600 501 01
**IBAN** DE20 6005 0101 0002 0561 93 – **BIC** SOLADEST600

*An alle Teilnehmer wurde eine Teilnahmebestätigung verschickt, in die die jeweilige Anschrift und die Anrede aus der Datenquelle übernommen wurden*

**Mode|Idee GmbH**
**Stuttgart**

Mode | Idee GmbH – Postfach 2 10 15 – 70173 Stuttgart

MotPress GmbH
Frau Beate Ansel
Postfach 1 23 89
71522 Backnang

Ihr Zeichen:
Ihre Nachricht vom:
Unser Zeichen: schr-mü
Unsere Nachricht:

Name: Kathrin Müller
Telefon: 0711 123-490
Telefax: 0711 123-495
E-Mail: kathrin.mueller@mode-idee.com

Datum: 20..-08-01

**Professionelle Messeplanung**

Sehr geehrte Frau Ansel,

Sie haben Glück und noch einen freien Platz bekommen. In fast allen Übungsfirmen gehört die Messeplanung zum Aufgabenbereich aller Mitarbeiterinnen und Mitarbeiter. Am

**10. Oktober 20.. von 09:00 bis 17:30 Uhr**

werden Sie alles über eine gute Messeplanung erfahren.

**Unsere Themen:**

- Voraussetzungen für eine professionelle Messeorganisation.
- Informationsquellen für Übungsfirmen.
- So „locken" Sie Besucher auf Ihren Stand.
- Gestaltung, Ausstattung und Platzierung des Messestandes.
- Wie ein Messestand schon mit kleinen Mitteln zum „Event" wird.

Bitte bestätigen Sie uns Ihre Teilnahme bis zum 15. September 20..

Wir freuen uns auf Ihr Kommen und wünschen Ihnen eine gute Anreise.

Freundliche Grüße nach Backnang

Mode | Idee GmbH

Kathrin Müller

**Anlage**
1 Anwortkarte

**Mode | Idee GmbH**
Calwer Straße 118
70173 Stuttgart

Telefon 0711 123-0
Telefax 0711 123-10
E-Mail info@mode-idee.com
Internet www.mode-idee.com

Geschäftsführer:
Marc Dahlmann
Kerstin Schröder

Sitz Stuttgart
USt-IdNr. DE 4392929
Amtsgericht Stuttgart
HRB 11394

Bankverbindung: LBBW Bank Stuttgart – Konto-Nr. 1026949 – BLZ 600 501 01
IBAN DE20 6005 0101 0002 0561 93 – BIC SOLADEST600

*Einige Tage vor Seminarbeginn wurden die Teilnehmerliste, die Etiketten für die Seminarmappen und die Tischkarten gedruckt. Die dafür erforderlichen Daten wurden wiederum der Datenquelle entnommen und in die dafür erstellten Vorlagen eingemischt.*

**Mode|Idee GmbH**
**Stuttgart**

**Seminar**
**Professionelle Messeplanung in Stuttgart**
**am 10. Oktober 20..**

**Teilnehmerliste**

| | | |
|---|---|---|
| **<<Vorname>> <<Name>>** | **<<Firma>>**<br>**<<Postfach oder Straße>>**<br>**<<PLZ>> <<Ort>>** | **☎ <<Telefon>>** |
| **<<Vorname>> <<Name>>** | **<<Firma>>**<br>**<<Postfach oder Straße>>**<br>**<<PLZ>> <<Ort>>** | **☎ <<Telefon>>** |

*Vorlage für Teilnehmerliste*

**Mode|Idee GmbH**
**Stuttgart**

**Seminar**
**Professionelle Messeplanung in Stuttgart**
**am 10. Oktober 20..**

**Teilnehmerliste**

| | | |
|---|---|---|
| **Ansel,** Beate | MotPress GmbH<br>Postfach 1 23 89<br>71522 Backnang | ☎ 07191 549-244 |
| **Aretz,** Lena | Phontech GmbH<br>Postfach 56 23<br>70193 Stuttgart | ☎ 0711 344-533 |
| **Bücker,** Bettina | Masterplan Consulting<br>Hauptstraße 88<br>71642 Ludwigsburg | ☎ 07141 33-456 |
| **Gassmann,** Ina | Bergemann & Kummer<br>Ostalbstraße 7<br>73529 Schwäbisch-Gmünd | ☎ 07171 166-233 |

*Auszug aus der Teilnehmerliste*

### *Vorlage für die Etiketten*

| | |
|---|---|
| «Vorname» «Name»<br>«Firma»<br>«Straße oder Postfach»<br>«PLZ» «Ort»<br><br>Seminar Messeplanung<br>10. Oktober 20..<br>in Stuttgart | «Nächster Datensatz»<br>«Vorname» «Name»<br>«Firma»<br>«Straße oder Postfach»<br>«PLZ» «Ort»<br><br>Seminar Messeplanung<br>10. Oktober 20..<br>in Stuttgart |

### *Etikettenausdruck*

| | |
|---|---|
| Beate Ansel<br>MotPress GmbH<br>Postfach 1 23 89<br>71522 Backnang<br><br>Seminar Messeplanung<br>10. Oktober 20..<br>in Stuttgart | Lena Aretz<br>Phontech GmbH<br>Postfach 56 2 3<br>70193 Stuttgart<br><br>Seminar Messeplanung<br>10. Oktober 20..<br>in Stuttgart |

*Vorlage für die Tischkarte*

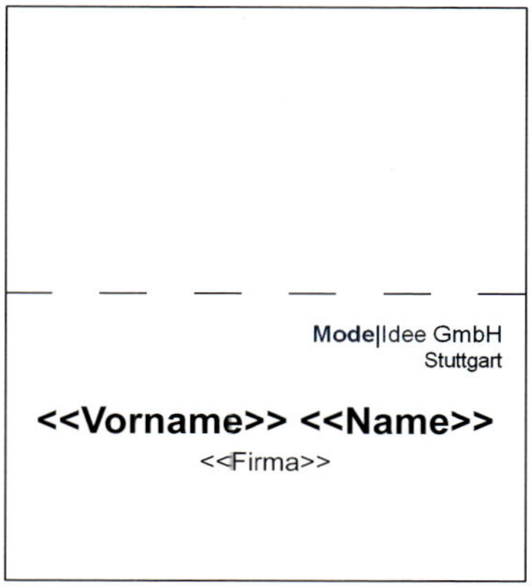


*Ausdruck*

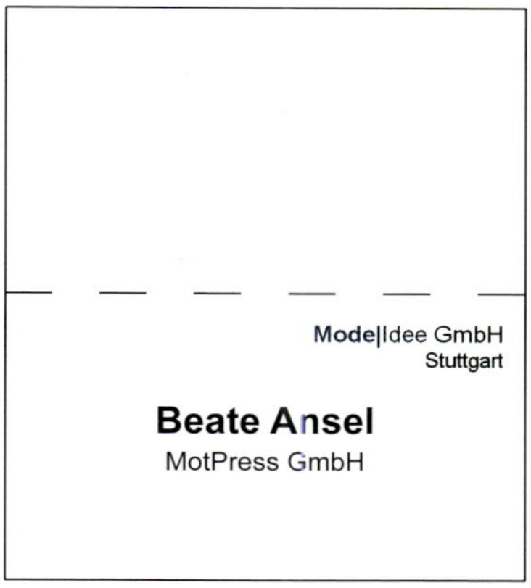


## 5.10 Bausteinverarbeitung

*Arbeitsblatt 2*

Nicht immer ist ein Brief mit den eingefügten Variablen für viele Empfänger brauchbar. Häufig wiederholen sich bestimmte Passagen (einzelne Sätze oder ganze Abschnitte), allerdings in unterschiedlichen Kombinationen. Vergleicht man den **Serienbrief** mit einem Fertighaus, an dem nur wenige Details individuell bestimmt werden, entspräche das aus vorgefertigten Ziegelsteinen errichtete Haus einem **Bausteinbrief,** der aus abgespeicherten **Textteilen** zu einem **individuellen Ganzen** zusammengefügt wird.

Die **Textbausteine** werden – nach vorausgegangener Textanalyse – nach Sachgebieten (Antwort auf Bewerbungsschreiben, Angebote usw.) geordnet, abgespeichert und in einem Texthandbuch gesammelt. Im **Texthandbuch** werden die Textbausteine mit einem **Selektionsbegriff** und einem aussagefähigen **Kurztext** zusammengefasst. Sie sind in Teilgebiete (Betreff, Anrede, Einleitung usw.) gegliedert. Wird aus jedem Teilgebiet ein Satz ausgewählt, ist sichergestellt, dass der fertige Brief logisch aufgebaut und sachlich richtig ist.

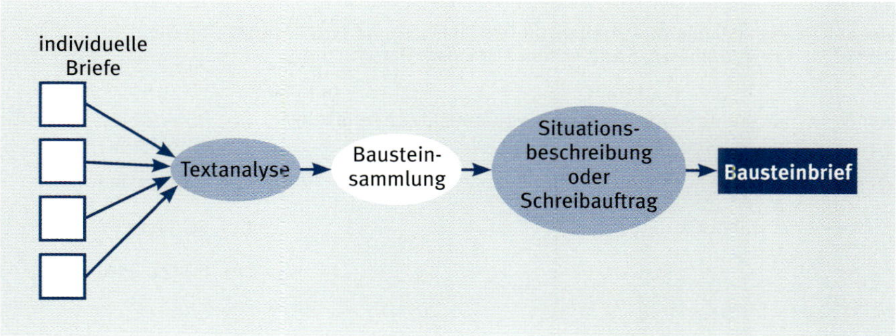

Das folgende Beispiel zeigt einen Auszug aus einem **Texthandbuch**. Die Stoppcodes für das Einfügen der Variablen sind in Klammern gesetzt. Die farbig gedruckten Textbausteine werden anhand des auf Seite 151 abgebildeten Schreibauftrags zu einem Bausteinbrief zusammengesetzt.

Im **konkreten Anwendungsfall** kann die Sachbearbeiterin bzw. der Sachbearbeiter die passenden Textbausteine aufrufen, die entsprechenden Variablen einfügen und den fertigen Bausteinbrief ausdrucken. Wird jedoch der Bausteinbrief vom Sachbearbeiter bzw. der Sachbearbeiterin nicht selbst geschrieben, füllen sie als Arbeitsanweisung für einen Mitarbeiter/eine Mitarbeiterin einen **Schreibauftrag** aus, in den sie die Anschrift, die Selektionsnummern und die einzufügenden Variablen eintragen.

BEISPIEL:

*Die Personalabteilung der Patenfirma der MODE CONNECTION GmbH hat folgende Bausteinsammlung zur rationellen Bearbeitung der Bewerbungen erstellt:*

5

| Personalabteilung | | |
|---|---|---|
| **Bewerbungen:** Antwort auf ein Stellengesuch; Einladung zum Vorstellungsgespräch | | |
| **Textbaustein** | **Nr.** | **Kurztext** |
| Ihre Bewerbung, | 1 | Betreff |
| Ihr Stellengesuch (Name der Zeitung) vom (Erscheinungsdatum), | 2 | Betreff „Anzeige“ |
| sehr geehrte Frau (Name), | 3 | Anrede weiblich |
| sehr geehrter Herr (Name), | 4 | Anrede männlich |
| zeigt Ihr Interesse an einer Mitarbeit in unserem Hause. Dafür danken wir Ihnen. | 5 | **Dank** für Bewerbung |
| zeigt Ihr Interesse an einer Mitarbeit in unserem Hause. Die uns zugesandten Bewerbungsunterlagen haben wir aufmerksam gelesen. | 6 | **Dank** für Unterlagen |
| gefällt uns. Sie könnten die richtige Mitarbeiterin sein für eine offene Stelle in der (Name)abteilung. Bitte senden Sie uns Ihre Bewerbungsunterlagen zu: Wir erwarten ein aktuelles Bild, einen tabellarischen Lebenslauf und Kopien Ihrer Zeugnisse. | 7 | **Bezug** Anzeige weiblich |
| gefällt uns. Sie könnten der richtige Mitarbeiter sein für eine offene Stelle in der (Name)abteilung. Bitte senden Sie uns Ihre Bewerbungsunterlagen zu: Wir erwarten ein aktuelles Bild, einen tabellarischen Lebenslauf und Kopien Ihrer Zeugnisse. | 8 | **Bezug** Anzeige männlich |
| Gern geben wir Ihnen Gelegenheit, sich bei uns vorzustellen, um Sie über uns und Ihre Mitarbeit in unserem Unternehmen zu informieren. Bitte rufen Sie uns an, damit wir einen Gesprächstermin vereinbaren können. | 9 | **Vorstellung** Bitte um Anruf |
| Gern geben wir Ihnen Gelegenheit, sich bei uns vorzustellen, um Sie über uns und Ihre Mitarbeit in unserem Unternehmen zu informieren. Passt es Ihnen am (Tag, Datum), um (Uhrzeit) Uhr? | 10 | Termin |
| Zur Vervollständigung Ihrer Bewerbungsunterlagen benötigen wir (fehlende Unterlagen). | 11 | Unterlagen anfordern |
| Wir freuen uns, bald von Ihnen zu hören. | 12 | **Schlusssatz** |
| Wir freuen uns, Sie persönlich kennenzulernen. | 13 | **Schlusssatz** |
| Freundliche Grüße<br>Mode I Idee GmbH | 14 | Briefschluss |

Die folgende Abbildung zeigt einen Schreibauftrag für das auf Seite 150 abgebildete Texthandbuchkapitel.

BEISPIEL:

**Mode|Idee GmbH**
Stuttgart

**Schreibauftrag**

| | |
|---|---|
| Vorlage: | Beust.dot |
| Anschrift: | Herrn<br>Matthias Hauser<br>In den Winkelwiesen 15<br>61476 Kronberg |
| Ihr Zeichen: | |
| Ihre Nachricht vom: | 15. Oktober 20.. |
| Unser Zeichen: | hei |
| Unsere Nachricht vom: | |
| Durchwahl: | 549 |
| Bearbeiter: | Andrea Heil |
| Datum: | 28. Oktober 20.. |

| Textbaustein | Einfügen |
|---|---|
| 1 | |
| 4 | Hauser |
| 6 | |
| 10 | Mittwoch, 13. November 20.. 15:00 Uhr |
| 13 | |
| 14 | Andrea Heil |

5

Der folgende Bausteinbrief wurde nach dem oben dargestellten Schreibauftrag geschrieben. Bei den schattierten Textteilen handelt es sich um die laut Schreibauftrag einzufügenden Variablen (siehe Seite 151).

BEISPIEL:

**Mode|Idee GmbH**
Stuttgart

Mode | Idee GmbH – Postfach 2 10 15 – 70173 Stuttgart

Herrn
Matthias Hauser
In den Winkelwiesen 15
61476 Kronberg

Ihr Zeichen:
Ihre Nachricht vom: 20..-10-15
Unser Zeichen: hei
Unsere Nachricht:

Name: Andrea Heil
Telefon: 0711 123-549
Telefax: 0711 123-550
E-Mail: andrea.heil@mode-idee.com

Datum: 20..-10-28

**Ihre Bewerbung**

sehr geehrter Herr Hauser,

zeigt Ihr Interesse an einer Mitarbeit in unserem Hause. Die uns zugesandten Bewerbungsunterlagen haben wir aufmerksam gelesen.

Gern geben wir Ihnen Gelegenheit, sich bei uns vorzustellen, um Sie über uns und Ihre Mitarbeit in unserem Unternehmen zu informieren. Passt es Ihnen

am Mittwoch, 13. November 20.., um 15:00 Uhr?

Wir freuen uns, Sie persönlich kennenzulernen.

Freundliche Grüße

Mode | Idee GmbH

Anddrea Heil

| | | | |
|---|---|---|---|
| **Mode \| Idee GmbH** | Telefon 0711 123-0 | Geschäftsführer: | Sitz Stuttgart |
| Calwer Straße 118 | Telefax 0711 123-10 | Marc Dahlmann | USt-IdNr. DE 4392929 |
| 70173 Stuttgart | E-Mail info@mode-idee.com | Kerstin Schröder | Amtsgericht Stuttgart |
| | Internet www.mode-idee.com | | HRB 11394 |

Bankverbindung: LBBW Bank Stuttgart – Konto-Nr. 1026949 – BLZ 600 501 01
IBAN DE20 6005 0101 0002 0561 93 – BIC SOLADEST600

**Beim Einsatz von Textbausteinen, Schema- und Serienbriefen ergeben sich folgende Vorteile:**

- Die Mitarbeiterinnen und Mitarbeiter werden vom wiederholten Formulieren, Diktieren und Schreiben von Texten entlastet.
- Die Texte sind stilistisch, sachlich und juristisch einwandfrei formuliert und stehen bei Bedarf fehlerfrei geschrieben zur Verfügung.
- Durch das Einfügen der Variablen wird der Text inhaltlich auf den jeweiligen Anwendungsfall abgestimmt und wirkt trotzdem individuell.
- Die in einer Datenmaske abgespeicherten Daten können, je nach Anwendungsfall, selektiert, sortiert und in Briefe, Listen, Etiketten usw. automatisch eingemischt werden.

- In bestimmten Anwendungsfällen können Briefe, die aus Textbausteinen zusammengesetzt werden, eine auf den jeweiligen Empfänger bezogene individuelle Formulierung enthalten.
- Gespeicherte Texte können lange Zeit verwendet werden. Durch Änderungen und Ergänzungen wird der Stil der Korrespondenz ständig verbessert und der Inhalt aktualisiert.

## Zusammenfassung

1 Geschäftspapiere müssen die vorgeschriebenen **Geschäftsangaben des Absenders** enthalten, wenn das Unternehmen im Handelsregister eingetragen ist.

2 Zu den **Geschäftsangaben** zählen die genaue Firmenbezeichnung, der Firmenname, die Bezeichnung der Rechtsform, der rechtliche Vertreter, der Ort der Handelsniederlassung, das Handelsregistergericht, die Handelsregisternummer (Wirtschafts-Identifikationsnummer) und die Umsatzsteuer-Identifikationsnummer.

3 Die vom Deutschen Institut für Normung e.V. (DIN) veröffentlichten DIN-Normen legen **Größe, Maße und Bezeichnungen** einheitlich fest.

4 Die für die geschäftliche Korrespondenz **wichtigsten DIN-Normen** sind:
- DIN 5008 Schreib- und Gestaltungsregeln für die Textverarbeitung,
- DIN 476 Papierendformate.

5 Briefpapiere, Vordrucke und Briefhüllen sind genormt (DIN 476). Die A-Reihe legt die Maße für Schreibpapiere fest. A0 ist das Ausgangsformat (1 $m^2$). Durch Halbieren der längeren Seite entsteht das nächstkleinere Format.

6 Die B- und C-Reihe sind Formatgrößen für Briefhüllen. Dabei gilt der Grundsatz: A passt in C, C passt in B.

7 Das **Corporate Design** prägt das visuelle Erscheinungsbild eines Unternehmens nach außen.

8 **Formulare** (Vordrucke) sind Papiere eines bestimmten Formats mit einem Aufdruck zur ergänzenden Beschriftung. Sie dienen der Vereinfachung und Beschleunigung der Korrespondenz, vor allem bei gleichartigen und häufig wiederkehrenden Vorgängen (z. B. Formulare der Banken und Post sowie von Versicherungen und Behörden).

9 Beim **Entwurf von Formularen** ist zu berücksichtigen:
- welche Daten
- in welcher Reihenfolge und
- auf welche Weise erfasst werden sollen.

Außerdem sollten folgende Kriterien beachtet werden:
- Papierformat,
- korrekte Zeilen- und Zeichenabstände,
- Größe und Beschriftung der Datenfelder,
- Leittext (Leitwörter) in die obere linke Ecke (OLE-Prinzip).

*Zusammenfassung*

10 Formulare (Vordrucke) können rationell mit leistungsfähigen Textprogrammen am PC erstellt und abgespeichert werden.

11 Vorlagen für Geschäftsbriefe, private Schreiben und im Betrieb verwendete Formulare enthalten alle gleichbleibenden Texte und Grafiken (Firmenlogo, Absenderangabe, Bezugszeichen, Leitwörter usw.). Bei Bedarf müssen sie nur aufgerufen, am Bildschirm ausgefüllt und anschließend auf neutralem Papier ausgedruckt werden.

12 Um den Schriftverkehr zu rationalisieren, können **Formulare, Kurzmitteilungen und Faxmitteilungen** eingesetzt werden.

13 Die wichtigsten Kommunikationsmittel im Büro sind **Geschäftsbrief, Faxmitteilung** und **E-Mail**.

14 Briefe oder andere Schriftstücke, die für einzelne Empfänger immer wieder benötigt werden, können als **Schemabriefe** mit Stoppcodes für die einzufügenden Variablen gespeichert werden. Die Variablen werden meist manuell eingefügt.

15 Für Briefe oder andere Schriftstücke, die für viele Empfänger oft nur einmal benötigt werden, wird eine Vorlage erstellt, in die die Variablen (meist Anschrift und Anrede) automatisch im **Seriendruck** eingemischt werden.

16 Für Briefe und andere Schriftstücke, die immer wieder benötigt werden, deren Textteile sich aber in der Abfolge ändern, werden **Textbausteine** erstellt und unter einem Selektionsbegriff gespeichert. Je nach Anwendungsfall werden die für einen Brief benötigten Textbausteine zu einem **Bausteinbrief** zusammengefügt. In die einzelnen Textbausteine können Stoppcodes eingesetzt und beim Aufrufen die Variablen eingefügt werden.

17 Textbausteine werden nach Sachgebieten geordnet und in einem **Texthandbuch** gesammelt.

18 Im Texthandbuch werden die Textbausteine mit einem **Selektionsbegriff** (meist eine Nummer) und einem **Kurztext** (erleichtert das Suchen der benötigten Bausteine) versehen.

19 Für das Erstellen von Serienbriefen und Bausteinbriefen wird häufig ein **Schreibauftrag** (Formular) ausgefüllt.

20 Beim Seriendruck werden die jeweils benötigten Daten aus der Datenquelle in das **Hauptdokument** (Serienbrief, Liste, Etiketten) automatisch eingemischt.

21 Die in einer Datenquelle gespeicherten **Daten** können **selektiert** oder **sortiert** und nach bestimmten **Bedingungen** (z. B. männlich oder weiblich) in Briefe oder andere Vorlagen eingemischt werden.

22 Durch das Einfügen von Variablen wirken Schema-, Serien- und Bausteinbriefe beim Empfänger wie **individuell** abgefasste Schreiben.

## Aufgaben

5

1 Die Übungsfirma MODE CONNECTION GmbH beabsichtigt, ihre Geschäftspapiere neu zu gestalten. Klären Sie, welche Geschäftsangaben die Geschäftspapiere enthalten müssen, und begründen Sie deren Notwendigkeit.

2 Was bedeutet die Bezeichnung DIN?

3 Welche Vorteile bringt die Normung?

4 Nennen Sie mindestens fünf Normen (DIN-Nummer und Bezeichnung), die bei der Büroarbeit beachtet werden müssen.

5 Wodurch unterscheidet sich bei Papierformaten die A-Reihe von der C- und B-Reihe?

6 Tragen Sie auf einem A4-Blatt die Formate A5, A6, A7 und A8 ein.

7 Wie viele A4-Blätter können aus dem Format A0 gewonnen werden?

8 Formulare vielfältigster Arten werden inner- und außerbetrieblich immer häufiger eingesetzt. Erklären Sie diese Entwicklung.

9 In Ihrer Übungsfirma werden seit einigen Jahren Vordrucke verwendet. Im Laufe der letzten Monate hat sich immer häufiger herausgestellt, dass längst nicht alle Vordrucke ihren Zweck erfüllen oder aus unterschiedlichen Gründen verbessert werden sollten.

Sie haben vom Übungsfirmenleiter die Aufgabe erhalten, alle verwendeten Firmenvordrucke auf ihre Zweckmäßigkeit und Verwendbarkeit hin durchzusehen. Nach welchen einzelnen Kriterien, die für die Gestaltung und Bewertung eines Vordrucks entscheidend sind, müssen Sie die Firmenvordrucke überprüfen?

10 Im Sekretariat der Übungsfirma MODE CONNECTION GmbH werden immer wieder Schriftstücke (z. B. Kataloge, Prospekte) an andere Übungsfirmen versandt, so z. B.

- Unterlagen, die dem Empfänger zur Kenntnisnahme übersandt werden,
- Unterlagen, die dem Empfänger zur Information übersandt werden, dann aber vom Verlag zurückerbeten werden,
- Unterlagen, die nach Kenntnisnahme an eine andere Stelle/Person weitergegeben werden sollen,
- Vordrucke, die ausgefüllt und unterschrieben werden müssen,
- Aufträge, die dem Empfänger zur Erledigung übersandt werden,
- Unterlagen, die eine Rücksprache erforderlich machen,
- Unterlagen, die vom Empfänger aufbewahrt werden sollen.

Entwerfen Sie einen geeigneten Kurzbrief im Format A4.

11 Frau Bold, Geschäftsführerin der MODE CONNECTION GmbH, hat heute aus Versehen bei der Auchter GmbH acht Bürodrehstühle bestellt. Sie widerruft die Bestellung per E-Mail und sicherheitshalber noch einmal per Fax. Wie sicher sind die Kommunikationsmittel E-Mail und Fax in diesem Fall?

*Aufgaben*

12 In Ihrer Übungsfirma müssen säumige Zahler oft angemahnt werden. Die Anschriften dieser Kunden, die Sie nur einmal benötigen, haben Sie nicht gespeichert. Den Text des Mahnbriefes können Sie jedoch immer wieder verwenden. Wie können Sie diesen Schriftverkehr rationalisieren?

13 Sie wollen Ihr neues Produkt in einem gleichlautenden Werbebrief allen Kunden vorstellen. Diese Kundenadressen haben Sie in einer Datenmaske gespeichert. Wie gehen Sie vor?

14 Worin unterscheiden sich Serienbriefe und Bausteinbriefe?

15 In Ihrer Übungsfirma werden zur Rationalisierung der Texterstellung **Schemabriefe, Serienbriefe, Textbausteine und Formulare** eingesetzt. Erläutern Sie kurz, was Sie unter den Begriffen verstehen.

*Öko-Tipps*



## Öko-Tipps

- Verwenden Sie für den repräsentativen Schriftwechsel weißes, chlorfrei gebleichtes Papier. Es wird zum größten Teil aus Schwach-, Bruch- und Restholz hergestellt.
- Für den innerbetrieblichen Schriftverkehr sollte ausschließlich das graue Recyclingpapier verwendet werden.
- Achten Sie beim Computerkauf auf sparsamen Stromverbrauch und schalten Sie den Computer nur ein, wenn Sie an ihm arbeiten.
- Sorgen Sie dafür, dass Räume, in denen Computer stehen, ausreichend be- und entlüftet werden.
- Vermeiden Sie durch den Einbau geeigneter Lüfter und den Kauf geräuscharmer Büromaschinen unnötigen Lärm am Arbeitsplatz.
- Verwenden Sie Flachbildschirme, da sie den höchsten ergonomischen Anforderungen entsprechen. Sie verursachen keine gesundheitsschädlichen Feldstrahlungen, benötigen weniger Platz und kommen mit weniger als der Hälfte des Stromes aus. Damit entlasten sie die Klimaanlagen durch reduzierten Wärmeausstoß.
- Schalten Sie nach Geschäftsschluss Computer, Bildschirme und Drucker aus.
- Durch den Einsatz einer geeigneten Steckdosenleiste können Sie per Kippschalter alle Stand-by-Funktionen zentral außer Betrieb setzen.
- Führen Sie E-Mail-Fax ein.
- Drucken Sie keine E-Mails aus.

*HOT*

## Gruppenpuzzle

### Methodenbeschreibung

Das Gruppenpuzzle ist eine besondere **Organisationsform** für eine Gruppenarbeit. In einer Lerngruppe werden Gruppen mit fünf bis acht Schülerinnen und Schülern gebildet, die sich mit dem gleichen Lernstoff befassen. Diese Gruppen heißen **Stammgruppen.** Der zu bewältigende Lernstoff in jeder Stammgruppe wird in voneinander unabhängige Teilgebiete aufgeteilt. Die Themen der Teilgebiete sind in jeder Stammgruppe identisch. Innerhalb der Stammgruppen werden **Experten** für die Teilgebiete bestimmt. Danach werden die Stammgruppen aufgelöst und **Expertengruppen** gebildet. Die Experten arbeiten innerhalb der vorgegebenen Zeit am gleichen Thema und kehren dann in ihre jeweilige Stammgruppe zurück. In jeder Stammgruppe berichten die Experten über die in der Expertengruppe erarbeiteten Ergebnisse. Die Ergebnisse werden in den jeweiligen Gruppen diskutiert, bearbeitet, zusammengefasst und präsentiert.

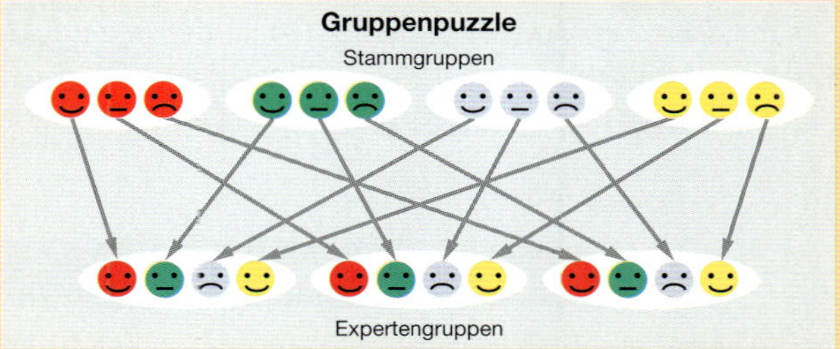




### Ablauf

1. Das Thema wird vorgestellt und die Zielangabe formuliert.
2. Die Lerngruppe wird in Stammgruppen aufgeteilt.
3. Innerhalb jeder Stammgruppe wird ein Experte für ein Teilgebiet bestimmt. Die Teilgebiete sind in jeder Stammgruppe gleich.
4. Die Stammgruppen werden aufgelöst und Expertengruppen gebildet.
5. Die einzelnen Lerninhalte werden innerhalb einer vereinbarten Zeit in den Expertengruppen erarbeitet.
6. Nach Ablauf der Zeit werden die Expertengruppen aufgelöst und die Experten kehren in ihre jeweiligen Stammgruppen zurück.
7. Die gewonnenen Erkenntnisse werden in den Stammgruppen zusammengefasst, beurteilt und präsentiert.

### Arbeitsauftrag

- *Bilden Sie in Ihrer Lerngruppe mehrere, möglichst gleich große Stammgruppen.*
- *Thema der Stammgruppen:* ***Rationalisierung der schriftlichen Kommunikation.***
- *Zielangabe: Die Abwicklung der schriftlichen Kommunikation soll in Ihrem Betrieb mit modernen Techniken rationalisiert werden. Suchen Sie nach Lösungsmöglichkeiten in folgenden Bereichen:*
  - *Diktiergeräte*
  - *Spracherkennungssysteme*
  - *Möglichkeiten mit einem Textverarbeitungsprogramm*
  - *Formulare*
- *Bilden Sie für jeden Bereich eine Expertengruppe und erarbeiten Sie Vorschläge.*
- *Lösen Sie die Expertengruppen auf und diskutieren Sie die gewonnenen Erkenntnisse in den jeweiligen Stammgruppen. Erstellen Sie eine Präsentation und begründen Sie den Einsatz der Rationalisierungsmaßnahmen.*

# 6 Informationen ordnen und verwalten

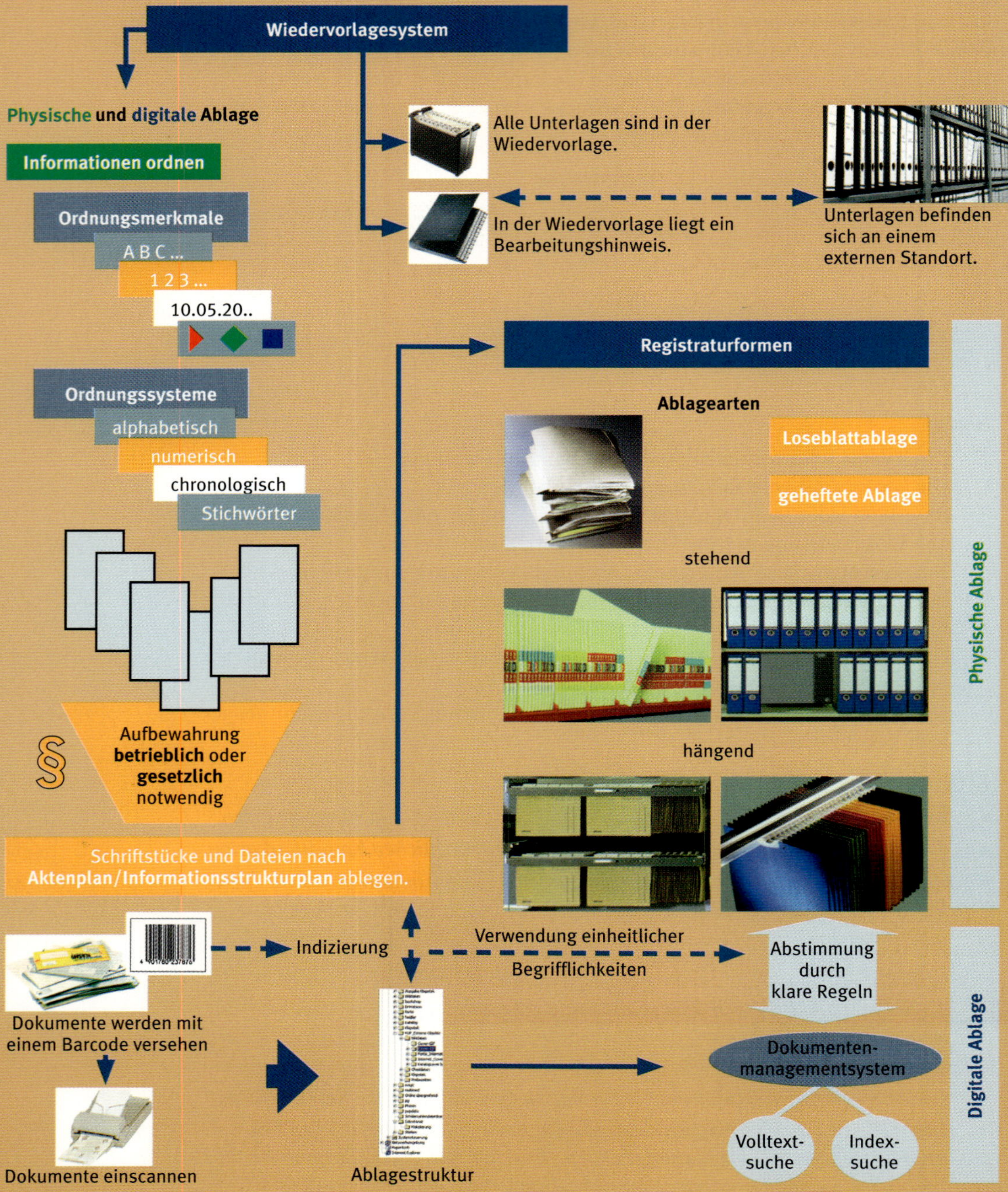


6

*Lernziele*

- Die Bedeutung einer gut organisierten Ablage erkennen.
- Ordnungssysteme zielgerichtet anwenden.
- Verschiedene Wiedervorlagesysteme kennen.
- Die Bedeutung eines Aktenplans erkennen.
- Die gesetzlichen Vorschriften für die Ablage beachten.
- Physische und elektronische Ablage gemeinsam verwalten.
- Ablagestandards entwickeln.
- Die vorhandene Ablage kontinuierlich verbessern.

*Fallbeispiel*

Susanne legt frustriert den Telefonhörer auf. Sie wurde von Stefanie Sommer ziemlich verärgert angerufen. Seit drei Wochen wartet Frau Sommer auf eine Antwort auf die Anfrage nach 40 Hemden und Damenblusen. Da sie nicht länger warten konnte, erteilte sie den Auftrag einem anderen Großhändler. Susanne kann sich nicht erklären, wie das passieren konnte, sie forscht nach.

Nach längerem Suchen schaut Susanne im Posteingangsbuch nach und stellt fest, dass ihre Mitschülerin, Lisa Krämer, die Anfrage angenommen hat. Lisa legte die Anfrage zu ihren Unterlagen, in denen nur sie sich auskennt. Ausgerechnet heute besucht Lisa ein Seminar und ist nicht erreichbar.

Susanne überlegt, wie sich eine solche Situation in Zukunft vermeiden lässt.



## 6.1 Informationen ordnen

„Wer sucht, der findet", heißt ein bekanntes Sprichwort. Auf den betrieblichen und behördlichen Alltag angewandt, sollte es besser heißen: „Wer richtig ordnet, findet schneller."

Je größer der Schriftgutanfall ist, umso wichtiger ist eine klare und übersichtliche Ordnung. Entscheidend für die Wahl der geeignetsten Ordnungsweise ist die Art der zu ordnenden Schriftstücke. Man unterscheidet zwischen **personen- oder firmenbezogenen** Unterlagen (Geschäftsbriefe, Rechnungen, Lieferscheine usw.) und innerbetrieblichen Vorgängen, die **sachbezogen** sind (Statistiken, Kalkulationsunterlagen usw.). Die Wahl des zweckmäßigen Ordnungssystems hängt u. a. von folgenden Überlegungen ab:

- Unterlagen müssen schnell wiederzufinden sein.
- Das Ordnungssystem muss möglichst einfach und logisch sein.
- Terminkennzeichnungen sollten einfach anzubringen sein.

**Die bekanntesten Ordnungsmerkmale sind:**

- Buchstaben (Namen, Sachen),
- Ziffern,
- Zeit (Datum),
- Farben und Symbole.

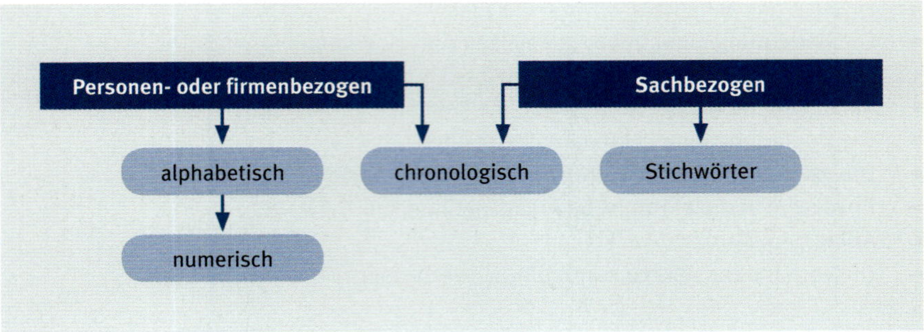


Aufgrund dieser Ordnungsmerkmale kann man Unterlagen nach folgenden Ordnungssystemen ordnen:

- alphabetisch,
- numerisch,
- alphanumerisch,
- chronologisch (Zeit),
- sachlich (Stichwörter, Aktenplan).

## 6.1.1 Alphabetische Ordnung

*Arbeitsblatt 1 Informationen ordnen I*

Die Regeln für die alphabetische Ordnung sind in der DIN 5007, DIN 5007-1 und DIN 5007-2 „Ordnen von Schriftzeichenfolgen – Allgemeine Regeln für die Aufbereitung (ABC-Regeln)“ festgelegt.

Der Anwender hat immer wieder Schwierigkeiten sich zurechtzufinden, da nicht alle Möglichkeiten behandelt werden können. Dazu ist in der DIN vermerkt:

> „Diese Norm enthält Festlegungen für die Ansetzung und Ordnung von Namen. Sie sollen einen **allgemeinen Orientierungsrahmen** bilden, der jedoch nicht alle möglichen Sonderfälle abdeckt.“

Sonderfälle müssen in Anlehnung an die DIN **individuell angepasst** werden.

Der alphabetischen Ordnung begegnet man in Registraturen, in Adress- und Fernsprechbüchern, im Duden und in Lexika. Ihre einheitliche Anwendung spart beim Suchen, Einordnen, Nachschlagen und Wiederfinden von Namen Zeit. Im Hinblick auf die Raumaufteilung ist zu berücksichtigen, dass die Anfangsbuchstaben von Namen unterschiedlich oft vorkommen („B“ beispielsweise ist zehnmal häufiger als „O“).

**Die alphabetische Ordnung bietet folgende Vorteile:**

- Das Schriftgut braucht vor dem Ablegen nicht extra ausgezeichnet zu werden.
- Der Zugriff ist direkt nach dem Alphabet möglich.

Nachteilig beim alphabetischen Ordnen sind die etwas komplizierten Regeln für das Einordnen von Umlauten, Abkürzungen und häufig vorkommenden gleichen Namen (Müller, Mayer usw.). Außerdem verlangt dieses Ordnungssystem ein konzentriertes Arbeiten.

### 6.1.1.1 Ordnen von Namen natürlicher Personen

- **Regeln für die Buchstabenfolge**

> - Die Buchstabenfolge ist die des ABC. Für die Einordnung eines Namens ist zunächst der Anfangsbuchstabe maßgebend.
> - Beginnen mehrere Namen mit dem gleichen Buchstaben, so muss nach dem zweiten, dritten usw. Buchstaben geordnet werden.
>
> **!**

BEISPIELE:

| | | | | |
|---|---|---|---|---|
| **Ab**ele | **B**achmann | **G**anzer | **H**uber | **K**eller |
| **Ad**elmann | Bender | Gerber | Iller | Kelter |
| **An**ders | Berger | Gester | Illter | Keltir |
| **Au**gustin | Berter | **H**erber | Illwer | Kelzer |

> - Bei der Ordnung von Umlauten ist die Rückführung **auf den Grundbuchstaben** (ä = a; ö = o; ü = u) als **allgemeine Regel** anzuwenden. Die Auflösung der Umlaute (ae, oe und ue) ist nur noch in **Ausnahmefällen** vertretbar.
> - **ch, ck, sch, sp, st** sind zwei bzw. drei Buchstaben, **ß** wird wie **ss** eingeordnet.
>
> **!**

BEISPIELE:

| | | | |
|---|---|---|---|
| Bach, Michael | Biber, Oliver | Böttner, Anita | Bruck, **W**alter |
| Bäcker, Edeltraud | Blaser, Andrea | Breske, Simone | Bruckner, **Ma**rc |
| Bader, Cornelia | Boban, Norbert | Bressner, Ralf | Brückner, **Ma**tthias |
| Baganz, Erika | Bodmann, Tim | Breßner, Ruth | Brückner, **N**orbert |
| Bäse, Gerd | Boff, Roman | Breuer, Evi | Bruder, Tobias |
| Beer, Anita | Boger, Barbara | Brück, **C**aroline | Brugger, Maria |

> - In Registraturen können Namen, die mit **sch** und **st** beginnen, eine eigene Ordnungsgruppe bilden. Sie werden dann hinter den Namen mit **s** eingeordnet.
>
> **!**

BEISPIELE:

| | | |
|---|---|---|
| **S**auters | **Sch**aber | **St**adler |
| **S**iemenes | **Sch**midd | **St**ehle |
| **S**ommer | **Sch**oll | **St**robel |
| **S**peidel | **Sch**ubert | **St**uck |

- **Regeln für das Ordnen von Personennamen**

> - Der Familienname ist das erste, der Vorname das zweite Ordnungswort.
> - Reicht das nicht aus, können weitere Ordnungsmerkmale (Ort, Straße, Beruf) verwendet werden.
> - „Gebrüder" und „Geschwister" werden wie Vornamen behandelt.
> - Abgekürzte Vornamen gelten als selbstständige Wörter.
>
> **!**

BEISPIELE:

| | |
|---|---|
| Krause | Krause, **Ge**rtrud |
| Krause, **B**rigitte | Krause, **Ges**chw. |
| Krause, **F.** | Krause, **H.** |
| Krause, **F**ranz | Krause, **Ha**ns |
| Krause, **Gebr.** | Krause, Hans **U**lrich |

*Arbeitsblatt 2 Informationen ordnen II*

!

- **Namenszusätze** wie **Mc, Mac, de, d', Le, La, Ben, O' usw.** werden **im Allgemeinen nicht** als Ordnungswort behandelt. Sie werden nach dem Vornamen angegeben. Sind sie jedoch mit dem Familiennamen **verschmolzen** oder stehen sie innerhalb eines mehrteiligen Familiennamens, werden sie mit dem Familiennamen geordnet.

BEISPIELE:

| | | |
|---|---|---|
| Anny **O'**Neill | wird eingeordnet unter: | **O'**Neill, Anny |
| Robert **De** Niro | wird eingeordnet unter: | **De** Niro, Robert |
| Thomas **De** Quincey | wird eingeordnet unter: | **De** Quincey, Thomas |

!

- Vorsatzwörter wie **von, der, de, da, de la** usw. werden beim Einrichten nicht berücksichtigt.

BEISPIELE:

| | | |
|---|---|---|
| Emilio **da** Costa | wird eingeordnet unter: | Costa, Emilio **da** |
| Max **von** Bergen | wird eingeordnet unter: | Bergen, Max **von** |

6

!

- Zusammengesetzte Familiennamen folgen auf einfache Namen; akademische Grade, Adelsbezeichnungen bleiben unberücksichtigt.

BEISPIELE:

*Arbeitsblatt 3*
*Informationen ordnen III*

| | |
|---|---|
| **B**ergen, Max von | **M**üller, **W**erner, Dr. |
| **C**osta, Emilio da | **M**üller-Klaus, Elly |
| **D**e Niro, Robert | **M**üller-**S**chmidt, Anna |
| **D**e Quincey, Thomas | **M**üller-**U**fer, Jasmin |
| **M**ayer, Doris | **O'**Neill, Anny |
| **M**üller, Hans | **S**teuben-Magnis, Johann |
| **M**üller, Sonja van | **S**teu**e**r, Hildegard |
| **M**üller, **W**alter, Prof. | |

### 6.1.1.2 Ordnen von Namen juristischer Personen und Institutionen

- **Regeln zum Einordnen von Behörden, Firmen und Vereinen**

!

- Verhältniswörter **(im, zum, für)**, Bindewörter **(und, &)** und Artikel **(der, die, das)** bleiben unberücksichtigt; am Anfang stehende Verhältniswörter werden immer berücksichtigt **(Am, Zum, Für usw.).**
- Durch Bindestrich verbundene Teile eines zusammengesetzten Wortes werden wie selbstständige Ordnungswörter behandelt.
- Feststehende Abkürzungen werden wie ein Wort behandelt.
- Vornamen in Firmennamen in Verbindung mit der Branchenbezeichnung sind ein Eigenname (z. B. wird „Friedrich-Schiller-Theater" unter „F" eingeordnet).

BEISPIELE:

| | |
|---|---|
| **A**lbert-Schweitzer-Heim<br>**D**AG<br>**K**onrad-Adenauer-Stiftung<br>**M**aschinen- und Apparatefabrik | **M**üller & Schulz<br>**V**erband für das Buchdruckergewerbe<br>Verband für **S**teuerwesen<br>**Z**ur Krone |

**Regeln beim gemeinsamen Einordnen der Namen von Personen, Behörden, Betrieben usw.**

- Das erste Wort übernimmt die Ordnungsfunktion.
- Ist das erste Ordnungswort gleich, erhält das zweite oder dritte Wort die Ordnungsfunktion.

**!**

BEISPIELE:

| | | |
|---|---|---|
| **B**ayer<br>**B**ayerische **M**otorenwerke<br>Bayerische **T**reuhand<br>**D**ehlert | Dehlert, **A.**<br>Dehlert, **A**rthur<br>Dehlert & **C**o.<br>**M**annheimer, Franz | Mannheimer **T**ransport-Gesellschaft<br>Mannheimer Transport-**S**tation |



## 6.1.1.3 Ordnen von Orts- und Staatennamen

- **Regeln beim Ordnen nach geografischen Namensbegriffen**

- Einzelne Namensbestandteile gelten als ein Wort (Artikel, Verhältnis- und Eigenschaftswörter, die getrennt von Ortsnamen stehen, werden mit diesen zusammen als ein Wort behandelt).
- Vorsatzwörter wie **Bad, Burg, Dorf, Markt** usw. werden zum Namen gezogen und mit ihm als **ein** Wort aufgefasst.
- Gleichlautende Ortsnamen werden zur Bestimmung der genaueren Lage durch Zusätze unterschieden (z. B. Neustadt b. **C**oburg, Neustadt an der **D**onau) und nach der Buchstabenfolge ihrer Zusätze alphabetisch eingeordnet.
- Die den Ortsnamen nachfolgenden Bezeichnungen Kr. (Kreis), Bz. (Bezirk) bleiben bei der Einordnung unberücksichtigt.
- Bei Orten und Staaten wird die in Deutschland übliche Schreibweise verwendet.

**!**

BEISPIELE:

| | | | |
|---|---|---|---|
| **Back**nang<br>**Bad** Abbach<br>**Bad Abt**enau<br>**Bad O**rb | **Bad P**eterstal<br>**Bad S**achsa<br>Buch am Erlbach<br>Buch am **F**orst | **Burg A**dendorf<br>**Burgd**orf<br>**Burgh**eim<br>Neustadt b. **C**oburg | Neustadt a. d. **D**onau<br>Neustadt (Kr. **M**arburg)<br>Neu**w**ied<br>Neuwied-**G**ladbach |
| Napoli = **Neapel** | Nice = **Nizza** | France = **Frankreich** | España = **Spanien** |

*Arbeitsblatt 4 Informationen ordnen IV*

## 6.1.2 Numerische Ordnung

Die numerische Ordnung ist wichtig, weil viele Belege mithilfe von EDV erstellt werden. Solche Vorgänge werden bei dieser Ordnungsweise einfach mit einer Nummer (Kunden-Nr., Personal-Nr., Versicherungs-Nr., Konto-Nr., Aktennummer, Auftrags-Nr. usw.) versehen und nach dieser geordnet.

**Vorteile:**

- Die Ordnung nach fortlaufenden Nummern ist die sicherste Ordnung.
- Die Ordnungsweise ist einfach und logisch.
- Nach Ziffern kann schnell sortiert und geordnet werden.
- Besonders geeignet für Schriftstücke, die bereits eine Nummer haben.

**Nachteile:**

- Die Kennzeichnung durch eine Nummer ist im Allgemeinen anonym.
- Die Ordnungsweise setzt ein Suchverzeichnis (Index) voraus.

6

### 6.1.2.1 Fortlaufende Nummerierung

Man unterscheidet Nummernverzeichnisse und Suchverzeichnisse. Das Suchverzeichnis erleichtert das Auffinden der Schriftstücke.

BEISPIELE:

| Nummernverzeichnis | | Suchverzeichnis | |
|---|---|---|---|
| 3401 – Zander | 3405 – Keller | **Abel – 3404** | Baader – 2701 |
| 3402 – Berger | **3406 – Bader** | Arber – 3402 | **Bader – 3406** |
| 3403 – Halber | 3407 – Zeller | Astor – 1604 | Birner – 2804 |
| **3404 – Abel** | 3408 – Rothe | Attig – 1424 | Borge – 1084 |

Bei der Nummerierung unterscheidet man zwischen **sprechenden** und **nicht sprechenden Nummern.**

BEISPIELE:

| | |
|---|---|
| **Sprechende Nummer zur Klassifizierung** | = 3.108.03 |
| Warengruppe | = 3 |
| Artikelnummer | = 108 |
| Herstellungsmonat | = 03 |
| **Sprechende Nummer bei Vorwahlnummern (Telefon)** | = 07543 |
| Vorwahlnummer | = 07 |
| Stuttgart | = 075 |
| Ravensburg | = 0754 |
| Friedrichshafen | = 07543 |
| Langenargen | |
| **Nicht sprechende Nummern** | = 1–600 fortlaufend |

### 6.1.2.2 Dekadische Ordnung

Die dekadische Ordnung benutzt die **Zehnerstaffel** (Zehnergruppe = Dekade). Die Unterlagen werden nach den fortlaufenden Ziffernreihen 0–9 eingeteilt. Man beschränkt sich auf das Ordnen von Gruppen mit nicht mehr als zehn Einteilungspunkten. Zunächst wird das gesamte zu ordnende Schriftgut in **zehn Klassen** (0–9) gegliedert. Jede Klasse kann wieder in **zehn Hauptgruppen** (z. B. 20–29) untergliedert werden. Falls erforderlich, kann dann jede Hauptgruppe in **zehn Gruppen** (z. B. 210–219) und jede Gruppe in **zehn Untergruppen** (z. B. 2 180–2 189) aufgeteilt werden. Die Nummern können mit oder ohne Punkt geschrieben werden (z. B. 2185 oder 2.1.8.5).

Je kleiner der Umfang einer Ablage ist, desto früher wird man mit der Untergliederung aufhören. Häufig genügt eine zwei- oder dreistellige Ordnung. Das dekadische System erlaubt so eine klare, systematische Gliederung mit einheitlicher Klassifikation.

Neben dem dekadischen Ordnungssystem gibt es noch ein **halbdekadisches System.** Es unterscheidet sich vom dekadischen Ordnungssystem darin, dass die Nummerierung der Gruppe und der Untergruppe über die Zehnerstaffel hinausgehen kann.

BEISPIEL:

*Wenn Unterlagen aus dem Unterricht des Faches „Büroorganisation“ bzw. „Büropraxis“ dekadisch gegliedert werden sollen, könnte man zunächst folgende zehn Klassen bilden:*

| | |
|---|---|
| *0* | *Postbearbeitung* |
| *1* | *Diktieren* |
| *2* | *Vervielfältigen* |
| *3* | *Registratur* |
| *4* | *Mikrofilm* |
| *5* | *Ordnungssysteme* |
| *6* | *Telekommunikation* |
| *7* | *Terminplanung* |
| *8* | *Geschäftsreisen* |
| *9* | *Tagungen* |

*Die Klasse 3 (Registratur) kann dann beispielsweise in folgende Hauptgruppen unterteilt werden:*

| | |
|---|---|
| *30* | *Gesetzliche Grundlagen* |
| *31* | *Wertstufen* |
| *32* | *Schriftgutbehälter* |
| *33* | *Ablageart* |
| *34* | *Registraturformen* |
| *35* | *Ablageort* |
| *36* | *…* |
| *37* | *…* |
| *38* | *…* |
| *39* | *Ablagekosten* |

*Die Hauptgruppe 34 (Registraturformen) lässt sich bei Bedarf in Gruppen gliedern:*

*340 Liegende Registratur*
*341 Stehende Registratur*
*342 Hängeregistratur*
.
.
.
*349 …*

*Ist eine weitere Untergliederung erforderlich, so kann z. B. die Gruppe 342 (Hängeregistratur) nochmals in Untergruppen gegliedert werden:*

*3420 Laterale Hängeregistratur (Pendelregistratur)*
*3421 Vertikale Hängeregistratur*
.
.
.
*3429 …*

6

- **Ordnung nach Endziffern**

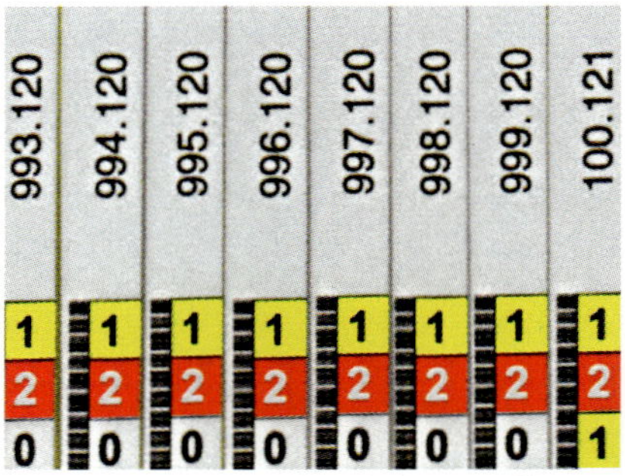


Ordnungsmerkmal sind die letzten drei Ziffern. Für die dreistellige Endziffern-Ordnung wird die Registratur in 1 000 gleich große Bereiche von 000 bis 999 unterteilt. Die Zuordnung der Akten erfolgt über den jeweiligen Ziffernbereich.

BEISPIEL:

*In den Bereich 120 gehören alle Akten, deren Ordnungsnummer mit der Ziffer 120 endet. Innerhalb der Endziffernbereiche wird wie üblich in aufsteigender Form geordnet.*

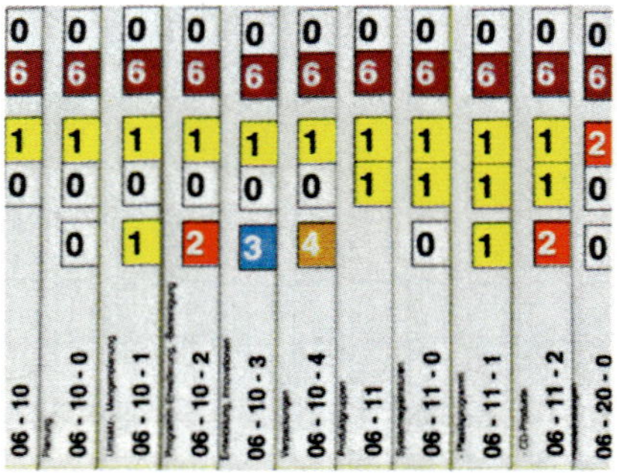

- **Ordnung nach Informationsstrukturplan/Aktenplan**

Ein Informationsstrukturplan ist ein Plan zur Ordnung von Schriftgut in **gedruckter und digitaler Form,** er wird in größeren sachbezogenen Ablagen angewendet. Damit ist der einheitliche Rahmen für die dekadische Ordnung gewährleistet (siehe Seite 177: Aktenplan).

### 6.1.3 Alphanumerische Ordnung

Alphanumerische Ordnung ist eine Kombination von **alphabetischer** und **numerischer** Ordnung. Dieses System macht sich die Erfahrung zunutze, dass sich Verbindungen von Buchstaben und Ziffern leichter behalten lassen als z.B. eine Gruppe von acht und mehr Ziffern. Beispiele für alphanumerische Ordnung sind unsere polizeilichen Kraftfahrzeugkennzeichen, Klassenbezeichnungen oder die Kalenderdaten.

BEISPIELE:

| | |
|---|---|
| HD – UM 839 | *Das Fahrzeug ist im Rhein-Neckar-Kreis (Heidelberg) zugelassen.* |
| *2 BF BT 1* | *Berufsfachschule für Bürotechnik, zweijährig, 1. Klasse* |
| *19. März 2011*<br>*3. Aug. 2011* | } *alphanumerische Schreibweise* |
| *2008-08-03* | *numerische Schreibweise* |

### 6.1.4 Chronologische Ordnung



Die chronologische (zeitliche) Ordnung erfasst Sachverhalte in ihrer zeitlichen Reihenfolge, z.B. nach Tagen, Monaten und Jahren. Rechnungen können beispielsweise zunächst nach dem Kundennamen alphabetisch abgelegt werden, während dann die Rechnungen desselben Kunden nach dem Rechnungsdatum geordnet sind. Die chronologische Ordnung ist vor allem dann zu empfehlen, wenn Termine (Fälligkeitsdaten) überwacht werden müssen.

**Die Reihenfolge der Heftung wird dabei unterschiedlich gewählt:**

*kaufmännische Heftung*

*Behördenheftung*

- Bei der **kaufmännischen Heftung** liegt das zuletzt erhaltene Schriftstück oben.
- Bei der **Behördenheftung** liegt das zuletzt erhaltene Schriftstück unten.

Die *kaufmännische Heftung* ist bei Massenschriftgut (Bestellungen, Rechnungen) üblich. *Behördenheftung* ist dagegen für Einzelakten (Personalakten, Prozessakten) geeignet.

## 6.1.5 Ordnen nach Stichwörtern

Sachbezogene Informationen werden oft nach Stichwörtern geordnet. Das Stichwort wird dem jeweiligen Sachverhalt entnommen und subjektiv gewählt. Das führt allerdings zu Problemen, wenn mehrere Personen mit diesem System arbeiten müssen. Aus diesem Grund wird diese Ordnung nur für kleinere, von einem Benutzer geführte Ablagen empfohlen.

## 6.1.6 Ordnen nach Farben und Symbolen

Farben dienen als zusätzliche Ordnungsmittel, die eine bestehende Ordnung sinnvoll ergänzen. Verschiedenfarbige Vordrucke erleichtern später das Sortieren dieser Schriftstücke.



BEISPIEL:

*Rechnungskopien* = *Gelb*
*Lieferscheinkopien* = *Blau*
*Mahnkopien* = *Rot*

Bei Schriftgutbehältern erleichtern Farben das richtige Abstellen in der Gruppe. Zu viele Farben und grelle Farbtöne sollte man vermeiden; sie wirken eher unübersichtlich.

**Symbole** (**Piktogramme, Icons**) werden z. B. auf Plantafeln für die Terminplanung (Urlaub, Zimmerbelegung), bei Telefonen für bestimmte Leistungsmerkmale oder bei Programmen mit menügesteuerten Benutzeroberflächen verwendet.

BEISPIELE:

| Symbole für Leistungsmerkmale | | |
|---|---|---|
| Wahlwiederholung | Kurzwahl | Elektronischer Tonruf |
| **Icons bei Word für Windows** | | |
| Neue Datei | Datei öffnen | Datei speichern |

Wenn der Informationsanfall in einem Betrieb sehr umfangreich ist, muss das Ordnen der Unterlagen mit System verwaltet werden. Es empfiehlt sich dann, für die Mitarbeiter einen **Ablageplan** zu erstellen, der die Zuständigkeit für die Ablage und die Ablageregeln festhält. Der Ablageplan kann außerdem durch einen **Schriftgut-**

**katalog** ergänzt werden. In ihm werden alle in diesem Betrieb anfallenden **Belegarten** und deren **Aufbewahrungsfristen** aufgelistet.

**Übersicht über die Ordnungssysteme**

| Ordnungsmerkmale | | | |
|---|---|---|---|
| **Buchstaben: Alphabetische Ordnung** | **Ziffern: Numerische Ordnung** | **Zeit/Daten: Chronologische Ordnung** | **Farben/Symbole: Ordnung durch:** |
| • Namensalphabetische Ordnung<br>• Ortsalphabetische Ordnung | • Ordnen nach fortlaufenden Nummern<br>• Dekadische Ordnung<br>• Aktenplan | Zeitliche Einordnung, z. B.:<br>2011-01-01<br>2011-12-31 | • Farben, z. B.:<br>Gelb = Rechnungskopie<br>Blau = Lieferscheinkopie<br>Rot = Mahnkopie<br>• Symbole, z. B.: Wahlwiederholung beim Telefon |

*Zusammenfassung*



1 Für **Ordnungssysteme** stehen Buchstaben, Ziffern, die Zeitfolge, Farben und Symbole zur Verfügung.

2 Die **alphabetische Ordnung** bezieht ihre Regeln aus DIN 5007 und DIN 5007-2.

3 Man unterscheidet:
- Namen natürlicher Personen,
- Namen juristischer Personen und Institutionen,
- Namen von Orten und Staaten.

4 Die **numerische Ordnung** gliedert sich in die fortlaufende Nummerierung und in die dekadische Ordnung.

5 Das **dekadische System** erlaubt eine klare übersichtliche Gliederung mit einheitlicher Klassifikation. Wegen ihrer Systematik wird die dekadische Ordnung auch für die Gliederung von **Aktenplänen** verwendet.

6 Eine Verbindung von Buchstaben und Ziffern ergibt die **alphanumerische Ordnung,** deren bekannteste Anwendung die polizeilichen Kennzeichen der Kraftfahrzeuge sind.

7 Die **chronologische Ordnung** wendet in der Registratur Tage, Wochen und Monate als Ordnungsfaktoren an; es gibt die kaufmännische Heftung und die Behördenheftung.

8 Das Ordnen nach **Stichworten** empfiehlt sich z. B. im privaten Bereich, wenn weniger umfangreiche Unterlagen nach **sachlichen** Gesichtspunkten geordnet werden sollen.

9 **Farben und Symbole (Piktogramme, Icons)** dienen als zusätzliche Ordnungsmittel.

**Aufgaben**

6

1 Welche Normblätter sind beim alphabetischen Ordnen zu beachten?

2 Welche Merkmale (Ordnungspunkte) bieten sich als Ordnungsfaktoren für Ordnungssysteme an?

3 Unterscheiden Sie drei Formen der alphabetischen Ordnung.

4 Bei einer umfangreichen Registratur haben Sie viermal den Namen „Müller, Karl". Wie ordnen Sie Nachnamen mit dem gleichen Vornamen?

5 Ordnen Sie nach DIN 5007 alphabetisch:
Deutscher & Co.; Karl Deutsch; Deutscher & Ackermann; Maria Deutscher-Bauer; Deutsche Gesellschaft für wirtschaftliche Zusammenarbeit; Deutsches Wirtschaftsinstitut; Rolf Deutschermann; S. Deutscher; Deutsche Gesellschaft für Unternehmensforschung.

6 Ordnen Sie folgende Namen und Firmenbezeichnungen nach den ABC-Regeln der DIN 5007:

| | |
|---|---|
| Mannheimer Versicherung | Madjar Georg |
| Maschinenfabrik & Autoteile KG | Mayr Max |
| Macher Erika | Maier Kurt |
| Maschinen- und Gerätebau | Maas Hans |
| Mattes Werner | Mäurer Erich |
| Maschinenfabrik Berger | Manfred-Mager-Stiftung |
| Maaß Anton | Mayer Peter |
| Maschimplex GmbH | Maier S. |
| Mader Kurt | Mannheimer Zeitung |
| Matthes Bruno | Mager Franz |
| Maier-Kobler Bernd | Mack Werner |
| Maier Kurt-Hermann | Maschinenfabrik A. Schneider |
| Maile Fritz | Mäder Anny |

7 Wie behandeln Sie in der ortsalphabetischen Ordnung Vorsatzwörter wie Burg, Bad, Markt?

8 Wie ordnen Sie folgende in ausländischer Schreibweise geschriebenen Städtenamen ein?
- Firence
- Lisboa
- Athenai
- Bruxelles
- Warszawa

9 Worin sehen Sie die Vorteile der numerischen Ordnung?

10 Wie erleichtert man sich das Auffinden eines Begriffes in der numerischen Ordnung?

11 Was versteht man unter sprechenden und nicht sprechenden Nummern? Geben Sie Beispiele.

12 Gliedern Sie folgende Begriffe nach dem dekadischen System. Die Einteilung der Hauptgruppen ist wie folgt vorzunehmen:

**Aufgaben**

| 1 Postbearbeitung | 2 Ordnungssysteme |
|---|---|
| Frankiermaschine | Paket |
| Chronologische Ordnung | Aktenplan |
| Brieföffner | Standardbrief |
| Dekadische Ordnung | Sendungsarten |
| Postausgang | Postwurfsendung |
| Numerische Ordnung | Ordnen nach Stichwörtern |
| Posteingang | Adressiermaschine |
| Eingangsstempel | Kompaktbrief |
| Infopost | Briefe |
| Alphabetische Ordnung | Fortlaufende Nummerierung |
| Päckchen | Kuvertiermaschine |

13 In Firmen und vor allem Behörden wird nach einem Aktenplan geordnet.
a) Wann ist der Einsatz eines Aktenplans sinnvoll?
b) Welche Vorteile sehen Sie bei der Verwendung eines Aktenplans?

14 Wo treten uns täglich Beispiele der Anwendung der alphanumerischen Ordnung entgegen?

15 Erklären Sie die Unterschiede zwischen kaufmännischer Heftung und Behördenheftung.

16 Nennen Sie Beispiele für eine sinnvolle Anwendung
a) von Farben, b) von Symbolen als Ordnungsfaktor.

17 Was verstehen Sie unter chronologischer Ordnung? Nennen Sie Beispiele.

18 Sie sollen Eingangsrechnungen ordnen. Welche Ordnungssysteme kämen infrage?

19 Nach welchem Ordnungssystem ist das Inhaltsverzeichnis dieses Buches geordnet?

20 Ordnen Sie die folgenden Städte, Länder und Kontinente
a) alphabetisch, b) dekadisch, c) sachlich.
Frankreich, Genf, Sao Paulo, Rom, Europa, Spanien, Paris, San Francisco, Wien, Schweiz, Nizza, Bern, Rio de Janeiro, Argentinien, Zürich, Amerika, Genua, Österreich, New York, Buenos Aires, Marseille, Brasilien, Salzburg, Italien, Madrid, Los Angeles, Neapel, Innsbruck, Barcelona, USA.

## 6.2 Registratur

Die Registratur (Schriftgutablage) dient der geordneten Aufbewahrung der täglich anfallenden Schriftstücke, die für inner- und außerbetriebliche Vorgänge benötigt werden.

Eine schlecht organisierte Ablage bedeutet, dass sich „Aktenberge" irgendwo stapeln und niemand weiß, wo was liegt.

### 6.2.1 Arbeitsplatzorganisation

Eine gute Ablageorganisation beginnt bereits am Schreibtisch. Das scheinbar „geordnete Chaos“ führt in der Regel zur Unübersichtlichkeit.

**Deshalb sollten Sie einige Tipps beachten:**

- Vermeiden Sie eine Ansammlung von losen Blättern zu verschiedenen Vorgängen auf Ihrem Schreibtisch. Verwenden Sie für jeden Vorgang eine Sichthülle.
- Verwenden Sie eine **Wiedervorlagemappe** für Dokumente/Vorgänge, die Sie nicht sofort bearbeiten können oder müssen. Dokumente zu Vorgängen werden sofort dem entsprechenden Vorgang zugeordnet. Legen Sie dazu einen Vermerk in die Wiedervorlagemappe.
- Stapelkörbe und Stehsammler sollten in Blick- und Greifnähe aufgestellt werden.
- Haben Sie Mut zur leeren Schreibtischplatte und gestalten Sie Ihren Schreibtisch zum funktionalen Arbeitsplatz.
- Nehmen Sie sich täglich zehn Minuten Zeit für Ihre persönliche Arbeitsplatzorganisation.



**Q Tipp**

**Ablageschalen**

Jeder Mitarbeiter/jede Mitarbeiterin sollte auf dem Schreibtisch maximal ein bis zwei **Ablageschalen** haben. Weitere Ablageschalen sind nur dann sinnvoll, wenn sie **Teil eines Arbeitsprozesses** sind und nicht zur Ablage dienen. Die Beschriftung der Ablageschalen muss eindeutig sein.

### 6.2.2 Wiedervorlagesysteme

*Arbeitsblatt 5*
*Wir nutzen die Wiedervorlage*

Eine Wiedervorlage ist ein wesentlicher Bestandteil einer gut funktionierenden Ablage. Sie verhindert, dass sich die Unterlagen auf dem Schreibtisch stapeln oder in Ablagekästen verschwinden. Die erfolgreiche Nutzung erfordert jedoch Disziplin.

**Vorteile:**

- Was in der Wiedervorlage vorläufig abgelegt ist, wird nicht vergessen.
- Auf dem Schreibtisch befinden sich nur die Unterlagen und Vorgänge, die für den jeweiligen Tag terminiert sind.
- Vorgänge werden termingerecht bearbeitet.
- Auch bei Abwesenheit sind die Kolleginnen und Kollegen informiert.

## Ein Wiedervorlagesystem nutzen

| Nr. | Teilprozess | Hilfsmittel | Bemerkung |
|---|---|---|---|
| 1 | Posteingang am Arbeitsplatz | | |
| 2 | Dokumente ablegen? → **Bereichsablage** Dokument zum Vorgang  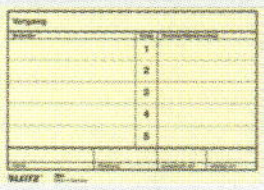 Bearbeitungshinweise terminieren / → **Wiedervorlage** Dokument mit Vorgang | | |
| 3 | 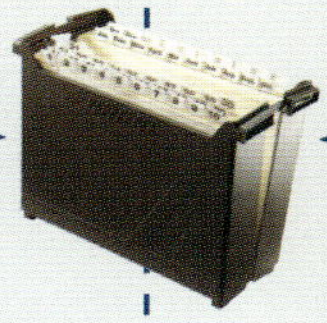 | Bearbeitungs-/Erinnerungsnotiz | |
| 4 | Schriftstücke/Vorgänge in die entsprechenden Tages- und Monatsmappen einordnen → Die aktuelle Tagesmappe steht vorne → Am Monatsletzten werden alle Dokumente für den folgenden Monat auf die einzelnen Tagesmappen verteilt | | |

| | Vorteil | Nachteil |
|---|---|---|
| **1. Methode**<br>Der Vorgang bzw. die Unterlagen befinden sich komplett in der Wiedervorlage. | Alle Unterlagen stehen sofort zur Verfügung. | Die Unterlagen befinden sich nicht an ihrem angestammten Platz und müssen – falls sie vorher gebraucht werden – in der Wiedervorlagemappe gesucht werden. |
| **2. Methode**<br>In der Wiedervorlage liegt ein Bearbeitungszettel, der über den Standort und die Bearbeitung der Unterlagen Auskunft gibt. | Die Unterlagen befinden sich an ihrem angestammten Platz. | Die Unterlagen müssen vor ihrer Bearbeitung aus der Ablage herausgesucht werden. |

## Organisationsmittel für eine Wiedervorlage

- **Wiedervorlagemappe**

Wiedervorlagemappen sind Pultordner mit einzelnen Fächern, die durchnummeriert sind. Die Mappen gibt es in verschiedenen Ausführungen.

**Mögliche Einteilung der Mappen:**

Tageswiedervorlage (Tage 1 bis 31)
Monatswiedervorlage (Januar bis Dezember)

Tipp: Es ist sinnvoll, eine Mappe **mit beiden Einteilungen** zu führen.

*platzsparend, unflexibel*

- **Hängeregistratur**

**Tages- und Monatswiedervorlage** für umfangreichere Unterlagen.

Tipp: Fassen Sie die Unterlagen zu einem Vorgang in einer **Klarsichthülle** zusammen.

*schnell, flexibel, platzintensiv*

- **Akteien**

Für die **Tages- und Monatswiedervorlage** wird jeweils eine **Box** angelegt.

Tipp: Vorgänge für die Wiedervorlage kommen in eine **„Aktionsmappe“**. Die Mappe wird in die entsprechende Box hinter die gewünschte **Leitkarte** (z. B. „März“ oder „30“) gestellt.

*platzsparend, sehr flexibel*

## Elektronische Wiedervorlage

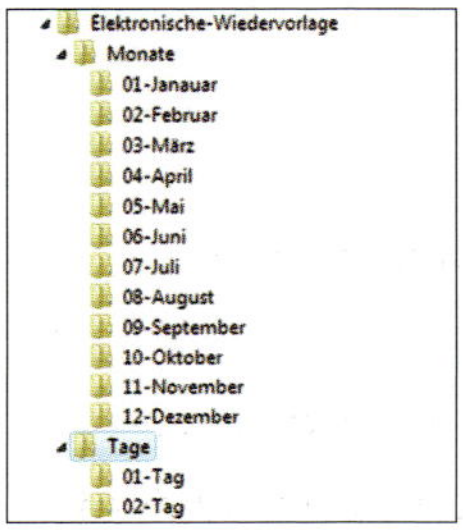


Das Prinzip der physischen Wiedervorlage lässt sich ganz leicht auf eine **elektronische Wiedervorlage** übertragen. Für jeden Monat und jeden Tag wird ein Ordner angelegt. Die anfallenden Dokumente/Vorgänge werden in die Ordner gezogen, die dem Bearbeitungsdatum entsprechen.

## 6.2.3 Aktenplan/Informationsstrukturplan

Es kommt immer wieder vor, dass in einem Unternehmen Schriftstücke unter **verschiedenen Begriffen** abgelegt und dann nicht wiedergefunden werden. Abhilfe schafft hier ein Aktenplan. Er gibt Auskunft darüber, wie die Akten benannt sind und wo sie sich befinden. Am Anfang muss eine Schriftgutanalyse erstellt werden, außerdem sind einheitliche Begriffe und eine sinnvolle Strukturierung zu wählen.

*www.classei.de*
*www.mappei.de*

Der **Informationsstrukturplan** schafft Ordnungsstrukturen, die sowohl im DMS (Dokumentenmanagementsystem) als auch in der konventionellen Schriftgutverwaltung gelten.

Ein Aktenplan empfiehlt sich vor allem dann, wenn **umfangreiche und sachbezogene Unterlagen** übersichtlich aufzubewahren sind. Wegen der Systematik kann beim Aktenplan die dekadische Ordnung angewandt werden.

Der Aktenplan und eine alphabetische Auflistung aller Ordnungsbegriffe müssen zur schnellen Information griffbereit am Arbeitsplatz zur Verfügung stehen. Damit ist ein gezielter und schneller Zugriff zu dem Schriftgutbehälter (Ordner, Mappe usw.) möglich, in dem sich die gesuchte Unterlage befindet oder ein Schriftstück abzulegen ist.

Allerdings sollte ein Aktenplan flexibel sein, um neu erscheinende Begriffe nachträglich aufnehmen zu können. Deshalb sollten möglichst viele Gruppen und Untergruppen freie Stellen enthalten. Auch darf der Aktenplan nicht zu detailliert gegliedert sein, damit er überschaubar und für die Mitarbeiter verständlich bleibt. Einen Universalaktenplan, der überall einsetzbar wäre, gibt es nicht. Aktenpläne sind unternehmenstypisch, d.h., sie müssen für jede Verwaltung neu erarbeitet werden.



**Aktenpläne**

- haben einen logischen Aufbau, der das Zuordnen und Wiederfinden erleichtert,
- sind flexibel, d.h., neue Begriffe können jederzeit eingegliedert werden,
- sparen Zeit und damit Geld, da ein schneller Zugriff garantiert ist.

### So erstellen Sie einen Aktenplan/Informationsstrukturplan

1. Analysieren Sie Ihre Ablage und erstellen Sie eine Liste der verwendeten **Ablagebegriffe**.
2. Strukturieren Sie die Begriffe und legen Sie **Bereiche** fest.
3. Bestimmen Sie die **Ober- und Unterbegriffe**.
4. Legen Sie für die einzelnen Bereiche jeweils **Aufbewahrungsarten** fest.
5. Ordnen Sie den Bereichen treffende **Farben** zu.
6. Bestimmen Sie den **Ort**, an dem die Unterlagen aufbewahrt werden sollen.
7. Erklären Sie den Ablageplan/Informationsstrukturplan für alle verbindlich.

**Tipp**

**Ablage**

- Nutzen Sie ein **einheitliches Ablagesystem**, damit wichtige Daten für alle zugänglich sind.
- Halten Sie Ihre **individuelle Ablage** möglichst klein.
- Nutzen Sie einen **Informationsstrukturplan/Ablageplan** mit **einheitlichen Begriffsdefinitionen.**
- Übernehmen Sie die **Begriffe** in Ihr eigenes **Dokumentenmanagementsystem.**
- **Allgemeine Informationen** (z. B. Rundschreiben, Preislisten) stehen im Intranet allen Mitarbeiterinnen und Mitarbeitern zur Verfügung. Damit wird eine **Mehrfachablage** an den Arbeitsplätzen vermieden.
- Löschen Sie in regelmäßigen Abständen **nicht mehr benötigte Dokumente** auf Ihrer Festplatte/Laufwerk.
- Legen Sie ein Verzeichnis (z. B. Zwischenablage) für Dokumente an, bei denen Sie **nicht** sicher sind, ob Sie sie noch brauchen.

6

BEISPIEL:

| | |
|---|---|
| ***3*** | ***Personalwesen*** |
| *30* | *Arbeitsrecht, Tarife* |
| *300* | *Allgemeine gesetzliche Bestimmungen* |
| *301* | *Tarifverhandlungen/Verträge* |
| *3010* | *Angestellte* |
| *3011* | *Arbeiter* |
| *302* | *Betriebsordnung* |
| *303* | *Arbeitszeit, Überstunden, Feiertage* |
| *304* | *Urlaub, Kurzarbeit* |
| *31* | *Gesetzliche Aufwendungen* |
| *310* | *Krankenversicherung* |
| *3100* | *AOK* |
| *3101* | *Ersatzkassen* |
| *3102* | *Betriebskrankenkasse* |
| *311* | *Deutsche Rentenversicherung* |
| *312* | *Arbeitslosenversicherung* |
| *314* | *Schwerbeschädigtenabgabe* |
| *32* | *Freiwillige soziale Leistungen* |
| *320* | *Gesundheitswesen* |
| *3200* | *Allgemeines* |
| *3201* | *Werksarzt, Werksschwester* |
| *3202* | *Medizinisch-technische Einrichtung* |
| *3203* | *Krankenbetreuung* |
| *3204* | *Erholungsverschickung* |
| *321* | *Betriebliche Einrichtung* |
| *3210* | *Kantine* |
| *3211* | *Werkküche* |
| *3212* | *Bücherei* |
| *3213* | *Werksport* |
| *322* | *Betriebliche Veranstaltungen, Ausflug* |
| *323* | *Finanzielle Zuwendungen* |
| *3230* | *Weihnachtsgratifikation* |
| *3231* | *Urlaubsgratifikation* |
| *3232* | *Beihilfen* |
| *3233* | *Prämien, Erfinder-Vergütungen* |
| *3234* | *Darlehen, Vorschüsse* |
| *3235* | *Fahrgeld* |
| *3236* | *Geschenke zu Geburtstagen, Hochzeiten, Geburten, Jubiläen* |
| *324* | *Wohnungsbeschaffung* |
| *325* | *Altersversorgung* |
| *33* | *Personal-Einstellung* |
| *330* | *Stellenausschreibungen, Inserate* |
| *331* | *Agentur für Arbeit* |
| *332* | *Abgelehnte Bewerbungen* |
| *333* | *Ausländische Arbeitnehmer (Meldungen usw.)* |
| *34* | *Personal-Akten* |
| *340* | *Angestellte* } *für jeden Betriebsangehörigen eine Akte* |
| *341* | *Arbeiter* } |
| *342* | *Pensionäre* } |
| *35* | *Lohn-, Gehaltsabrechnung, Steuern* |
| *350* | *Lohn- und Gehaltsübersicht* |
| *351* | *Lohnsteuer (Einkommensteuererklärung)* |

*Auszug aus einem Aktenplan – geordnet nach dem dekadischen Ordnungssystem*

## 6.2.4 Notwendigkeit der Schriftgutablage

**Gesetzliche Gründe**

Nach dem Handelsgesetzbuch (§ 257 HGB) und dem Steuerrecht (§ 147 AO) sind nur Unterlagen aufbewahrungspflichtig, die in unmittelbarem Zusammenhang mit einem Handelsgeschäft stehen.

**Aufbewahrt werden müssen:**

- sechs Jahre lang Handelsbriefe (z. B. Geschäftsbriefe, Frachtbriefe, Transportunterlagen, Mahnbescheide, Urlaubslisten),
- zehn Jahre lang Bilanzen, Handelsbücher (Warenein- und -ausgangsbücher, Lagerbücher), Jahresabschlüsse und Buchungsbelege (Bankauszüge, Rechnungen, Bewirtungsunterlagen, Darlehensunterlagen).

Die Aufbewahrungsfrist beginnt mit dem Schluss des Kalenderjahres, in dem das Schriftgut entstanden ist.

BEISPIEL:

*Ein Geschäftsbrief, der am 12. Juli 2005 ausgestellt wurde, muss vom 1. Januar 2006 an sechs Jahre aufbewahrt werden.*
*Nach Ablauf der Aufbewahrungsfrist (31. Dezember 2011) kann das Schriftgut vernichtet werden.*



### Betriebliche Gründe

Schriftgut, das keiner gesetzlichen Aufbewahrungspflicht unterliegt, kann als Arbeits- oder Beweismittel eine begrenzte Zeit aufbewahrt werden.

| Arbeitsmittel | Beweismittel |
|---|---|
| • zur Erledigung laufender Geschäftsvorfälle | • gegenüber Geschäftspartnern |
| • um ähnliche Vorgänge gleich entscheiden zu können | • bei gerichtlichen Auseinandersetzungen |
| • um frühere Fehler zu vermeiden | • gegenüber dem Finanzamt |
| • als Gedächtnisstütze | |
| • für schnelle Auskunfterteilung | |
| • um Briefe nicht neu entwerfen zu müssen | |

## 6.2.5 Wertstufen

Untersuchungen in vielen Betrieben belegen immer wieder, dass Schriftgut zu lange aufbewahrt wird. Der Umfang der täglich eingehenden Post bzw. vieler innerbetrieblicher Aufzeichnungen, die nur von kurzfristigem Informationswert sind, nimmt ständig zu.

*Arbeitsblatt 6 Registratur I*

Außerdem haben die Untersuchungen ergeben, dass nur etwa 50 % aller im Betrieb anfallenden Unterlagen täglich oder mehrmals wöchentlich benötigt werden. 20 bis 30 % aller Unterlagen werden so gut wie nie benutzt, müssen aber aufgrund der gesetzlichen Aufbewahrungsfristen abgelegt werden. 10 bis 15 % des Schriftguts werden aus nicht erkennbaren Gründen aufbewahrt und verursachen dadurch unnötige Kosten.

Aus diesen Gründen ist das täglich anfallende Schriftgut nach folgenden Wertigkeitsstufen zu **überprüfen:**

| Wertigkeitsstufen | Definitionen | Aufbewahrungsmöglichkeiten |
|---|---|---|
| **1. Tageswert** | Einmalige Information ohne bleibenden Wert (z. B. Infos, unverlangte Angebote, Prospekte, Zeitungen) | Nach Kenntnisnahme vernichten bzw. löschen |
| **2. Prüfwert** | **Dynamische Daten:**<br>In Bearbeitung befindliche Vorgänge und Unterlagen mit zeitlich befristetem Wert (z. B. Angebote, Projekte, Mahnungen, Statistiken, Preislisten) | Arbeitsplatzbezogene Zwischenablage |
| **3. Gesetzeswert** | **Statische Daten:**<br>Unterlagen mit gesetzlicher Aufbewahrungspflicht, z. B. nach HGB oder AO (Handelsbriefe, Rechnungen, Zahlungsbelege usw.) | Raumsparende Registraturen, sechs und zehn Jahre |
| **4. Dauerwert** | Unterlagen von langfristiger Bedeutung für das Unternehmen/die Verwaltung (z. B. Fotos, Umsätze, Rechtsverhältnisse, Verträge, Patente, Muster, Verfahren) | Archive, Spezial-Ablagen, zehn Jahre und länger |

6

| Aufbewahrungspflichtige Unterlagen | Beispiele | Fristen (Jahre) |
|---|---|---|
| 1. Handelsbücher | Kontenblätter | zehn |
| 2. Inventar | Alle Aufzeichnungen über die körperliche Bestandsaufnahme aller Vermögensgegenstände, z. B. Grundstücksverzeichnis | zehn |
| 3. Eröffnungsbilanz<br>Jahresabschluss<br>Lagebericht<br>Konzernabschluss | Geprüfter und mit Bestätigungsvermerk versehener Abschlussbericht<br>• Wertpapieraufstellungen<br>• Geschäftsberichte | zehn<br>zehn<br>zehn<br>zehn |
| 4. Arbeitsanweisungen<br>Organisationsunterlagen | Für EDV-Buchführung | zehn |
| 5. Handelsbriefe | Alle Schriftstücke, die das Handelsgeschäft betreffen, aus dem Verkehr mit Behörden, Lieferanten usw.<br>• Angebote<br>• Frachtbriefe<br>• Mahnbescheide<br>• Leasingverträge<br>• Lieferscheine<br>• Urlaubslisten<br>• Transportunterlagen<br>• Prozessakten<br>• Mietunterlagen<br>• Gehaltslisten und -quittungen | sechs |
| 6. Buchungsanweisungen | Alle Belege, nach denen Buchungen in den Handelsbüchern vorgenommen werden können<br>• Rechnungen<br>• Gehaltskonten<br>• Kontoauszüge<br>• auch interne Buchungsanweisungen, u. a.:<br>– Belege mit Buchfunktion<br>– Bewertungsunterlagen für Inventur<br>• Nachnahmebelege<br>• Quittungen<br>• Preislisten<br>• Reisekostenabrechnungen<br>• Kaufverträge | zehn |

## 6.2.6 Ablagearten

### Loseblatt-Ablage

Das Schriftgut wird lose in die Behälter (Mappen, Taschen, Aktendeckel, Sichthüllen) eingelegt. Bei umfangreichen Akten ergeben sich dadurch längere Suchzeiten. Schriftstücke können auch leichter verloren gehen. Hauptvorteil der Loseblatt-Ablage ist der Zeitgewinn beim Ablegen. Dadurch entstehen weniger Personalkosten.

Besonders **geeignet** ist diese Ablageart, wenn

- Hauptwert auf schnelles Ablegen gelegt wird,
- Akten nicht zu umfangreich sind,
- es Vorgänge sind, die **nicht** in einem Arbeitsprozess weitergereicht werden,
- schwebende Vorgänge, Termine, Prospekte und Formulare am Arbeitsplatz abgelegt werden.

### Geheftete Ablage

Man versteht darunter das Abheften von gelochtem Schriftgut in Heftern und Ordnern. Diese Ablageart erfordert mehr Zeit, weil das Schriftgut gelocht und eingeheftet werden muss. Als besonders zeitaufwendig gestaltet sich das Zwischenheften, wenn in Schnellheftern abgelegt wird.

**Vorteilhaft** sind jedoch

- die sichere Aufbewahrung,
- das schnelle Wiederfinden bei richtiger Reihenfolge,
- der sichere Aktenumlauf.

Wichtige Akten wie z.B. Personal-, Kredit-, Bauspar- und Behördenakten sollte man abheften. Wenn keiner der genannten Gründe für die geheftete Ablage spricht, ist wegen der Zeitersparnis die Loseblatt-Ablage vorzuziehen.

## 6.2.7 Aktenführung

Die **Einzelakte** enthält einen einzelnen „Vorgang“ mit allen dazugehörigen Schriftstücken. Sie muss deshalb handlich und schnell aus der Registratur entnommen, transportiert und wieder eingefügt werden können. Für die Führung von Einzelakten eignen sich vor allem Hefter, Mappen und Taschen.

Die **Sammelakte** nimmt Schriftgut vieler gleichartiger Vorgänge auf. Im Gegensatz zur Einzelakte werden zur Bearbeitung fast nur einzelne Blätter benötigt. Als Schriftgutbehälter eignen sich Ordner und Sammler.

BEISPIEL
*für **Einzelakten**: Kreditakten, Personalakten, Kundenakten*

BEISPIEL
*für den Inhalt einer **Sammelakte**:*

*Angebote, Lieferscheine, Rechnungen*

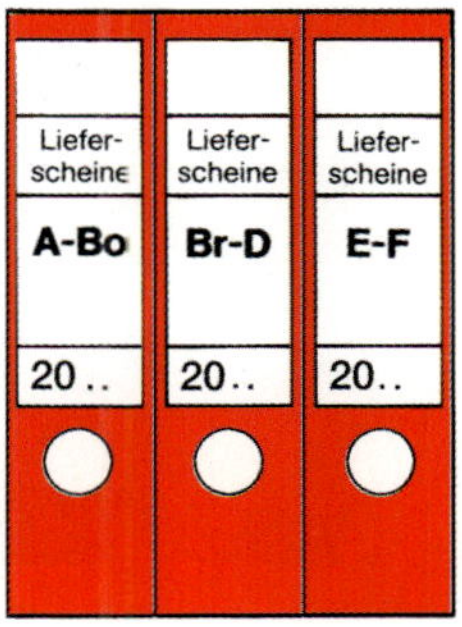

## 6.2.8 Registraturformen

| | Registraturformen | | Schriftgutbehälter |
|---|---|---|---|
| Liegend | **Flachablage** für Aktendeckel, Schnellhefter und Jurismappen |  |  |
| Stehend | **Ordnerregistratur** mit unterschiedlichen Rückenbreiten, Formaten und Farben |  | 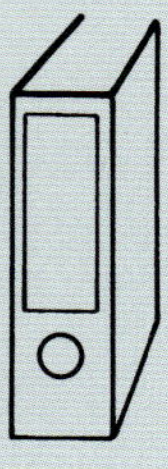 |
| Stehend | **Stehsammlerregistratur** für Einstellmappen, Stehsammler, Kassetten und Archivschachteln |  | 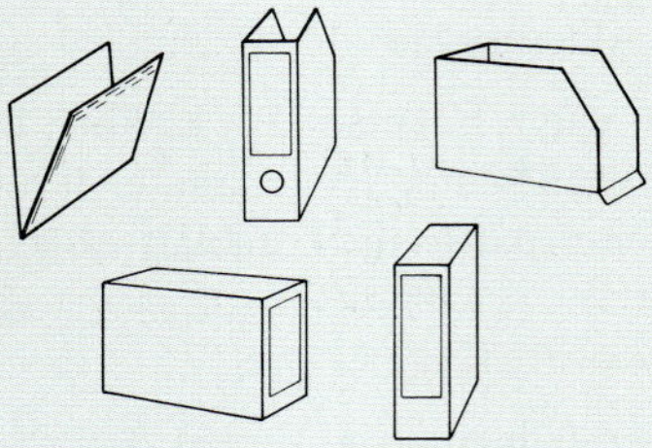 |
| Hängend | **Hängeregistratur** (vertikal) für Hängemappen, Hängetaschen, Hängeordner und Hängesammler |  | 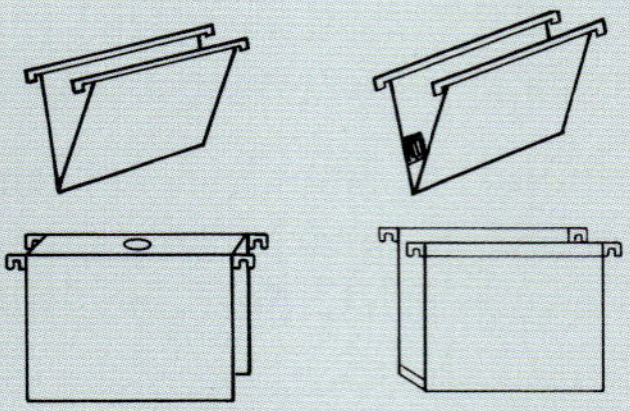 |
| Hängend | **Pendelregistratur** (lateral) für Pendeltaschen, Pendelmappen, Pendelhefter und Pendelsammler |  | 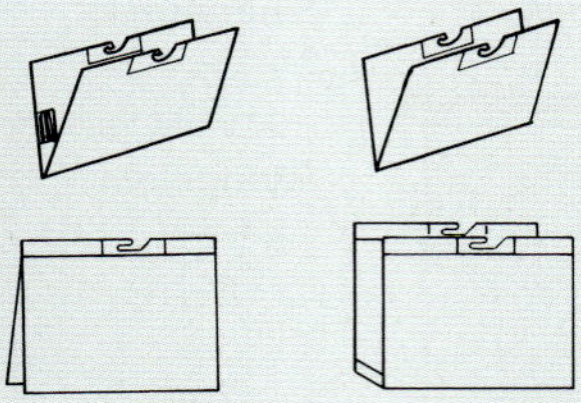 |

| | Registraturformen | Einsatzmöglichkeiten | Vorteile | Nachteile |
|---|---|---|---|---|
| Liegend | **Flachablage** | Für Akten, die selten gebraucht werden | • Niedrige Materialkosten<br>• Raumausnutzung bis zur Griffhöhe | • Schlechte Übersicht<br>• Umständliche Bearbeitung<br>• Sehr unflexibel |
| Stehend | **Ordnerregistratur** | • Für umfangreiche Sammelakten und fortlaufend anfallende Belege<br>• Starke Einzelakten | • Gute Übersicht<br>• Erweiterungsfähig bei Verwendung von Mappen und Taschen<br>• Kein Verlust beim Transport<br>• Raumausnutzung bis zur Griffhöhe | • Zeitaufwendig beim Ablegen (Lochen und Heften)<br>• Fehlende Flexibilität<br>• Totraum (nicht genutzter Raum im Ordner) |
| | **Stehsammlerregistratur** | Große Mengen dünner Einzelakten | • Raumausnutzung bis zur Griffhöhe<br>• Direkter Zugriff<br>• Kostengünstig | • Fehlende Flexibilität (feststehende Bodenbreite der Kassetten)<br>• Größerer Planungsaufwand |
| Hängend | **Hängeregistratur** | • Arbeitsplatzregistratur für alle Handakten<br>• Zwischenablage für noch nicht abgeschlossene Vorgänge<br>• Bereichs- und Abteilungsregistratur | • Ausgezeichnete Übersicht<br>• Große Flexibilität (bei Verwendung von Mappen und Taschen)<br>• Ideale Lose-Blatt-Ablage (passt sich dem Schriftgutanfall an)<br>• Beste Arbeitsplatzregistratur<br>• Schneller Zugriff | • Höhere Materialkosten<br>• Größerer Raumbedarf (Bedienung nur bis zur Sichthöhe, Auszugraum erforderlich) |
| | **Pendelregistratur** | Für nicht sehr umfangreiche Einzelakten (z. B. bei Behörden, Banken, Bausparkassen) | • Raumausnutzung bis zur Griffhöhe<br>• Große Flexibilität<br>• Niedrige Beschaffungskosten | • Weniger gute Übersicht<br>• Langsamer Zugriff<br>• Für Loseblattablage nicht geeignet<br>• Mehr Zeitaufwand für Beschriften und Abheften |

6

*Arbeitsblatt 7*
*Registratur II*

Legen Sie **vorgangs- oder projektbezogene Schriftstücke** in Akteien ab.

**Die Ablage bietet folgende Vorteile:**

- sehr gute Übersicht,
- schnelles Auffinden von gesuchten Schriftstücken,
- Zeitgewinn durch Loseblattablage,
- Platzgewinn.

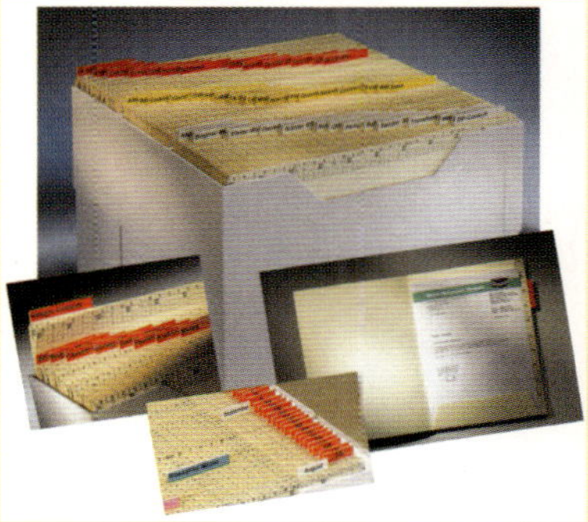

Tipp

**Arbeitsplatzablage**

*www.mappei.de*

### 6.2.9 Aktenortung

Akten mit wichtigen Unterlagen werden **mit einem Funketikett** (RFID-Technologie) **beklebt** und anschließend über eine Lesestation im Computersystem erfasst. Der Aufenthaltsort der Akte wird in einer zentralen Datenbank gespeichert und kann jederzeit abgerufen werden.

**Unterlagen und Objekte können systematisch verfolgt und lokalisiert werden:**

- Der Workflow von Dokumenten wird effizient unterstützt.
- Standort-, Zeit- und Zustandsangaben werden laufend erfasst und in eine Datenbank übertragen.
- Der Überblick über Prozessverlauf und Arbeitsfortschritt ist jederzeit möglich.

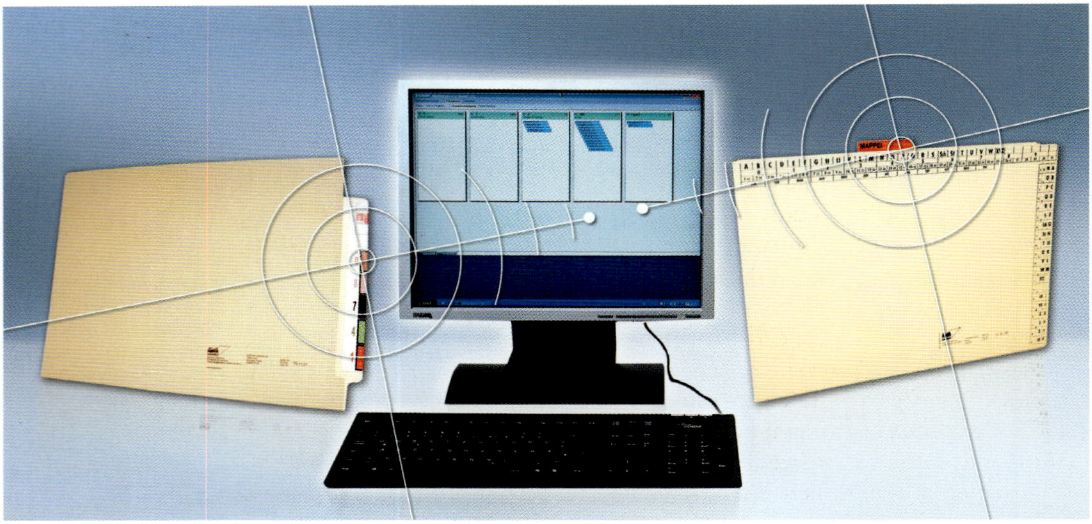

*Arbeitsblatt 8*
*Registratur III*

### 6.2.10 Standorte

Je öfter Unterlagen aus einer Ablage wieder benötigt werden (lebendes Schriftgut), desto näher sollten sie beim Bearbeiter aufbewahrt werden. In der Praxis unterscheidet man je nach Betriebsgröße folgende Standorte:

- Arbeitsplatzablage (direkter Zugriffsbereich),
- Abteilungsablage (indirekter Zugriffsbereich),
- Zentralregistratur (Altablage – Distanzbereich),
- Archiv (Distanzbereich).

| Standorte | Aktualitätsstufe | Schriftgutbehälter | Möbel |
|---|---|---|---|
| **Arbeitsplatz** | • Vorgänge in Bearbeitung<br>• ständig benötigte Sachakten | • Hängemappen<br>• Hängetaschen<br>• Hängesammler für Einstellmappen | • Organisationsschreibtisch mit Hängeauszügen<br>• fahrbare Beistellmöbel für Hängebehälter |
| **Abteilungs- bzw. Bereichsablage** | Erledigte bzw. in Überwachung befindliche Vorgänge | • Ordner<br>• Stehsammler<br>• Pendelmappen oder -taschen | • Ordner- bzw. Sammlertheken<br>• Ordner-, Sammler- bzw. Pendelregale |
| **Altablage** (Zentralregistratur) | Abgeschlossene Vorgänge, die z. B. der gesetzlichen Aufbewahrungspflicht unterliegen | • Steh- oder Hängeordner<br>• Pendelhefter<br>• Archivschachteln<br>• Archivsammler | • Verschiebbare Regalanlagen<br>• Umlaufregale<br>• Tresore für feuersichere Ablage |

## Aktenvernichtung

Nach Ablauf der gesetzlichen Aufbewahrungsfrist kann das Schriftgut vernichtet werden.

Da der Papierkorb keine wirksame Art der Datenvernichtung (Datenschutz!) ist, benutzen dafür viele Unternehmen einen zentral aufgestellten Reißwolf, in dem die Papierabfälle zerkleinert werden. Er eignet sich allerdings nur für Schriftgut, das keiner besonderen Geheimhaltung bedarf (Prospekte, Kataloge, Zeitschriften usw.).



Für Unterlagen, die nicht in den Papierkorb gehören, eignen sich handliche, elektrisch betriebene **Aktenvernichter.** Nach DIN 32757 ist dabei zwischen unterschiedlichen Sicherheitsstufen, nach denen das Papier in breite oder schmälere Streifen zerschnitten wird, zu unterscheiden. Während Aktenvernichter der Sicherheitsstufe 1 (S1) das Schriftgut so zerschneiden, dass seine Rekonstruktion zwar zeitaufwendig, aber ohne besondere Hilfsmittel möglich ist, wird das Papier bei der Sicherheitsstufe 5 (S5) in so winzige Partikel zerschnitten, dass die darin enthaltene Information nicht wieder herstellbar ist.

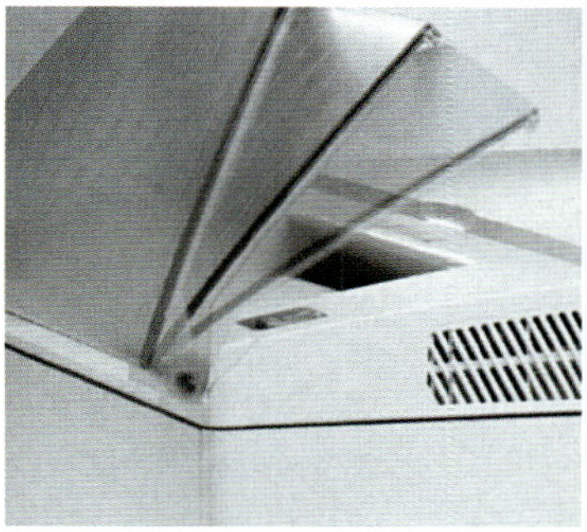

## 6.2.11 Registraturkosten

Die Registratur stellt einen beträchtlichen Kostenfaktor in jedem Betrieb dar. Dabei unterscheidet man drei Kostenbereiche:

- Personalkosten (Ablage- und Suchzeiten der Mitarbeiter),
- Materialkosten (Möbel, Schriftgutbehälter, Locher usw.),
- Raumkosten.

Da die Personalkosten bis zu 95 % der Gesamtkosten ausmachen können, sind vor einer Kostenentscheidung folgende Tatsachen zu überprüfen:

1. Es wäre falsch, Entscheidungen über den Einsatz einer bestimmten Registraturform allein nach deren Anschaffungskosten zu treffen.
2. Eine Registraturuntersuchung sollte hauptsächlich die Senkung der Personalkosten bezwecken.
3. Beim Ablegen kompletter Vorgänge reduzieren sich die Personalkosten beträchtlich.
4. Wenn eine von vergleichbaren Registraturformen durch Bearbeitungsvorteile die Personalkosten senkt, ist auch ein wesentlich höherer Anschaffungspreis gerechtfertigt.
5. Neben den aufgeführten Kostenarten sind auch andere Kriterien bedeutsam und müssen „in die Rechnung" aufgenommen werden:
   - Wie häufig wird zugegriffen?
   - Muss die Information überall verfügbar sein, also transportabel?
   - Wie oft und wann sind Änderungen oder Ergänzungen notwendig?
   - Lassen sich die gespeicherten Informationen bei Bedarf auch umsortieren?
   - Welche gesetzlichen Vorschriften sind zu beachten?

**Tipp**

**Papierkorb**

**Anfänglich ist es immer schwer, sich von überflüssigem Papier zu trennen. Stellen Sie deshalb unter Ihren Schreibtisch einen Karton, in den Sie alle Papiere, von denen Sie nicht ganz sicher sind, ob Sie sie noch brauchen, hineinlegen. Entsorgen Sie den Inhalt nach längeren Zeitabständen als den Inhalt des Papierkorbs, indem Sie die Hälfte des Inhalts – von unten nach oben – wegwerfen. Dann haben Sie immer noch die Möglichkeit, ein Papier „wiederherzustellen".**

*z. B. tägliche Leerung*

*z. B. wöchentliche/monatliche Leerung*

## 6.2.12 Elektronische Ablage

Wird kein Dokumentenmangementsystem genutzt, muss die Ablage der Computerdateien organisiert werden.

**Wichtig sind dabei zwei Dinge:**

- ein mit dem Ablageplan abgestimmtes Ordnungssystem und
- die strikte Einhaltung dieses Systems.

**So gehen Sie vor:**

1. Erstellen Sie im Intranet für jede Abteilung in der Übungsfirma ein Unterverzeichnis.

   BEISPIELE:

   *Geschäftsleitung*
   *Sekretariat*
   *Warenwirtschaft*
   *Anlagenwirtschaft*
   *Finanzwesen*
   *Personalwesen*

2. Analysieren Sie in jeder Abteilung, welche **Unterverzeichnisse** Sie benötigen, legen Sie die Ordner an.
3. Bilden Sie eine **Regel**, nach der die **Dateinamen** gewählt werden (z. B. Ziel – Zweck – Datum = Maier–Rechnung–10.11.2010; Schmidt–Auftragsbestätigung–01-05-2011 usw.).
4. Erstellen Sie eine Dokumentation, die Auskunft darüber gibt, wie die elektronische Ablage in der Übungsfirma organisiert ist.
5. Gestalten Sie die Dokumentation für alle zugänglich und verbindlich.

**Wiederfinden abgelegter Schriftstücke**

Durch Angabe des **Speicherpfades** in der Fußzeile lassen sich gespeicherte Dokumente schneller finden. Nutzen Sie dazu die entsprechende Feldfunktion Ihres Textverarbeitungsprogramms.

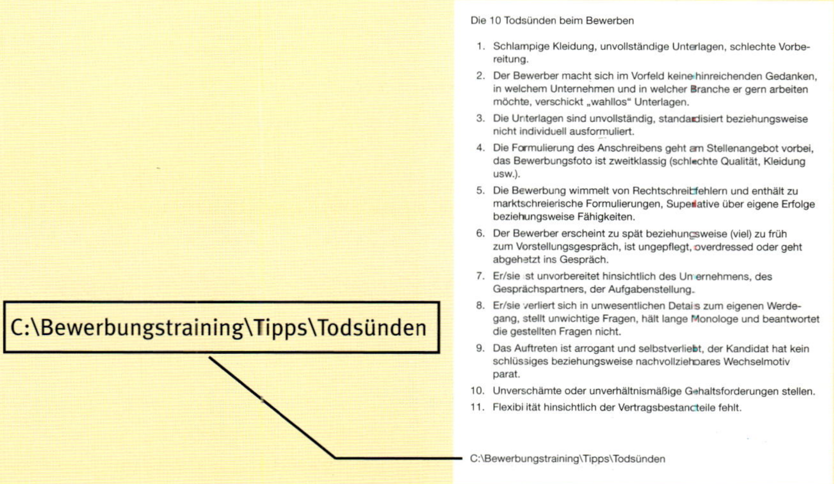
Die 10 Todsünden beim Bewerben

1. Schlampige Kleidung, unvollständige Unterlagen, schlechte Vorbereitung.
2. Der Bewerber macht sich im Vorfeld keine hinreichenden Gedanken, in welchem Unternehmen und in welcher Branche er gern arbeiten möchte, verschickt „wahllos" Unterlagen.
3. Die Unterlagen sind unvollständig, standardisiert beziehungsweise nicht individuell ausformuliert.
4. Die Formulierung des Anschreibens geht am Stellenangebot vorbei, das Bewerbungsfoto ist zweitklassig (schlechte Qualität, Kleidung usw.).
5. Die Bewerbung wimmelt von Rechtschreibfehlern und enthält zu marktschreierische Formulierungen, Superlative über eigene Erfolge beziehungsweise Fähigkeiten.
6. Der Bewerber erscheint zu spät beziehungsweise (viel) zu früh zum Vorstellungsgespräch, ist ungepflegt, overdressed oder geht abgehetzt ins Gespräch.
7. Er/sie ist unvorbereitet hinsichtlich des Unternehmens, des Gesprächspartners, der Aufgabenstellung.
8. Er/sie verliert sich in unwesentlichen Details zum eigenen Werdegang, stellt unwichtige Fragen, hält lange Monologe und beantwortet die gestellten Fragen nicht.
9. Das Auftreten ist arrogant und selbstverliebt, der Kandidat hat kein schlüssiges beziehungsweise nachvollziehbares Wechselmotiv parat.
10. Unverschämte oder unverhältnismäßige Gehaltsforderungen stellen.
11. Flexibilität hinsichtlich der Vertragsbestandteile fehlt.

C:\Bewerbungstraining\Tipps\Todsünden



Tipp

**Dokumente wiederfinden**

## 6.3 Dokumentenmanagementsysteme

*Arbeitsblatt 9 Dokumentenmanagementsysteme I*

*www.elo-digital.de*
*www.docuware.com*
*www.easy.de*
*www.windream.com*
*www.classei.de*
*www.coi.de*
*www.ser.de*
*www.ixos.com*

Unterschiedliche Archivierungsmethoden (Papierablage, Mikroverfilmung) führen zu Medienbrüchen im Unternehmen und ermöglichen keinen parallelen Zugriff auf die gespeicherten Informationen. Die gezielte Informationssuche ist in diesen Fällen zeitaufwendig, kostenintensiv und ineffizient. **Mit Dokumentenmanagementmystemen (DMS) können Medienbrüche vermieden und eine gemeinsame Verwaltung unterschiedlicher Daten realisiert werden.**

Ein erheblicher Grund für die Einführung eines DMS kommt vom Gesetzgeber: **Seit dem 1. Januar 2002 müssen elektronische Belege auch elektronisch archiviert werden.** Das Ausdrucken und Abheften einer per E-Mail eingegangenen Mahnung genügt nicht mehr.

### 6.3.1 Aufgaben

**Ein DMS übernimmt die Betreuung eines Dokuments über seinen gesamten Lebenszyklus. Zu seinen wichtigsten Aufgaben gehören:**



- **Archivierung kaufmännischer Belege**
  Ein- und ausgehende Rechnungen, Lieferscheine, Auftragsbestätigungen, Journale usw. werden automatisch im DMS abgelegt und stehen den Anwendern am PC zur Verfügung. Die zur Erstellung genutzte kaufmännische Software wird in das DMS integriert.
- **Verwaltung allgemeiner Korrespondenz**
  Briefe, Faxe, E-Mails und Textdateien werden im DMS aufgenommen, thematisch gruppiert und auf zentralen Dokumentenservern abgelegt.
- **Erfassung und Erstellung von Dokumentationen**
  Protokolle, Berichte, Präsentationen und technische Zeichnungen werden im DMS internen und externen Kollegen zur Verfügung gestellt.

### 6.3.2 Arbeitsweise

#### 6.3.2.1 Dokumentenerfassung

*Arbeitsblatt 10 Dokumentenmanagementsysteme II*

Die in Papierform vorliegenden Dokumente – Rechnungen, Belege, Schriftverkehr, Fotos, also Unterlagen aller Art – werden nach Typ **vorsortiert** und über einen Scanner **eingescannt** und **digitalisiert.** Der Scanner ist an das Computersystem angeschlossen, sodass die Daten automatisch übernommen werden können.

*Dokumente werden mit einem Barcode versehen*

*Dokumente einscannen*

Soll ein gescanntes Dokument für eine Volltextsuche zur Verfügung stehen, setzt dies das **Extrahieren des Textes mit einer OCR-Software** vo-raus. Dieser Vorgang wandelt einen Text, der im Bildformat gespeichert ist, in Standardtext um.

**Dateien** aus allen möglichen Programmen, elektronische **Faxe** und **E-Mails,** beispielsweise aus Outlook oder Lotus, lassen sich ebenfalls ins System übernehmen.

### 6.3.2.2 Indizieren

Im nächsten Schritt werden die erfassten Dokumente mit Merkmalen versehen.

**Bei der Indizierung (Zuordnung von Merkmalen) unterscheidet man drei Arten:**

1. **Vergabe eines Indexes,** der das Dokument eindeutig identifiziert. Vor dem Einscannen wird das Dokument z. B. mit einem Barcode versehen, wodurch eine Verwechslung weitgehend ausgeschlossen werden kann.
2. **Dokument.** Dieses Merkmal wird von dem Programm, in dem das Dokument erzeugt wurde, automatisch vergeben. Ist das nicht der Fall, muss dies durch Einscannen manuell ergänzt werden.
3. **Suchmerkmale.** Sie sind Merkmale, die zur Recherche z. B. bei der **Volltextsuche** benutzt werden. Suchmerkmale können sein:
   - Rechnungsnummer,
   - Datum,
   - Firmenname,
   - Dokumententyp,
   - inhaltliches Stichwort.

Bei der **Volltextsuche** werden die Dokumente nach enthaltenen Wörtern oder Buchstabenfolgen durchsucht. Die **Wörter oder Buchstabenfolgen** müssen zuvor der **Datenbank** als **Stichwörter** hinzugefügt werden. Dieser Vorgang wird in der Fachsprache als **„Verschlagwortung“** bezeichnet. Viele DMS übernehmen beim Einscannen oder Einlesen des Dokumentes Schlagworte automatisch.

Die meisten Systeme identifizieren nicht den Inhalt des Dokumentes, sondern die dem Dokument zugeordneten Merkmale. So kann z. B. nach einem Dokument, das zum Projekt „Verbesserung der Kundenbetreuung“ gehört und gleichzeitig eine Rechnung ist, gesucht werden.

Das **Indizieren** ermöglicht es,

- Dokumente verschiedenen Typen zuzuordnen,
- die zeitliche Abfolge nachzuvollziehen,
- festzustellen, wann welche Dokumente von wem erstellt wurden,
- festzustellen, wer wann welche Änderungen an Daten vorgenommen hat.

Spezielle **Indexmasken** helfen, das Dokument zu indizieren bzw. einen Index zum Wiederfinden eines Dokumentes einzugeben.

### 6.3.2.3 Ablegen und Archivieren

Diesen Arbeitsvorgang übernimmt die Software weitgehend selbstständig. Zweckmäßig ist, wenn die Dokumente im Posteingang vollständig eingelesen und anschließend auf die verschiedenen virtuellen Briefkörbe der Mitarbeiterinnen und Mitarbeiter verteilt werden. Es sollte zuvor unbedingt in einer Ablagestruktur festgelegt werden, wo die Archivierung zu erfolgen hat: in der Poststelle, nach der Bearbeitung oder bei der Ablage. Weiterhin sollte festgelegt werden, wie weitergeleitet wird, von wem und wann.

Dokumente, die im Unternehmen neu erstellt werden, können automatisch nach der Erzeugung oder auf Aufforderung der dafür zuständigen Mitarbeiter zu einem bestimmten Zeitpunkt archiviert werden.

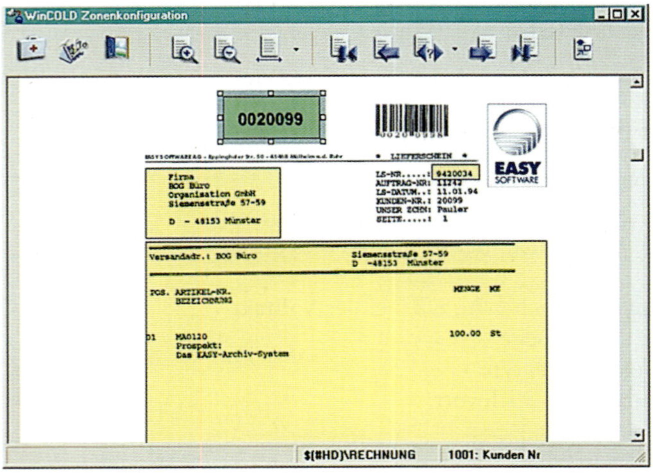


*Mit dem Formularassistenten von EASY WINCOLD lassen sich Zonen für die Indexübernahme in Archivfelder definieren.*

Um die Revisionssicherheit zu erreichen, werden die Daten in verschlüsselten Containern gespeichert, die zwar das Anschauen gestatten, aber keine Veränderung zulassen.

**Archive** bzw. **Endablagen** dienen zur revisionssicheren und unveränderbaren Speicherung von Informationen. **Elektronische Archivierungssysteme** besitzen die Möglichkeit, große Informationsmengen in sogenannten **Jukeboxen** zu verwalten. Eine Jukebox ist ein Plattenwechselautomat für optische Speichermedien. Jukeboxen erlauben heute einen Zugriff auf nahezu unbegrenzte Datenmengen.

## 6.3.2.4 Dokumente suchen

Die Suche nach Dokumenten, die im Archiv abgelegt sind, erfolgt in Sekundenschnelle. Mit einer Volltextsuche kann sogar nach sämtlichen Begriffen recherchiert werden, die in einem Dokument enthalten sind.

**Bei der Suche nach Dokumenten bieten DMS-Programme verschiedene Möglichkeiten:**

- **Indexsuche** ist die Suche nach **Merkmalen (Indizes),** die mit den Dokumenten abgespeichert wurden.
- Bei der **Suche über Dokumenttypen** können die Indizes des jeweiligen Dokumententyps verknüpft werden. Als Ergebnis werden nur Dokumente des ausgewählten Dokumenttyps angezeigt.
- Die **Volltextsuche** ermöglicht das Auffinden von Dokumenten und Dateien über Textelemente, die in dem gesuchten Dokument vorkommen. Die Suche erfolgt über einen bestimmten Begriff oder über einen Platzhalter für einen Begriff (z. B. *, ?).

Auf die im Archiv gespeicherten Dokumente können alle angeschlossenen PCs **zeitgleich** zugreifen.

### 6.3.3 Leistungsmerkmale

**DMS erbringen folgende Leistungen:**

- **Schneller Informationszugriff** – auch von mehreren Personen gleichzeitig,
- **kurzfristiger Zugriff** auf bereits vorhandene Informationen,
- hohe **Auskunftsbereitschaft,**
- Möglichkeit, **virtuelle Ordner/Mappen** anzulegen und nach verschiedenen Aspekten sortiert zu bündeln,
- OCR-Texterkennung auch in **farbigen** Dokumenten,
- Steuerung der **Zugriffsrechte** einzelner Personen und Gruppen,
- Möglichkeit, den **Lebenszyklus eines Dokumentes** nachzuverfolgen,
- eine **Workflow-Schnittstelle** ermöglicht eine vollständige elektronische Vorgangsbearbeitung und Geschäftsfallsteuerung; Geschäftsprozesse können optimiert, Bearbeitungs-, Transport- und Liegezeiten verkürzt und innerbetriebliche Strukturen transparent gemacht werden,
- eine **SAP-Schnittstelle** ermöglicht eine separate Archivierung der SAP-Daten und entlastet somit die Datenbank,
- mit dem **COLD-Verfahren** (computer output on laser disc) können große Datenmengen automatisch erfasst, indiziert und archiviert werden, um sie revisionssicher zu lagern und jederzeit suchen zu können.



### 6.3.4 Vorteile

**Folgende Vorteile von DMS sind zu nennen:**

- Dokumente werden schnell gefunden und Kundenfragen unmittelbar beantwortet. Die Kundenzufriedenheit wird dadurch erhöht.
- Die ständige Verfügbarkeit von Informationen für alle Mitarbeiterinnen und Mitarbeiter macht eine aufwendige Suche überflüssig.
- Durchlauf- und Reaktionszeiten werden verkürzt.
- Arbeitsproduktivität und Geschäftsprozesse werden verbessert.
- Der sogenannte Medienbruch zwischen analogen und digitalen Systemen wird vermieden.
- Eine redundante (doppelte) Speicherung, und damit die Änderung mehrerer Kopien, entfällt.
- Organisatorische Anpassungen können schneller realisiert werden.
- Raumeinsparung sowie
- verbesserter Personaleinsatz.

### 6.3.5 Datensicherheit

Jeder Betrieb ist verpflichtet, für die **Sicherheit der gespeicherten Daten** zu sorgen. Sicherheitsvorkehrungen erstrecken sich auf die Räume, die Hard- und Software und die Mitarbeiter.

**Datenverluste können entstehen durch**

- höhere Gewalt (Brände, Wasser usw.),
- Fehler bei der Hard- oder Software,
- menschliches Versagen (Irrtum oder Nachlässigkeit der Mitarbeiter),
- absichtliches Herbeiführen von Schäden (Computerkriminalität).

**Um Bedienungsfehler, technische Störungen, Verluste oder Manipulation von Daten nach Möglichkeit ausschließen zu können, sollte Folgendes beachtet werden:**

- Zutrittskontrollen (Closed-Shop-Betrieb, Ausweisleser, Schleusentüren, optische Überwachung),
- Rauchverbot, Temperatur- und Luftfeuchtigkeitskontrolle, Alarmanlagen, Raumüberwachungsanlagen in EDV-Räumen,
- Zugang zum PC und zur Festplatte nur mit Schlüssel oder Chipkarte,
- Zugriff auf Programme oder Daten nur mit Passwort, Benutzercode oder Plausibilitätskontrolle (Verschlüsselung von Daten),
- Kopierschutz für bestimmte Software,
- Protokollführung am PC,
- Regelung der PC-Benutzung (Zuständigkeitsregelung),
- Regelung des Personaleinsatzes und der Verantwortlichkeit (klare Funktionstrennung).

*Zusammenfassung*

1 Die **Wiedervorlage** ist ein wesentlicher Bestandteil einer gut funktionierenden Ablage.

2 Ein **Aktenplan/Informationsstrukturplan** schafft Ordnungsstrukturen, die von allen Mitarbeitern eingehalten werden müssen.

3 Schriftgut wird aufgrund gesetzlicher Vorschriften und betrieblicher Erfordernisse aufbewahrt.

4 Die **gesetzlichen Aufbewahrungsfristen** betragen für Handelsbriefe sechs Jahre, für Handelsbücher, Bilanzen, Inventare, Jahresabschlüsse und Buchungsanweisungen zehn Jahre.

5 Um ein unnötiges Aufbewahren von Schriftgut zu vermeiden und andererseits wertvolles Schriftgut vor vorzeitiger Vernichtung zu bewahren, wird es in folgende **Wertstufen** eingeteilt: Tageswert, Prüfwert, Gesetzeswert und Dauerwert.

6 Eine große Auswahl verschiedenartiger **Schriftgutbehälter** steht für geheftete (Ordner, Hefter) und ungeheftete bzw. Loseblatt-Ablage zur Verfügung.

**Zusammenfassung**

7 Unterlagen können als **Einzelakte** (für einen Vorgang) oder als **Sammelakte** (für viele Vorgänge) liegend, stehend oder hängend aufbewahrt werden.

8 Die verschiedenen **Registraturformen** (z. B. Ordner-, Stehsammler-, Pendel- und Hängeregistratur) unterscheiden sich in der Übersichtlichkeit, Raumausnutzung, Wirtschaftlichkeit und Möglichkeit des Einsatzes. Der Benutzer entscheidet bei der Auswahl der Registraturform, welche Vorteile er besonders schätzt und welche Nachteile er dafür in Kauf nehmen kann.

9 Die Art des Schriftguts (d. h. die Frage, von wem und wie oft Unterlagen benötigt werden) entscheidet über den Standort der Ablage (Arbeitsplatz, Abteilung, Zentralregistratur, Archiv).

10 Werfen Sie Schriftgut, das wichtige Informationen enthält, nicht in den Papierkorb, sondern vernichten Sie es maschinell **(Aktenvernichter)**.

11 Registraturkosten werden vor allem durch die Personalkosten beeinflusst, die besonders von der eingesetzten Registraturform abhängig sind.

12 **Physische und digitale Ablage** müssen aufeinander abgestimmt werden.

13 Mit **Dokumentenmanagementsystemen (DMS)** können Medienbrüche vermieden und eine gemeinsame Verwaltung unterschiedlicher Daten realisiert werden.

14 Seit dem 1. Januar 2002 müssen **elektronische Belege** auch elektronisch archiviert werden.

15 Dokumentenmanagementsysteme übernehmen folgende Aufgaben: **Archivierung** kaufmännischer Belege, **Verwaltung** allgemeiner Korrespondenz, **Erfassung** und **Erstellung** von Dokumentationen.

16 Folgende Arbeitsschritte bilden die Basis für die elektronische Ablage in einem DMS: **Dokumentenerfassung, Indizieren, Ablegen und Archivieren, Dokumente suchen.**

17 Um Bedienungsfehler, technische Störungen, Verluste und Missbrauch von Daten nach Möglichkeit auszuschließen, sind in jedem Betrieb Regelungen zur **Datensicherheit** vorzunehmen.

18 Gespeicherte Daten müssen durch entsprechende **Sicherheitsvorkehrungen** (Räume, Hard- und Software, Mitarbeiter) geschützt werden.

6

**Aufgaben**

1 Begründen Sie die Notwendigkeit der Schriftgutaufbewahrung.

2 Unterscheiden Sie die Wiedervorlagesysteme.

3 In Ihrem Ablagekorb liegt folgendes Schriftgut:

| | | |
|---|---|---|
| Angebote | Telefonrechnungen | Kassenbelege |
| Quittungen | Preislisten | Frachtbriefe |
| Spendenbescheinigungen | Bilanzen | Einladungen |
| Bankbelege | Rechnungen | Mahnbescheide |
| Tageszeitungen | Kontoauszüge | Lieferscheine |

Ordnen Sie das Schriftgut der jeweiligen Wertstufe zu und nennen Sie die entsprechenden Aufbewahrungsfristen.

**Aufgaben**

4 Ordnen Sie die Abbildungen folgenden Schriftgutbehältern zu:

| | | |
|---|---|---|
| a) Stehordner | b) Schnellhefter | c) Jurismappe |
| d) Hängetasche | e) Stehsammler | f) Hängehefter |
| g) Einstellmappe | h) Pendeltasche | i) Pendelhefter |
| j) Hängemappe | k) Pendelmappe | |

①
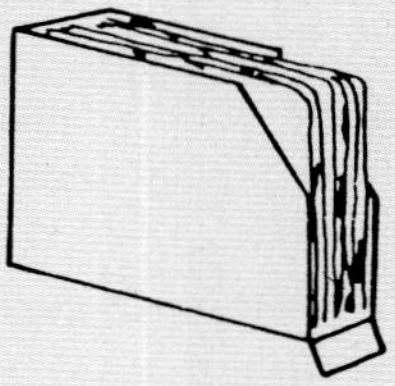
②

③
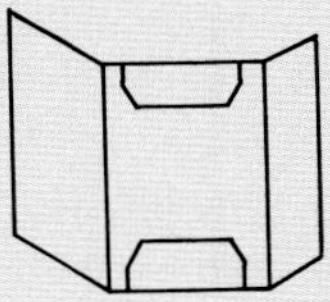
④
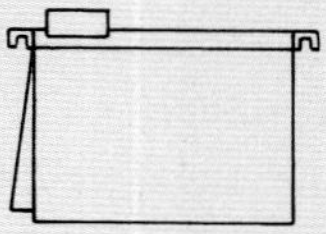
⑤
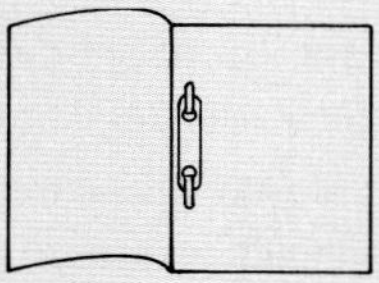
⑥
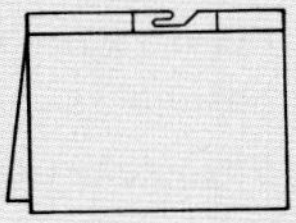
⑦

⑧
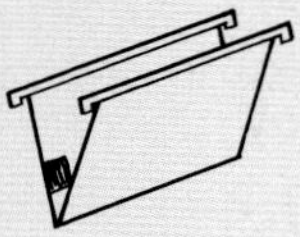
⑨
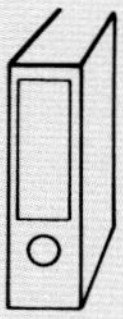
⑩
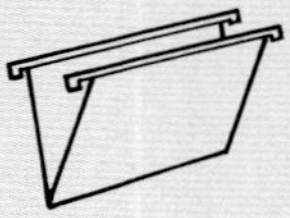
⑪
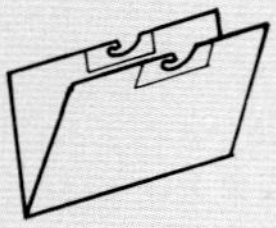

6

5 Nennen Sie je drei Schriftgutbehälter für gelochtes und ungelochtes Schriftgut.

6 Sie haben am 15. Oktober 2009 einen Tischkopierer bestellt. Wann (Monat und Jahr) können Sie die Kopie dieser Bestellung vernichten?

7 In Ihrem Schreibtisch wollen Sie eine Hängeregistratur einrichten.
a) Welche Schriftgutbehälter eignen sich für diese Registraturform?
b) Was spricht für geheftete Ablage bzw. Loseblatt-Ablage?
c) Welche Vorteile erwarten Sie von dieser Registraturform?

8 Vergleichen Sie die Ordner-, Stehsammler-, Hänge- und Pendelregistratur hinsichtlich der
a) Schriftgutbehälter,
b) Einsatzmöglichkeiten,
c) Vorteile,
d) Nachteile.

9 Unterscheiden Sie Einzelakte und Sammelakte.

10 Welche Kriterien sind für den Standort einer Ablage entscheidend?

11 Worauf müssen Sie beim Wegwerfen (Vernichten) Ihrer Unterlagen achten?

12 Registraturen verursachen Kosten. Welche Kostenarten unterscheidet man?

13 Wie können Sie dazu beitragen, dass in Ihrer Registratur unnötige Kosten vermieden werden?

Aufgaben

14 Wie können Sie das Wiederfinden gespeicherter Schriftstücke erleichtern?

15 Nachdem viele Geschäftspartner erfolgreich ein Dokumentenmanagementsystem einsetzen, denkt Herr Dahlmann darüber nach, ob sich diese Investition auch für seinen mittelständischen Betrieb lohnen würde. In der nächsten Besprechung will er seinen Mitarbeiterinnen und Mitarbeitern erklären, was ein Dokumentenmanagementsystem ist und welche Vorteile der Einsatz bringen würde.
Bereiten Sie eine entsprechende Erklärung für Herrn Dahlmann vor.

16 Wie kann der Einsatz eines DMS realisiert werden, wenn 90 % der Informationen in Papierform in den Betrieb gelangen?

17 Für die elektronische Verarbeitung müssen die Dokumente eindeutig identifizierbar sein. Welche Möglichkeiten bietet das DMS?

18 Was verstehen Sie unter der Volltextsuche?

19 Frau Krämer, Sachbearbeiterin eines Lieferanten der Mode|Idee GmbH, arbeitet mit einem DMS. Ein Kunde ruft an, um verloren gegangene Rechnungskopien aus dem letzten Quartal anzufordern. Erläutern Sie anhand dieses Beispiels die Vorteile eines DMS.

20 Um die Sicherheit der Daten zu garantieren, sind bestimmte Vorsichtsmaßnahmen zu treffen.
Welche Maßnahmen betreffen:
a) die Räume,
b) die Hardware,
c) die Software,
d) die Mitarbeiter?

21 Wie können Sie in Ihrer Übungsfirma verhindern, dass Daten verloren gehen?



## Öko-Tipps

Öko-Tipps

- Verwenden Sie vor allem Schriftgutbehälter aus Pappe.
- Beim Kauf von Kunststofffolien sollte darauf geachtet werden, dass sie aus PP (Polypropylen) oder PE (Polyethylen) hergestellt worden sind. PP und PE lassen sich nach heutigem Stand der Wissenschaft vergleichsweise problemlos entsorgen.
- Vermeiden Sie Doppel- und Mehrfachablagen. Wenn mehrere Personen dieselben Unterlagen benötigen, halten Sie sie für alle zugänglich und führen Sie eine „Entliehen/Zurück“-Kontrolle durch.
- Abfälle aus Papier und anderen Wertstoffen (z. B. Disketten) sollten Sie in separaten Behältern sammeln.
- Aktenvernichter produzieren bei der Zerkleinerung von Papier Feinstaubpartikel. Verwenden Sie deshalb Aktenvernichter mit integriertem oder aufgesetztem Feinstaubfilter.

HOT

# Lernzirkel

## Methodenbeschreibung

In Einzel-, Partner- oder Gruppenarbeit werden Aufgaben zu Lerngebieten formuliert, die inhaltlich nicht aufeinander aufbauen. Jede Aufgabe sollte in fünf bis zehn Minuten lösbar sein. Nach der Auswertung der Aufgaben werden etwa vier Stationen aufgebaut. An jeder Station befinden sich Aufgaben, die in der gleichen Zeit vollständig bearbeitet werden können. Die Schüler werden an die Stationen verteilt. Nach dem ersten Arbeitstakt wechseln die Lerngruppen zur nächsten Station. Dies wird so lange wiederholt, bis jede Gruppe jede Aufgabe an den Lernstationen bearbeitet hat.

## Durchführung

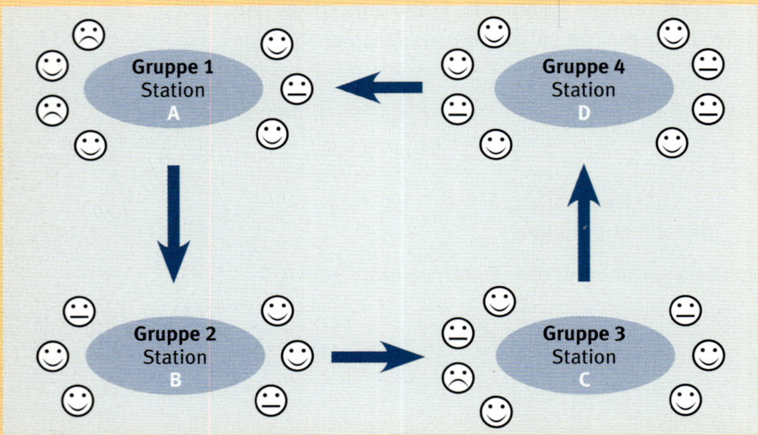


1. Bereitstellung der Aufgaben für die Lernstationen,
2. Aufbau der Lernstationen,
3. Verteilung der Aufgaben an die Lernstationen,
4. Einteilung der Lerngruppen,
5. Verteilung der Schülerinnen und Schüler an die Stationen,
6. Beginn des ersten Arbeitstaktes,
7. Kommando zum Wechseln der Stationen,
8. nach dem letzten Arbeitstakt erfolgt die Kontrolle der Ergebnisse.

## Arbeitsaufträge

1. *Erstellen Sie in einer Unterrichtsstunde je eine Aufgabe zu folgenden Themen, wobei die Aufgaben inhaltlich nicht aufeinander aufbauen und in fünf bis zehn Minuten zu lösen sein sollen:*
   a) *Informationsspeicherung,*
   b) *Notwendigkeit der Schriftgutablage,*
   c) *Registraturformen,*
   d) *Mikroverfilmung.*
2. *Erstellen Sie in der darauf folgenden Unterrichtsstunde einen Lernzirkel.*
3. *Verteilen Sie die Aufgaben an die Stationen.*
4. *Führen Sie den Lernzirkel durch.*

# 7 Informationen beschaffen, bewerten, aufbereiten und präsentieren

## Informationen beschaffen

- Printmedien

- Elektronische Medien

- Andere Möglichkeiten, z. B. Messe, Interviews

→ **Bundes- und Landesdatenschutzgesetz**

- Auskunftsrecht
- Berichtigungsrecht
- Sperrungsrecht
- Löschungsrecht
- Benachrichtigungsrecht
- Widerspruchsrecht

§

**Urheberrecht** ©

## Informationen aufbereiten

Daten

- konvertieren
- kopieren
- austauschen
- weitergeben

*.pdf*
*.gif*
*.jpg*
*.png*
*.svg*
*usw.*

**strukturieren** →

- Präsentation
- Dokumentation
- Internet
- Plakat

7

## Informationen präsentieren

**Lernziele**

- Möglichkeiten der Informationsbeschaffung kennen und nutzen.
- Suchmöglichkeiten kennen und anwenden.
- Informationen zielgerichtet auswählen.
- Die Informationsbeschaffung und -auswertung systematisch planen.
- Beschaffte Informationen aufbereiten.
- Grundlegende Suchstrategien zur Informationsbeschaffung entwickeln.
- Informationen in geeigneter Form präsentieren.
- Die gewonnenen Informationen kritisch bewerten.
- Informationskompetenz erreichen.

*Fallbeispiel*

In der Übungsfirma MODE CONNECTION GmbH wird darüber nachgedacht, ein Dokumentenmanagementsystem einzusetzen. Die Geschäftsführerin, Bettina Bold, beauftragt die Mitarbeiterinnen und Mitarbeiter des Sekretariats, Informationen zu beschaffen, um die richtige Entscheidung zu treffen. Die Gruppe recherchiert im Internet, durchforstet Informationsmaterial, prüft Informations-CDs von Herstellern und wertet Berichte aus Fachzeitschriften aus. Die zusammengetragenen Informationen werden ausgewertet, strukturiert und in einer Präsentation zusammengefasst.



## 7.1 Informationen beschaffen

*Arbeitsblatt 1 Informationen beschaffen*

*www.diezeit.de*
*www.focus.de*
*www.wissen.de*
*www.wikipedia.de*
*www.gbi.de*
*www.wlw.de*
*www.abkuerzungen.de*
*www.endungen.de*
*www.recht.de*
*www.bundesverfassungsgericht.de*
*www.wer-weiss-was.de*
*www.fremdwort.de*

Die richtigen Informationen zur passenden Zeit können für jedes Unternehmen von entscheidender Bedeutung sein. Deshalb ist es wichtig, die unterschiedlichsten Informationsquellen zu kennen, um rechtzeitig bei Bedarf zuverlässig Informationen beschaffen zu können.

Bei der Informationsbeschaffung wird zwischen

- direkter und
- indirekter Information

unterschieden. Die **direkte** Information ist das Ergebnis einer **Daten- und Faktensuche** (z. B. Bevölkerungszahl, Statistiken), die indirekte Information ist das Ergebnis der **Literatursuche** zu einem bestimmten Thema.

### 7.1.1 Möglichkeiten der Informationsbeschaffung

Viele Informationen werden heute **digital**

- auf **Disketten,** 
- auf **CD-ROM, DVD,** 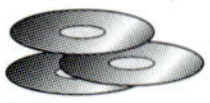
- über das **Internet** 

angeboten.

**Informationsbeschaffung durch**

**Printmedien**

- Bücher
- Zeitungen, Zeitschriften
- Fachzeitschriften
- Magazine
- Lexika
- Enzyklopädien
- Wörterbücher
- Faxabruf

**elektronische Medien**

- Radio
- Fernsehen/Videotext/Teleweb
- CDs/DVDs (Videos, digitale Bilder, Texte, Audios)
- Internetrecherche (Suchmaschinen, Metasuchmaschinen, spezialisierte Suchwerkzeuge, Onlinedienste)

**andere Möglichkeiten**

- Besuch von Veranstaltungen (z. B. Messe, Hausmesse, Kongress)
- Bibliotheken
- Besichtigungen
- Interviews
- usw.

**in Form von Sprache, Text, Bild, Bewegtbild**



| Suchhilfen | | |
|---|---|---|
| Printmedien | **Inhaltsverzeichnis** | Das Inhaltsverzeichnis ist eine **tabellarische Gliederung des Inhalts** eines Buches oder eines mehrseitigen Schriftstücks mit Angabe der **Seitenzahlen.** |
| | **Sachwortverzeichnis** | Dies ist ein Verzeichnis von **Wörtern und Sachbegriffen,** die in einem Buch oder Text vorkommen und behandelt werden. |
| | **Schlagwortkatalog** | Schlagwörter sind einzelne Wörter, die meistens im Titel eines Buches vorkommen oder den **Inhalt eines Buches** zusammenfassen. Ein Schlagwortkatalog ist ein **alphabetischer Katalog,** der in Bibliotheken geführt wird und in dem die Bücher nach möglichst konkret gefassten Inhaltsbegriffen und nicht nach den Namen der Verfasser aufgeführt sind. |
| Digitale Medien | **Baumstruktur** | Die Informationen sind **hierarchisch** aufgebaut. Die grafische Darstellung erinnert an einen verästelten Baum, wie z. B. die Verzeichnisstruktur auf einem Datenträger. 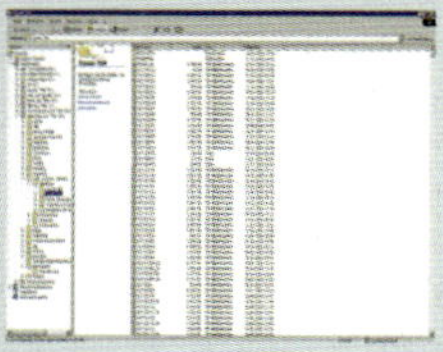 |

| Suchhilfen | | |
|---|---|---|
| Digitale Medien | **Suchmaschinen und Kataloge** | **Suchmaschinen** und **Kataloge** helfen, etwas Bestimmtes im Internet zu finden. Sie haben eine Internetadresse wie jede andere Internetseite auch. Auf der Homepage der Suchmaschine bzw. des Webkataloges befindet sich das Eingabefeld „Suchen“, in das der Benutzer einen Suchbegriff eingeben kann. Wer durch das Betätigen der Taste „Enter“ den eingegebenen Begriff absendet, erhält Sekunden später eine umfangreiche Liste mit Verweisen auf Dokumente im Internet, die den Suchbegriff enthalten. Das Suchergebnis kann durch Operatoren verfeinert werden. Suchhilfen und -optionen der jeweiligen Suchmaschine zeigen, welche Operatoren bei einer Suchanfrage unterstützt werden.   |
| | **Spezialisierte Suchwerkzeuge** | **Nachschlagewerke, Lexika, Enzyklopädien** |

Das Arbeiten mit digitalen Informationsträgern hat **Vorteile:**

- sehr schneller Zugang,
- gewünschte Informationen können über Suchhilfen sehr schnell gefunden werden,
- die Informationen sind in der Regel auf dem neuesten Stand, da sie mit geringem Aufwand fortlaufend aktualisiert werden können.

Mit dem Zugang zu ganz verschiedenen Datenbanksystemen, die nach unterschiedlichen Themenkreisen geordnet sind, kann der Benutzer Informationen jeglicher Art beschaffen. Im Bereich der Politik z. B. bieten die verschiedenen Parteien und Gruppen Informationen über Onlinedienste an. Es bleibt jedem Einzelnen überlassen, **kritisch den Wert und die Richtigkeit der Informationen zu prüfen.** Wie es ungewollte Fehler und bewusste Meinungsmache in Presseerzeugnissen oder bei Fernsehsendungen gibt, so gibt es auch Manipulationen über den PC.

**Zuverlässige** Informationsquellen mit **glaubwürdigen Informationsangeboten** sind:

- Behörden und Ministerien (z. B. für Verbraucherschutz, Umwelt usw.),
- Stadt- und Gemeindeverwaltungen,
- Industrie- und Handelskammern,
- Handwerkskammern,
- Berufsgenossenschaften,
- Bibliotheken,
- Auskunfteien (Informationen über Unternehmen).

Weitere Informationsquellen sind vor allem **Nachschlagewerke,** die am Arbeitsplatz zur Verfügung stehen sollten, z. B.

- Wörterbücher (Duden, Fremdsprachenwörterbücher),
- Lexika,
- Telefonbücher,

- Branchentelefonbücher,
- „Wer liefert was?“ (Adressen und Produkte von deutschen und vielen europäischen Unternehmen),
- Fachliteratur (Fachbücher, -zeitschriften und -magazine),
- Handbücher für die genutzte Software,
- Straßenkarten.

Die aufgeführten Informationsquellen und Nachschlagewerke sind lediglich Beispiele, die durch branchentypische Informationsquellen ergänzt werden müssen. Die meisten Nachschlagewerke gibt es auch in digitaler Form.

*Arbeitsblatt 2 Suchmaschinen*

## 7.1.2 Suchen und Finden im Internet

Im World Wide Web gibt es eine Vielzahl von Informationen, von denen niemand genau weiß, wo sie zu finden sind. Zum Glück gibt es im Internet Suchmaschinen, die möglichst viele Informationen in ihren Datenbanken sammeln und auf Anfrage Internetadressen zum gesuchten Stichwort herausgeben. Viele Internetnutzer besorgen sich regelmäßig Informationen über eine Suchmaschine und vertrauen auf die Suchergebnisse. Dabei sind Suchmaschinen **keine objektiven Informationsquellen.** Viele Daten sind veraltet, fehlerhaft oder schlicht Unsinn. Deshalb ist Skepsis angebracht.

### 7.1.2.1 Suchprinzipien

Suchmaschinen arbeiten im Allgemeinen nach zwei Prinzipien: der Katalog- und der Volltextsuche. Die meisten Suchmaschinen bieten beide Recherchemöglichkeiten an.

#### Die Katalogsuche

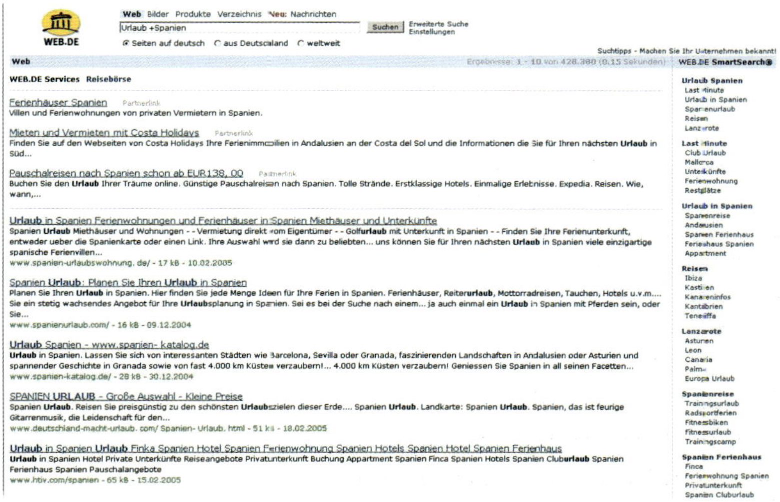

Bei der Suche nach WWW-Seiten wird die Suchmaschine wie ein Schlagwortkatalog einer Bibliothek zum Auffinden von Büchern eingesetzt. Über ein Inhaltsverzeichnis gelangt man Schritt für Schritt zu Informationen des gewünschten Themenbereichs.

Die Informationen werden nicht automatisch wie bei einer Suchmaschine gesammelt, sondern durch eine Redaktion auf ihren Inhalt geprüft, sortiert und Rubriken zugeordnet. Die Katalogsuche eignet sich dann, wenn allgemeine Informationen zu einem bestimmten Gebiet gesucht werden.

Einige der bekanntesten Suchmaschinen, die nach diesem Prinzip arbeiten, sind die Suchmaschinen *www.aol.de*, *www.web.de* und *www.yahoo.de.*

### Die Volltextsuche

Bei einer Volltextsuche wird der Suchbegriff in eine Eingabemaske eingegeben und anschließend auf „OK“ oder „Suchen“ geklickt. Die Suchmaschine durchsucht ihre Datenbank nach Webseiten, in denen der gewünschte Begriff vorkommt. Nach kurzer Zeit präsentiert die Suchmaschine ihre Trefferergebnisse.

## 7.1.2.2 Arbeiten mit Suchmaschinen

Suchmaschinen arbeiten mit „Suchrobotern“, das sind Computerprogramme, die auf eigene Faust im Internet nach Informationen suchen und die Ergebnisse an eine zentrale Datenbank senden.

Eine weitere Variante der Suchmaschinen sind die **Metasuchmaschinen** (z. B. *www.metager.de*). Die Suchroboter einer Metasuchmaschine suchen nicht im Internet nach Informationen, sondern fragen andere Suchmaschinen ab.

Die Suchmaschinen unterscheiden sich in der Bedienung meist nur geringfügig voneinander. Die Bedieneroberflächen sind übersichtlich gestaltet, sodass sich der Nutzer schnell zurechtfindet.

Unklar ist jedoch, was die Verantwortlichen mit den Daten machen, die sie von den Benutzern sammeln. Jeder Internetnutzer, der eine Suchmaschine aufruft, bekommt ohne sein Wissen eine Kundennummer zugeteilt, die als geheime Datei (Cookie) auf dem Computer abgespeichert wird. Mit der Kundennummer kann man verfolgen, was ein Nutzer auf den Seiten tut. Jeder Suchbegriff wird registriert und auf einem der Firmenrechner gespeichert. Manche Anbieter können sogar herausfinden, welche Daten auf den Rechnern der Nutzer liegen.

***www.google.de***
***www.apollo7.de***
***www.meta-spinner.de***
***www.topxplorer.de***
***www.nettz.de***
***www.multimeta.com***
***www.allesklar.de***
***www.suchfibel.de***
***www.hurra.de***
***www.sharelook.de***
***www.at-web.de***
***www.witch.de***
***www.mirago.de***
***www.redball.de***
***www.fastbot.de***

Die bekannteste und weltweit am meisten genutzte Suchmaschine ist Google. Selbst im Duden steht mittlerweile das Verb „googeln" (mit Google im Internet suchen). Allerdings steht man bei der Internetsuche häufig vor dem Problem der schier unüberblickbaren Datenflut.

Eine **spezialisierte Suchmaschine** für bestimmte Themen kann in *www.suchmaschinenindex.de* gefunden werden. Dort befinden sich Listen mit kurzen Beschreibungen zu allen Themen wie Bildung und Wissenschaft, Gesundheit und Medizin, Menschen, Soziales, Einkaufen, Nachschlagen, Musik, Wirtschaft usw. Über *www.suchmaschinentricks.de* kann man erfahren, wie Suchmaschinen arbeiten und Tipps und Ideen rund um die Websuche finden.

### 7.1.2.3 Suchmaschinen im Überblick

| Suchmaschine | Beschreibung | Internetadresse |
|---|---|---|
| **AltaVista** | internationale und nationale Suchmaschine | *www.altavista.com*<br>*www.altavista.de* |
| **Excite** | Sehr umfangreiche Suchdatenbank | *www.excite.de* |
| **Eule** | Deutschsprachige Suchmaschine | *www.eule.de* |
| **Fireball** | Umfangreiche nationale Suchmaschine | *www.fireball.de* |
| **HotBot** | Schnelle internationale Suchmaschine | *www.hotbot.com* |
| **Klug-Suchen** | Suchmaschine für Suchmaschinen | *www.klug-suchen.de* |
| **Lycos** | Internationale Suchmaschine mit speziellen Angeboten für den deutschsprachigen Raum | *www.lycos.com*<br>*www.lycos.de* |
| **Web.de** | Gut strukturierte deutsche Suchmaschine | *www.web.de* |
| **Yahoo** | Sehr gute nationale Suchmaschine | *www.yahoo.de* |
| **MetaGer** | Nationale Metasuchmaschine, die selbst auf verschiedene Suchmaschinen zurückgreift | *www.rrzn.uni-hannover.de*<br>*www.meta-crawler.com*<br>*www.metager.de* |



### 7.1.2.4 Mit Suchoptionen gezielt recherchieren

Gezielter kann man über die Suchoptionen nach Informationen zu bestimmten Themen suchen. Die Eingabe von zwei oder drei Suchwörtern führt aber nicht unbedingt zum Ziel. Erst durch eine Verknüpfung der Suchwörter lässt sich die Ergebnisliste reduzieren.

www.

***www.suchlexikon.de***
***www.suchfibel.de***
***www.at-web.de***

Die Suchmaschinen arbeiten unterschiedlich. Deshalb unterscheiden sie sich auch in der Anzahl der Suchoptionen, die sie anbieten.

**Die wichtigsten Suchoptionen:**

- **UND-Verknüpfung**
  Die UND-Verknüpfung wird durch ein Plus-Zeichen (+) ausgedrückt. Das Plus-Zeichen ist ohne Leerzeichen vor die Wörter, die es verknüpft, zu setzen.

BEISPIEL:
*Die Eingabe +Telekommunikation+Mobiltelefon sucht nach Dokumenten, in denen beide Begriffe zusammen vorkommen. Dokumente mit nur einem von beiden Suchwörtern werden ignoriert. Die Anzahl der Treffer wird dadurch stark verringert.*

- **ODER-Verknüpfung**
  Um eine ODER-Verknüpfung auszulösen, müssen zwei oder mehrere Suchwörter, durch Leerzeichen getrennt, in das Textfeld eingegeben werden. Eine ODER-Verknüpfung erhöht die Anzahl der Treffer.

BEISPIEL:
*Geben Sie als Suchbegriffe München • Theater ein, sucht die Suchmaschine zunächst alle Dokumente, in denen „München" und „Theater" zusammen vorkommen, und anschließend alle, in denen mindestens eines der Suchwörter steht.*

- **Phrasensuche**
  Phrasen sind Wörter, die exakt in der **angegebenen Reihenfolge** vorkommen. Geben Sie die Suchwörter als Phrase ein, müssen sie in **Anführungszeichen** gesetzt werden.

BEISPIEL:
*Die Eingabe „Bildungsverlag EINS" findet nur Dokumente, in denen der Name steht. Die Phrasensuche eignet sich besonders gut für die Recherche nach Personen- und Firmennamen.*



### 7.1.3 Informationsbeschaffung über den QR-Code

Der QR-Code (Abkürzung: **q**uick **r**esponse = schnelle Antwort) ist ein zweidimensionaler Matrixcode, über den Sie mithilfe eines internetfähigen Mobiltelefons mit integrierter Kamera zielgerichtet Informationen aus dem Internet beschaffen können. In vielen Zeitschriften, auf Verpackungen, Plakaten u. Ä. ist der QR-Code zu finden.

Um den QR-Code nutzen zu können, müssen Sie zunächst mit dem Mobiltelefon eine spezielle Reader-Software, die den Code übersetzt, herunterladen. Danach können Sie Ihr Mobiltelefon auf den Code richten und ihn fotografieren. Über den Code werden Sie dann beispielsweise direkt mit der Website verbunden.

*www.mobil.welt.de/reader*
*www.activprint.org*
*www.i-nigma.com*

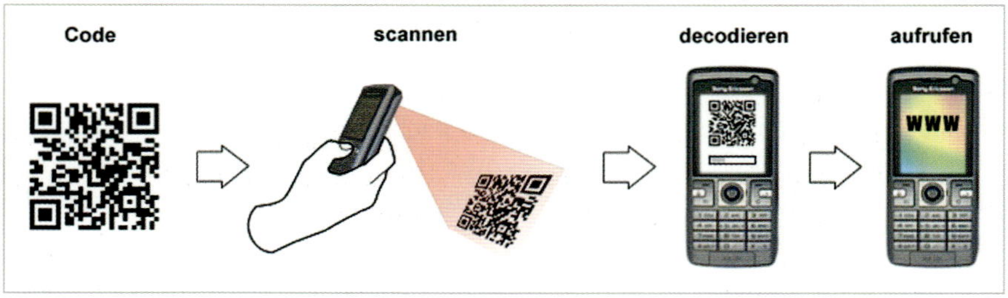


## 7.2 Informationen bewerten

Wer Informationen zu einem bestimmten Thema über verschiedene Informationsquellen beschafft hat, muss die gefundenen Informationen auf Aussagekraft und Wahrheit überprüfen.

**Bei einer kritischen Betrachtung der Informationsquelle sind folgende Fragen sinnvoll:**

- Woher kommen die Informationen?
- Wer hat die Daten erstellt?
- Welche Absicht verfolgt der Autor/die Autorin mit der Veröffentlichung?
- Zu welchem Zweck wurden die Daten veröffentlicht?
- Sind die Informationen aktuell und richtig?
- Sind die Informationen relevant für das zu bearbeitende Thema?

**Im Zweifelsfall sollten die Informationen aus anderen Quellen bestätigt werden.**

## 7.2.1 Datenschutz und Datensicherheit

### Datenschutz

*Arbeitsblatt 3 Informationen bewerten*

Im Umgang mit Informationen sind die Bestimmungen des Datenschutzes zu beachten. Der Datenschutz ist in der **EU-Datenschutzrichtlinie,** dem **Bundesdatenschutzgesetz** und dem **Landesdatenschutzgesetz** geregelt. Demnach dürfen schutzbedürftige Daten nur mit der Erlaubnis der Betroffenen maschinell gesammelt oder gespeichert werden. Hier handelt es sich um personenbezogene Informationen, die vor dem unberechtigten Zugriff Dritter geschützt werden müssen.

**Werden Daten mit der Erlaubnis der Betroffenen gespeichert, haben diese besondere Schutzrechte:**

1. **Auskunftsrecht**
   Der Bürger muss über die Speicherung seiner personenbezogenen Daten informiert werden und er hat das Recht, über diese Daten Auskunft zu verlangen.
2. **Berichtigungsrecht**
   Wenn der Bürger feststellt, dass personenbezogene Daten falsch sind, kann er eine Berichtigung dieser Daten verlangen.
3. **Sperrungsrecht**
   Bestreitet ein Bürger die Richtigkeit seiner personenbezogenen Daten, kann er eine vorläufige Sperrung dieser Daten verlangen.
4. **Löschungsrecht**
   Sind gespeicherte Daten unzulässig, kann der Bürger die Löschung dieser Daten verlangen.
5. **Benachrichtigungsrecht**
   Der Betroffene ist von der Speicherung, Verarbeitung oder Nutzung seiner Daten zu unterrichten. Sofern eine Übermittlung vorgesehen ist, hat die Unterrichtung spätestens vor der ersten Übermittlung zu erfolgen.
6. **Widerspruchsrecht**
   Der Bürger kann der Nutzung und Übermittlung seiner Daten zu Zwecken der Werbung, der Markt- und Meinungsforschung widersprechen.

**Die Einhaltung des Datenschutzes wird überwacht durch:**

- den Bürger, indem er seine eigenen Daten kontrolliert,
- einen Datenschutzbeauftragten des Arbeitgebers,
- den Betriebsrat,
- Landes- und Bundesdatenschutzbeauftragte.

### Datensicherheit

Der **Schutz der Daten** im eigentlichen Sinne (Bits und Bytes) wird als **Datensicherheit** bezeichnet. Demnach müssen bei der Datenverarbeitung alle Maßnahmen getroffen werden, um die gespeicherten und zu übertragenden Daten vor

- unbeabsichtigter Änderung,
- Zerstörung,
- Fehlbedienung durch den Benutzer,
- Computerviren und
- externen Schadensquellen (Feuer, Hochwasser usw.)

zu schützen.

## 7.2.2 Urheberrecht

Die gewonnenen Informationen müssen **verantwortungsvoll** und **legal** weiterverarbeitet werden. In erster Linie müssen die Gesetze beachtet werden, die den Umgang mit geistigem Eigentum und Copyright regeln. Ist ein Werk mit einem Copyright geschützt, so hat der Urheber das ausschließliche Recht, **Inhalt und Form** wiederzugeben, zu veröffentlichen und zu verkaufen.

Wer korrekte Quellenangaben macht, würdigt die Leistungen anderer. Bei Schulbüchern und anderen Unterrichtsmaterialien sowie Lern- und Bildungssoftware ist eine Nutzung ohne Einwilligung des Berechtigten **niemals** zulässig.



# 7.3 Informationen aufbereiten

Die zu einem Thema zusammengetragenen Informationen müssen aufbereitet werden. Das heißt, Daten aus verschiedenen Dateien, Anwendungen oder von anderen Geräten müssen konvertiert und so strukturiert und bearbeitet werden, dass sie als Ausdruck, am Bildschirm oder über Projektion präsentiert werden können.

## 7.3.1 Lesen

!

Tipps zum richtigen und schnellen Lesen

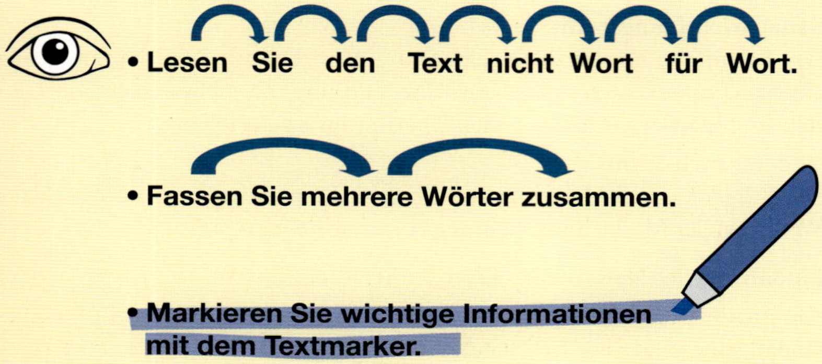

Um die Informationen inhaltlich aufbereiten zu können, müssen sie gelesen werden. Es ist unmöglich, alles zu lesen. Deshalb ist die Kenntnis einiger Lesetechniken nützlich:

Die meisten Texte enthalten ca. 50 bis 70 Prozent Ballast. Es erfordert also viel Zeit, wenn man alles liest, um das Wichtige im Text zu erfahren. Daher ist es sinnvoll, beim Querlesen auf Grafiken, Hervorhebungen oder Zusammenfassungen in einer Marginalspalte (Randbemerkungen) zu achten. Diese kleinen Lesehilfen weisen auf das Wesentliche im Text hin.

## 7.3.2 Datenübernahme

### Dateien konvertieren

*Arbeitsblatt 4 Informationen aufbereiten*

Wurden bei der Informationsbeschaffung digitale Dateien bzw. Daten gefunden, die in einem Format abgespeichert wurden, das mit dem Zielprogramm nicht kompatibel ist, müssen sie konvertiert werden. Zur Konvertierung können spezielle Programme eingesetzt werden. Meistens haben aber die Anwendungsprogramme entsprechende Filter, die beim Laden einer Datei ausgewählt werden können.

### Dateien über die Zwischenablage konvertieren

Auch die Zwischenablage von Windows ermöglicht die Konvertierung von Dateiformaten. Markierte Texte auf einer Internetseite können so in ein Textverarbeitungsprogramm geladen werden. Die kopierten Texte enthalten meistens Steuerzeichen, die über die Funktion „Suchen und Ersetzen“ rationell entfernt werden können.



### Bilder im Internet suchen und kopieren

Viele Suchmaschinen und Kataloge bieten auf ihrer Homepage die Möglichkeit, zu einem eingegebenen Suchwort Bilder zu suchen. Das gewünschte Bild wird mit der rechten Maustaste angeklickt, über die Option **„Kopieren“** in ein Verzeichnis auf der Festplatte kopiert und über **Einfügen – Grafik – Aus Datei** in Word eingefügt.

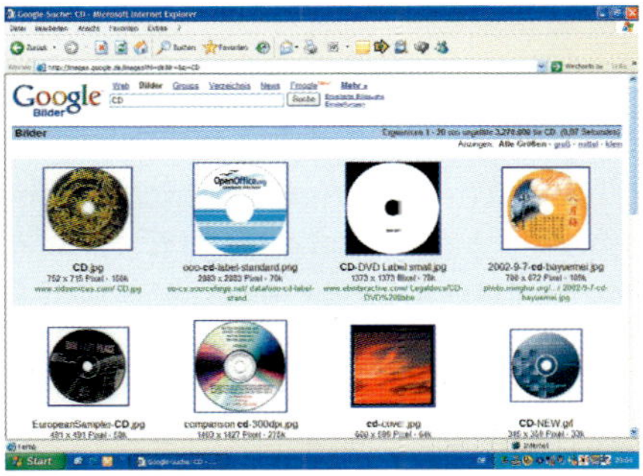

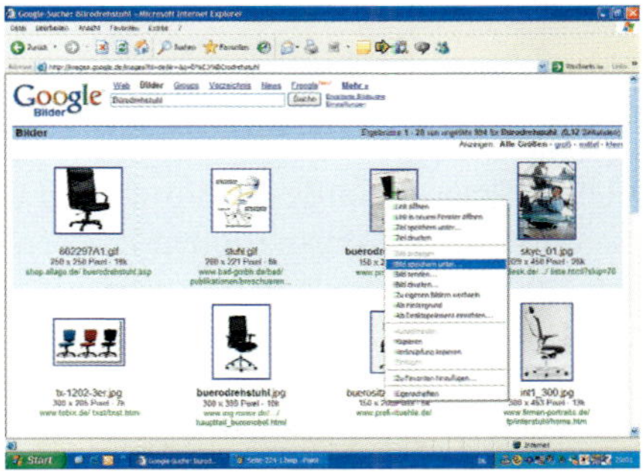

### Grafikformate

*www.adobe.com/svg*

Grafikformate gibt es viele, doch nur wenige eignen sich für die Weiterverarbeitung. Die Formate **.bmp, .wmf** und **.tif** sind nur für den internen Gebrauch am PC tauglich. Durch ihre Größe ist ein Transport über Datenleitungen nur schwer möglich.

### Geeignete Grafikformate

**.gif**

Das **GIF-Format (Graphics Interchange Format)** reduziert die Anzahl der Farben in einer Grafik. Die kleinen Dateien sind vom Original kaum zu unterscheiden. GIF-Dateien enthalten auch kleine Animationen (spielende Katzen, blinkende Briefkästen usw.), wie sie häufig auf Internetseiten gesehen werden.

**.jpg**

**JPEG (Joint Photographic Experts Group)** rechnet die Bildinformationen herunter, macht die Dateien kleiner, aber hat Einbußen in der Qualität zur Folge. Es eignet sich vor allem für farbenreiche Fotografien.

**.png**

Das Format **PNG (Portable Network Graphics)** vereinigt die Vorteile von GIF und JPEG. PNG komprimiert ohne Verluste, aber noch mit einer relativ hohen Dateigröße.

**.svg**

**SVG (Scalable Vector Graphics)** arbeitet mithilfe einer Vektorgrafik, die beliebig skalierbar (stufenloses Vergrößern und Verkleinern) ist, ohne auch nur den geringsten Qualitätsverlust in Kauf nehmen zu müssen.

### Sound und Film



Einige Programme bieten die Möglichkeit, eine Präsentation mit Sound und Film zu beleben. Es finden sich **Sound- und Musikdateien** sowie **Videoclips** im **Internet** oder in **digitalen Lexika.** Aber nur unter Berücksichtigung des **Urheberrechtes** dürfen die gefundenen Dateien heruntergeladen, kopiert und in eine Präsentation eingebunden werden.

Das Herunterladen bzw. Kopieren von Film- und Sounddateien erfolgt in der gleichen Arbeitsweise wie bei Bildern und Grafiken. In Windows-Programmen werden Sound- und Videodateien über das Menü **Einfügen – Film und Sound – Sound/ Film aus Datei** eingefügt. In PowerPoint sind z. B. die Dateiformate **.avi** und **.mpg** für Videodateien und **.wav** für Sounddateien verwendbar.

## 7.3.3 Datenweitergabe und -austausch

Viele Verlage, Behörden, Institutionen und Unternehmen bieten auf ihrer Homepage wertvolle Informationen in Form von PDF-Dateien an. Das PDF-Format ermöglicht einen sicheren Austausch digitaler Dokumente – vor allem im Internet. Die Darstellung und das Aussehen eines PDF-Dokuments sind im Gegensatz zu Textdateien an jedem Computer identisch. Schriftarten, Layouts und Seitenumbrüche sehen auf jedem Rechner gleich aus. PDF-Dateien können nur gelesen werden. Eine inhaltliche Veränderung ist nicht möglich.

### PDF-Dateien lesen

Zum Lesen von PDF-Dateien ist das Programm „Adobe Reader“ notwendig. Die Firma Adobe bietet die Software zum kostenlosen Herunterladen auf ihrer Homepage an. Nicht selten wird der „Adobe Reader" beim Anklicken eines Download-Links zum Herunterladen vom jeweiligen Informationsanbieter zur Verfügung gestellt.

### PDF-Dateien erstellen

Für die Datenweitergabe und den Datenaustausch ist das systemübergreifende PDF-Format heute nicht mehr wegzudenken. Mittlerweile gibt es viele Programme, die Dokumente in das universelle Format konvertieren. Sie unterscheiden sich durch Funktionen, die ein differenziertes Abstufen von Sicherheit und Qualität ermöglichen:

| Verwendung | Anforderungen |
|---|---|
| • Dokumente zur **Veröffentlichung im Internet** | • kleine Dateigröße<br>• schnell herunterladbar |
| • Dokumente zum **professionellen Druck** | • höchste optische Genauigkeit<br>• Farbtreue |
| • **Vertrauliche und sensible** Geschäftsdokumente | • Kontrolle über Zugriff<br>• Schutz vor Manipulationen |

Der Verfasser sollte durch entsprechende Optionen bestimmen können, wer seine Dokumente auf welche Weise verwendet.

BEISPIELE:

- *Das Dokument kann nur gelesen, aber nicht gedruckt werden*
- *Inhalte des Dokuments dürfen kopiert/nicht kopiert werden.*
- *Zum Öffnen des Dokuments ist ein Passwort/kein Passwort notwendig.*
- *Das Einfügen eines Wasserzeichens erhöht die Sicherheit.*

### Dateien packen und entpacken

Gepackte Dateien sind umfangreiche Dateien, die mithilfe eines **Packprogramms** auf eine **kleine Dateigröße** gebracht werden, um so einen unproblematischen Datenaustausch zu ermöglichen. Bevor eine gepackte Datei bearbeitet werden kann, muss sie entpackt werden. Dazu benötigt man die Pack-Software. Das bekannteste Packprogramm ist **Winzip.** Liegt eine Datei im **ZIP-Format** vor, kann sie in Winzip entpackt werden. Beim Komprimieren werden die Dateien im sogenannten **Zip-Archiv** abgelegt. Ein Zip-Archiv lässt sich an der Namenserweiterung **.zip** erkennen. Wer im Explorer auf das Zip-Archiv einen Doppelklick setzt, entpackt die Dateien automatisch. Diese stehen nun zur weiteren Verarbeitung zur Verfügung.

# 7.4 Informationen präsentieren

## 7.4.1 Präsentationsformen

Es gibt viele Möglichkeiten, Informationen zu präsentieren. Die wichtigsten sind:

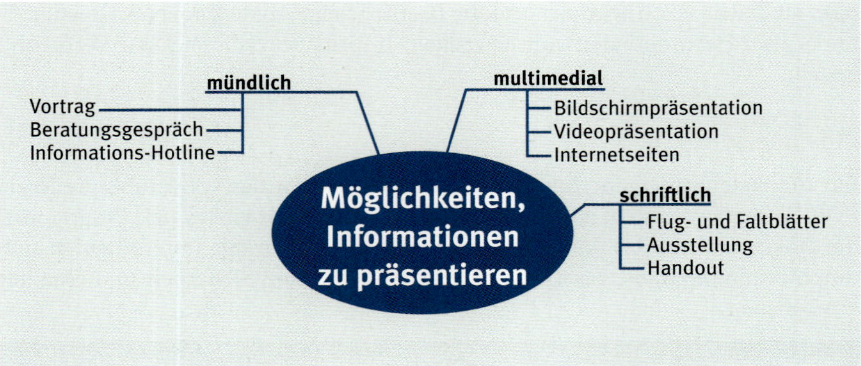


## 7.4.2 Faktoren des Präsentationserfolgs

Durch eine gute Vorbereitung lässt sich der Erfolg einer Präsentation im Wesentlichen planen und beeinflussen. Dabei sollten Sie auf verschiedene Faktoren achten (siehe folgende Abbildung).

**Stellen Sie sich folgende Fragen:**

- Was ist der Anlass der Präsentation?
- Was soll mit der Präsentation erreicht werden?
- Welches Publikum wird erwartet?
- Welche Inhalte sollen präsentiert werden?
- Welche Medien können die Präsentation unterstützen?

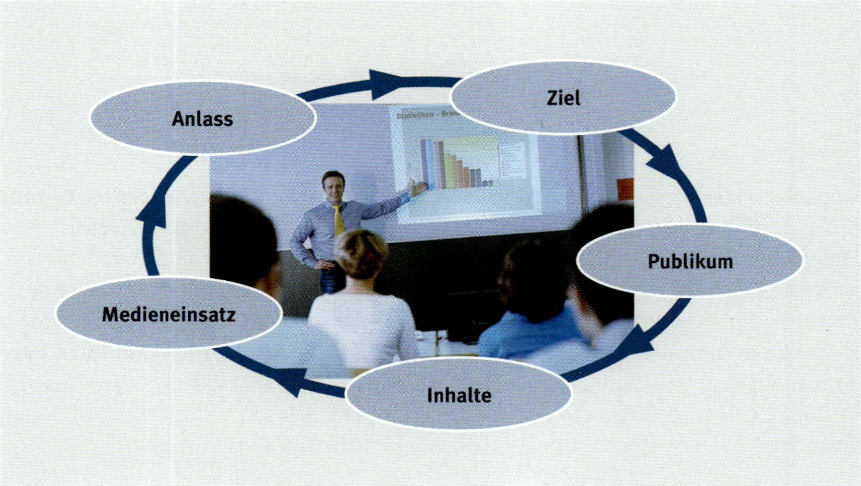


## 7.4.3 Gestaltungsregeln

Ob eine Seite/Präsentation zum Lesen/Zuschauen einlädt, hängt sehr stark von ihrer Gestaltung und Einteilung ab. Deshalb sind ein paar grundlegende Gestaltungsregeln zu beachten:

## Positionierung der Gestaltungselemente

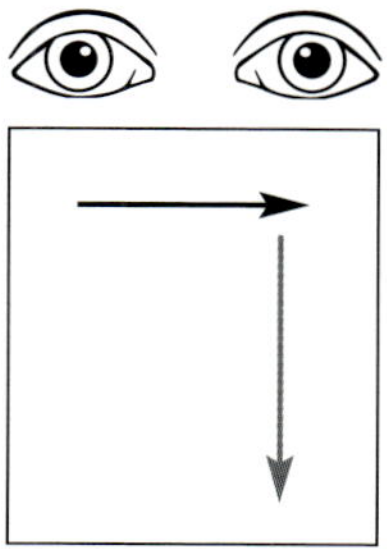

- Achten Sie auf die **Sehgewohnheiten** der Leser/Zuschauer. Nach wissenschaftlichen Untersuchungen fällt der Blick **von links nach rechts** und **von oben nach unten rechts.** Werden die natürlichen Sehgewohnheiten nicht beachtet, entstehen **kognitive Dissonanzen,** d.h. von den Lesern/Zuschauern werden die Aussagen nicht oder eingeschränkt wahrgenommen.
- Zur Positionierung wichtiger Informationen sollten die **natürlichen Brennpunkte** einer Präsentationsfolie oder eines Blattes, also die **beiden oberen Ecken,** das **Zentrum** und die rechte **untere Ecke** beachtet werden, damit sie sofort ins Auge fallen.
- Die **Anordnung bzw. Reihenfolge** der Gestaltungsmöglichkeiten signalisiert die Wichtigkeit der Information.

## Schriftart und -größe

- Enscheiden Sie sich für **eine Schriftart.**
- Variieren Sie sparsam mit **Schriftgröße** und **Hervorhebungen** wie fett und kursiv, sonst haben Sie ganz schnell den entgegengesetzten Effekt erzielt, und die Seite/Präsentationsfolie wirkt unübersichtlich und chaotisch.
- Lassen Sie bei der Gestaltung von Überschriften eine **Hierarchie** erkennen.

BEISPIEL:
*Überschrift 1 in 16 pt (= 6 mm), Überschrift 2 in 14 pt (= 5,25 mm), Text in 12 pt (= 4,5 mm).*

## Farbeinsatz

- Verwenden Sie in einem Text/in einer Bildschirmpräsentation grundsätzlich nicht mehr als **vier Farben.**
- **Gezielter Farbeinsatz** signalisiert die Wichtigkeit.
- Farben können **Bedeutungsträger** sein. Achten Sie deshalb auf die **grundlegende Farbsymbolik.**

BEISPIELE:
- ***Rot*** *für Blut, Liebe, Gefahr usw.,*
- ***Grün*** *für Natur, Hoffnung,*
- ***Schwarz*** *für Trauer.*

- Viele Firmen haben wie Parteien eine Farbe, mit der sie sich nach außen präsentieren. Solche einmal gewählten **Farbcodes** müssen, um wirksam zu sein, konsequent beibehalten werden.

## Kreative Gestaltungselemente

Nehmen Sie Sprichwörter wie

| | |
|---|---|
| *„Sprich, damit ich dich sehe!“* | Antiker Spruch |
| *„Jede Sprache ist Bildersprache.“* | Wilhelm Busch |

wörtlich und gestalten Sie auf Ihren Folien, Flug- und Faltblättern **„Hingucker"** durch bildhafte Darstellung von Wörtern, durch passende Grafiken und Symbole.

BEISPIELE:

*Arbeitsblatt 4*

### Bildschirmpräsentationsfolien

- Folien nicht mit **Effekten** überfrachten.
- Die Animation von Textteilen bietet viel Potenzial. Zeilen können mit einer frei wählbaren Geschwindigkeit schrittweise eingeblendet werden und so die Aufmerksamkeit des Zuschauers auf eine bestimmte Aussage lenken.
- Weniger ist mehr. Das gilt auch für die **Animation** von Textteilen. Pro Folie sollten Sie nicht mehr als zwei Bereiche hintereinander animieren. Zu viele Animationen könnten sonst abstumpfend wirken.
- Warten Sie nach der Präsentation einer Folie **ein bis zwei Minuten,** bevor Sie die nächste Folie einblenden. Das hilft dem Zuhörer, sich auf das gesprochene Wort zu konzentrieren.

7

## 7.4.4 Körpersprache und Rhetorik

*Das magische Dreieck einer erfolgreichen Präsentation – Präsentationsfaktoren*

### Körpersprache

- Halten Sie **Blickkontakt** zum Publikum. Fixieren Sie Ihren Blick nicht in eine Richtung oder auf eine Person.
- Reden Sie möglichst **frei** und lesen Sie nicht stur vom Manuskript ab.
- Nehmen Sie eine **offene** und **freundliche Haltung** ein.
- Unterstreichen Sie Ihre Aussagen durch eine **natürliche Gestik.**
- Achten Sie auf eine **entspannte Mimik.**

### Rhetorik

- Formulieren Sie Ihre **Sätze** möglichst **kurz** und **verständlich.** Erklären Sie Fach- und Fremdwörter.
- Achten Sie auf eine **deutliche Sprechweise,** die in der **Lautstärke angemessen** ist. Legen Sie Wert auf die richtige **Betonung.**
- **Sprechen** Sie **gleichmäßig** und legen Sie an geeigneten Stellen **kleine Pausen** ein.
- Setzen Sie **Akzente,** indem Sie Effekte setzen, Interesse wecken und Spannung erzeugen.

## Eine Präsentation vorbereiten

| Nr. | Teilprozess | Hilfsmittel | Bemerkung |
|---|---|---|---|
| 1 | Präsentation erstellen ↓ | | |
| 2 | Anlass und Ziel → Thema; ↓ | Mindmapping | Raum |
| 3 | Zielgruppe analysieren ← Wichtigkeit ← Botschaft (Wichtigkeit ↑ Thema); ↓ | | |
| 4 | KISS-Regel SAGE-Formel → Stoffauswahl ← Auswählen ← Ordnen ← Sammeln; ↓ | | |
| 5 | Inhalte strukturieren ← Einstieg Hauptteil Schluss ← AIDA-Formel; ↓ | | |
| 6 | Präsentation planen ← Roter Faden ← Dramaturgie (Roter Faden ↑ Einstieg Hauptteil Schluss); ↓ | | |
| 7 | Gestaltungselemente → Medieneinsatz; ↓ | | |
| 8 | Vortragende/Vortragender ← Mimik ← Gestik; ↓ | Vortragsmanuskript | |
| 9 | Präsentation | Handout | |

## *Zusammenfassung*

1 Zur Informationsbeschaffung stehen die **unterschiedlichsten Informationsquellen** wie z. B. Zeitungen, Bibliotheken, Lexika, CD-ROMs, Internet usw. zur Verfügung.

2 Über den QR-Code können Informationen (z. B. Fahrpläne aus dem Internet) über ein internetfähiges Mobiltelefon zielgerichtet beschafft werden. Suchhilfen wie **Inhalts- und Stichwortverzeichnisse, Schlagwortkataloge, Baumstrukturen** sowie **Suchmaschinen und Kataloge** erleichtern das Auffinden von gesuchten Informationen.

3 Gefundene Informationen müssen auf **Aussagekraft** und **Wahrheit** überprüft werden.

**Zusammenfassung**

4 Im Umgang mit Informationen sind die Bestimmungen des **Urheberrechts** und des **Datenschutzes** zu beachten.

5 Informationen müssen zur Präsentation **aufbereitet** werden.

6 Informationen können auf unterschiedliche Weise präsentiert werden: **schriftlich, mündlich, multimedial.**

7 Damit **Präsentationsmittel** wirken, müssen **Gestaltungsregeln** beachtet werden.

8 **Körpersprache** und **Rhetorik** beeinflussen die Wirkung einer Präsentation entscheidend.

**Aufgaben**

1 Für das Fach Deutsch muss Adrian ein Referat ausarbeiten. Er benötigt dazu Informationen. Da er fast alle Arbeiten am PC erledigt, sucht er nach digitalen Informationsquellen, die er am PC aufbereiten kann. Welche Möglichkeiten bieten sich, und was sollte Adrian beachten?

2 Susanne hat eine umfangreiche schriftliche Arbeit im Fach Büroorganisation erstellt, die für alle Mitschülerinnen und Mitschüler zur Prüfungsvorbereitung dient. Mit welchen Suchhilfen kann sie das Auffinden von gesuchten Informationen erleichtern?

3 Herr Seelmann hat für seinen Vortrag „Neue Marktstrategien" im Internet eine Menge Informationen gefunden. Einige Erkenntnisse, Strategien usw., die er in unterschiedlichen Quellen gefunden hat, widersprechen sich. Welche Ursachen könnten dafür infrage kommen?

4 Welche Möglichkeiten kennen Sie, Informationen zu präsentieren?

5 Herr Seelmann hat seinen Vortrag fertig ausgearbeitet. Jetzt möchte er noch seine Körpersprache und Rhetorik verbessern. Worauf sollte er achten?

**HOT**

## Informationen beschaffen, bewerten und benutzen

### Methodenbeschreibung

Die Wissensmenge verdoppelt sich alle 35 Jahre. Immer mehr Aufgaben sind mit Recherchen verbunden. Die Möglichkeiten der Informationsbeschaffung sind groß. So können Informationen z. B. über Zeitungen, Videotext, Zeitschriften, Bücher, CD-ROMs und das Internet gesucht werden.

HOT

## Tipps zur Informationsbeschaffung

1. Erstellen Sie eine Liste, wo und wie Sie die notwendigen Informationen beschaffen.
2. Suchen Sie nach geeigneten Informationsquellen und prüfen Sie, ob sie für Ihre Zwecke geeignet sind.
3. Nutzen Sie möglichst unterschiedliche Quellen.
4. Führen Sie ein Protokoll darüber, wo Sie welche Informationen gefunden haben.

| Quellenprotokoll | |
|---|---|
| **Thema:** | |
| **Art des Materials:** | **Angaben zur Quelle:** |
| Buch | Titel:<br>Autor:<br>Verlag: |
| Internet | Titel:<br>Adresse:<br>Pfad: |
| usw. | |

5. Überlegen Sie, wie Sie die zusammengetragenen Daten ordnen wollen.
6. Sprechen Sie mit Ihren Mitschülerinnen und Mitschülern über die gefundenen Informationen.
7. Ordnen und bewerten Sie die gefundenen Informationen.
8. Legen Sie eine geeignete Form der Präsentation Ihrer Ergebnisse fest.

# 8 Telekommunikation

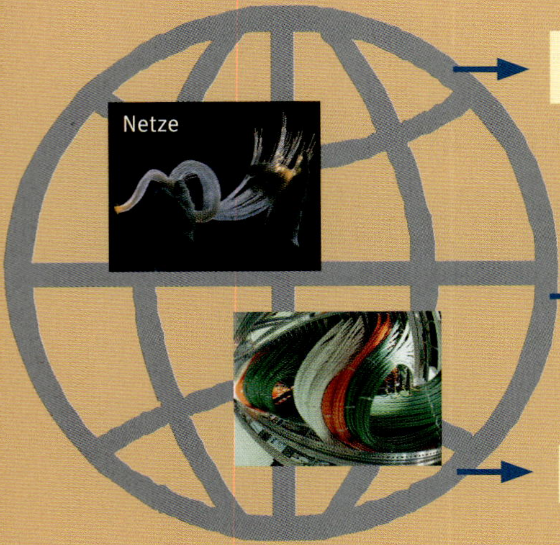


**Telekommunikationsnetze**
- analoges Telefonnetz
- ISDN
- Mobilfunknetze
- IDN
- DSL

**Netzwerke**
- WLAN
- MAN
- PAN
- WAN
- LAN
- GAN

**Internet**
- Intranet
- Extranet

**Verhalten am Telefon**

Wie melde ich mich richtig?

Wie gehe ich mit einem Kunden am Telefon um?

Wie beende ich das Telefongespräch richtig?

Welche **Funktionen** und **Leistungsmerkmale** hat unser **Telefon** und unser **Faxgerät**?

- Rufnummernübermittlung
- Anrufweiterschaltung
- Dreierkonferenz
- Makeln
- Rufnummernsperre
- usw.

- Rundsenden
- Fax-Polling
- Gruppenwahl
- usw.

*Lernziele*

- Telekommunikationsnetze kennen.
- Leistungsmerkmale im ISDN kennen und nutzen.
- Zusatzeinrichtungen für das Telefon kennen und wirtschaftlich einsetzen.
- Korrektes Verhalten am Telefon praktizieren.
- Leistungsmerkmale von Telefaxgeräten kennen und die Funktionen wirtschaftlich nutzen.
- E-Mail als schnelles, günstiges und unkonventionelles Kommunikationsmittel nutzen.

*Fallbeispiel*

Für die Übungsfirma MODE CONNECTION GmbH soll im nächsten Schuljahr eine neue Telekommunikationsausstattung angeschafft werden. Die Mitarbeiterinnen und Mitarbeiter werden in die Planung mit einbezogen.

**Folgende Vorüberlegungen sind notwendig:**

- Welches Telekommunikationsnetz kommt infrage?
- Welche Telefonanlage ist notwendig?
- Welche Leistungsmerkmale soll das System aufweisen?
- Wie kommen wir ins Internet?
- Können konventionelle Festnetzfunktionen mit Internettelefonie- und Mobilfunkfunktionen kombiniert werden?
- Wie können wir ständig erreichbar sein?

## 8.1 Telekommunikationsnetze

**In Deutschland werden folgende Telekommunikationsnetze genutzt:**

- analoges Telefonnetz,
- Dienste integrierendes digitales Netz = ISDN,
- Mobilfunknetze,
- Satellitentechnik,
- integriertes Text- und Datennetz = IDN,
- Zugang zum Internet durch DSL (Digital Subscriber Line).

*Arbeitsblatt 1 Telekommunikationsnetze I*

8

Netzbetreiber verknüpfen die **Netzbezeichnungen** mit eigenen Namen, z. B. nennt die Deutsche Telekom AG **ISDN** T-ISDN oder **DSL** T-DSL.

Je nachdem, welche **Entfernungen und wie die Entfernungen zwischen den Teilnehmern** (private oder öffentliche) überbrückt werden, unterscheidet man die folgenden **Netzorganisationen**:

- **Wireless LAN** = kabelloses **L**ocal **A**rea **N**etwork (nicht flächendeckend, sondern lokal begrenzt; Reichweite 10 bis 100 m),
- **PAN** = **P**ersonal **A**rea **N**etwork (z. B. ein handygesteuertes personenbezogenes Netz),
- **LAN** = **L**ocal **A**rea **N**etwork (z. B. Betriebsgelände, Schule, EDV-Raum),
- **MAN** = **M**etropolitan **A**rea **N**etwork (z. B. Stadtgrenze),
- **WAN** = **W**ide **A**rea **N**etwork (z. B. Landes- oder Kontinentgrenze),
- **GAN** = **G**lobal **A**rea **N**etwork (weltweit).

### Vernetzungsmöglichkeiten für geschlossene Benutzergruppen:

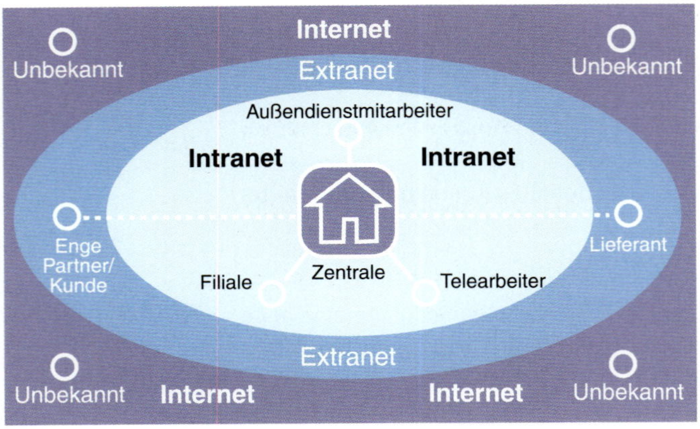


**Intranet**
Das Intranet ist ein Computernetz, das einem geschlossenen Kreis bekannter Nutzer zur Verfügung steht. Der geschlossene Benutzerkreis umfasst bei einem Intranet nur Angehörige eines Unternehmens bzw. einer Organisation.

**Extranet**
Das Extranet ist wie das Intranet ein Netz, das nur unternehmensinternen Nutzern zur Verfügung steht. Über Zugangsberechtigungen werden bestimmte Informationen, Dateien und Anwendungen des Intranets auch Partnern oder Kunden zugänglich gemacht.

Unter **Telekommunikation** versteht man die Übermittlung bzw. den Austausch von Nachrichten zwischen räumlich voneinander entfernten Teilnehmern.

**Einfaches Kommunikationsmodell**

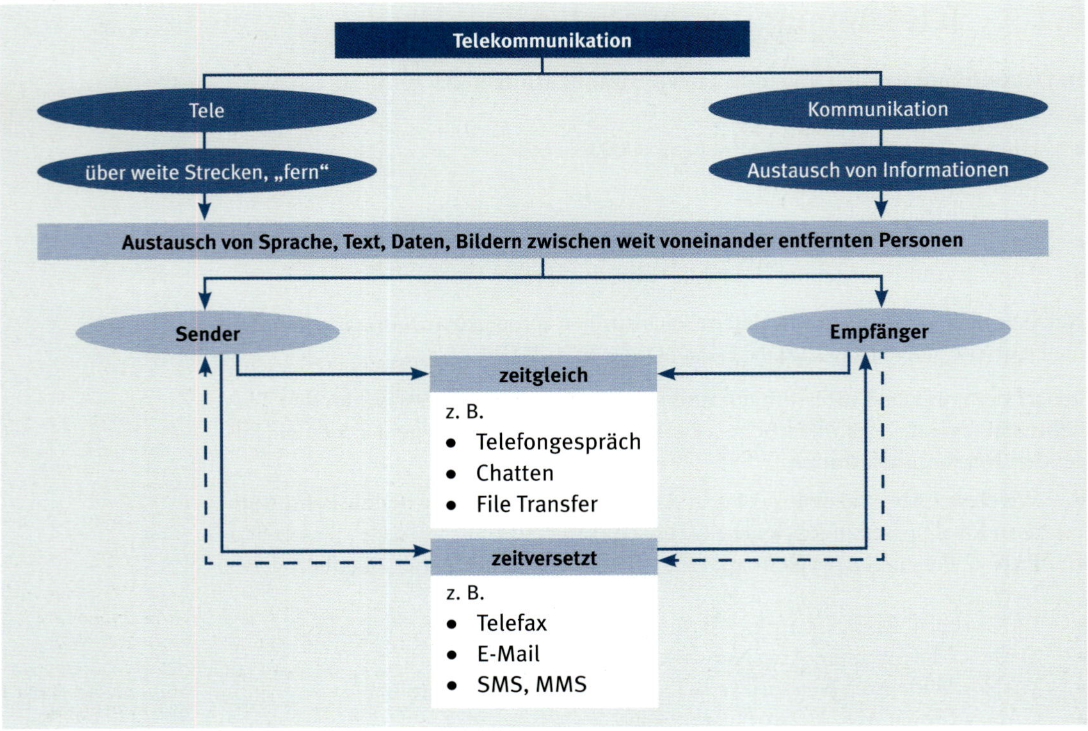

**Bundesnetzagentur**

Seit dem 13. Juli 2005 ist die frühere „Regulierungsbehörde für Telekommunikation und Post“ umbenannt worden in **Bundesnetzagentur.** Mit der Umbenennung wurde auch die Zuständigkeit um die Bereiche Strom, Gas und Eisenbahn erweitert.

*www.bundesnetzagentur.de*
*www.gesetze-im-internet.de*

**Im Bereich der Telekommunikation und Post hat die Bundesnetzagentur folgende Aufgaben:**

- die flächendeckende Grundversorgung mit Telekommunikations- und Postdienstleistungen in Deutschland zu sichern,
- die Marktstellung dominanter Anbieter zu kontrollieren und neuen Anbietern auf dem Markt zu chancengleichen Bedingungen zu verhelfen,
- die Vergabe von Lizenzen.

# 8.2 Telefonieren im analogen und digitalen Festnetz

## 8.2.1 Telefonbücher

*Arbeitsblatt 2 Telekommunikationsnetze II*

Jedem Teilnehmer wird mit dem Anschluss seines Telefons von der Post eine Reihe von Telefonbüchern kostenlos ausgehändigt. In der Regel sind dies:

- **Das Telefonbuch**
  Deutschland ist in Geltungsbereiche (Ortsnetzbereiche) gegliedert. Der neue Teilnehmer erhält den Band seines Geltungsbereichs. Die für einen Geltungsbereich oder eine Gemeinde zutreffende Telefonnummer kann man im Verzeichnis der Vorwahlen und Tarifbereiche der Deutschen Telekom AG nachschlagen.
- **Die „Gelben Seiten“, das Branchen-Telefonbuch zum Telefonbuch**
  Nach Branchen geordnet sind hier die Rufnummern von Teilnehmern aus Handel und Gewerbe, Industrie, freien Berufen und Behörden aufgeführt.
- **Das Örtliche**
  Es enthält eine Zusammenstellung von Ortsnetzen und Ortsnetzteilen. Die Eintragungen entsprechen allerdings weitgehend dem Haupteintrag in den Telefonbüchern. Jeder Fernsprechteilnehmer erhält kostenlos ein Exemplar. Finanziert wird das „Örtliche“ durch kostenpflichtige Nebeneinträge, Werbung und den Verkauf zusätzlicher Exemplare.

Telefonbücher und Branchen-Verzeichnisse können auch im Internet ***(www.das-telefonbuch.de)*** aufgerufen werden. Ein Suchassistent hilft bei der bundesweiten Recherche.

*www.teleauskunft.de*
*www.teleinfo.de*
*www.branchenbuch.de*
*www.gelbeseiten.de*
*www.klicktel.de*

Alle Eintragungen in den Telefonbüchern, die zum Auffinden einer Telefonnummer notwendig sind, sind gebührenfrei. Zusätzliche Eintragungen werden gesondert berechnet. Die Telefonbucheintragungen werden ständig überarbeitet und jährlich neu herausgegeben.

**Wechselt ein Kunde der Deutschen Telekom AG zu einem anderen Telefonnetzbetreiber, bleibt der Eintrag im Telefonbuch bestehen.**

**Zeichenerklärung im Telefonbuch**

| | |
|---|---|
| 543-1<br>897-0<br>213-01<br>787-00 | Rufnummern von Telefonanlagen (Nebenstellenanlagen) mit Durchwahlmöglichkeit |
| 543-867 | Durchwahlrufnummer einer Nebenstelle |
| § 116677 | Der Teilnehmer hat der Eintragung in elektronische Verzeichnisse und über die Rufnummer hinausgehender Auskunft widersprochen. |
| ‹3445› | Der Teilnehmer erhält demnächst die in spitzen Klammern angegebene Rufnummer. |
| 0800 8756 | Service 0800; der Anruf wird – ohne zusätzliche Kosten für den Anrufer – weitergeleitet. |
| Fax 8899 | Rufnummer eines Telefaxanschlusses; kostenpflichtiger Zusatzeintrag |
| Tel/Fax | Eintrag eines kombiniert genutzten Telefon- und Telefaxgerätes |
| + 115555 | + Die Telefonnummer des Anrufenden wird nicht angezeigt. |
| Rhein-3 | Das Wort „Straße“ wird im Allgemeinen durch einen Bindestrich ersetzt, z. B. Rhein- = Rheinstraße. |
| 0171 8131415<br>0170 3587923<br>0172 843326 | Beispiele für Mobilfunktelefonnummern |
| (Hsn) | abgekürzter Ortsname |

## 8.2.2 Kosten für die Wählverbindungen

*www.tele2.de*
*www.t-com.de*
*www.hansenet.de*
*www.arcor.de*
*www.netcologne.de*
*www.kabel deutschland.de*

Die Deutsche Telekom AG ist der größte Festnetzbetreiber und -anbieter. Seit am 1. Januar 1998 der Markt in Deutschland für Festnetzanbieter, sog. Serviceprovider, geöffnet wurde, hat der Kunde die Möglichkeit, durch die freie Wahl des Anbieters seine Telefonkosten zu senken. Jeder Anbieter hat seine **Tarifstruktur** mit eigenen **Entfernungszonen, Tarifzeiten und Abrechnungssystemen (neue Zähltakte, Sekunden-, Minutenpreise usw.).** Sondervereinbarungen und Preisnachlässe für Vieltelefonierer erschweren den Preisvergleich.

### Call-by-Call-Selection

Beim Call-by-Call-Verfahren kann der Nutzer bei jedem **Nah-, Fern-** oder **Auslandsgespräch** selbst entscheiden, in welches Netz er sich einwählen möchte. Soll über einen anderen Anbieter als die Deutsche Telekom AG telefoniert werden, muss man als erste Ziffernfolge die **010** und dann die **zweistellige Auswahlziffer** des gewünschten Anbieters wählen.

BEISPIELE:

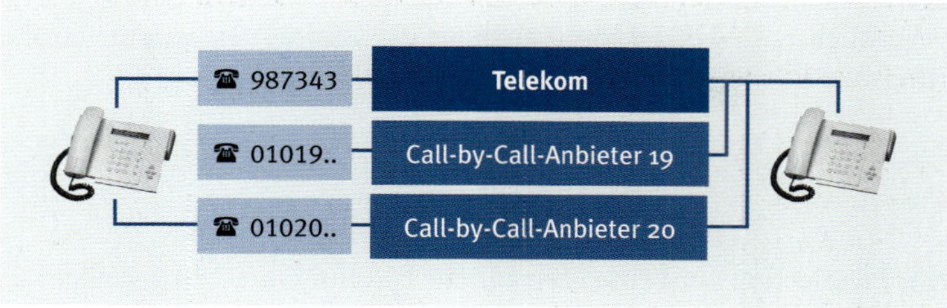


*Call-by-Call-Verbindung nach München:*

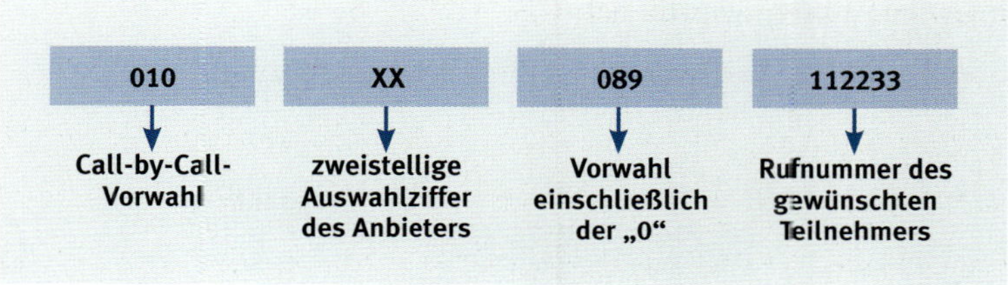


Seit dem 1. Januar 2002 besteht der Wettbewerb auch im **Ortsnetz.** Zur Geschäftszeit sind die Tarife einiger Anbieter deutlich günstiger als **Ortsgespräche** über den City-Tarif der Telekom. Manche Anbieter sagen vor jedem Gespräch kostenfrei den jeweiligen Minutenpreis an. Bei **Verbindungen im Ortsnetz** muss stets die jeweilige **Ortsvorwahl** mitgewählt werden.

Die Vorwahl der Anbieter beginnt in der Regel mit 010. Mittlerweile gibt es aber auch Anbieter mit einer 01900er-Nummer, die nicht mit der Servicenummer 0190 der Telekom verwechselt werden darf.

8

- **Abrechnung von Call-by-Call-Gesprächen**

Die Abrechnung der Call-by-Call-Gespräche erfolgt über die Telekom-Rechnung am Ende des Monats. Die **Verbindungsentgelte,** die durch Verbindungen über **andere Provider** entstanden sind, werden gesondert ausgewiesen.

Die Mitarbeiter des Telekom-Callcenters beantworten bei Problemen keine Fragen zu den fremden Rechnungsbestandteilen. Ansprechpartner für diesbezügliche Rückfragen sind ausschließlich die anderen Anbieter. Auf der Rechnung wird deshalb die Telefonnummer des jeweiligen Call-by-Call-Anbieters angegeben. Zahlt ein Kunde nicht, muss er damit rechnen, dass die Netzkennzahlen der Call-by-Call-Anbieter automatisch gesperrt werden.

Wer einen genauen Überblick über die geführten Telefonate im Inland sowie zu ausländischen Zielen haben will, sollte bei seinem Anbieter/seiner Telefongesellschaft einen detaillierten **Einzelgesprächsnachweis** beantragen. Dieser ist kostenlos.

- **Preisschwankungen bei Call-by-Call-Gesprächen**

Verbraucherschützer mahnen zur Vorsicht bei Call-by-Call-Telefongesprächen. Call-by-Call-Anbieter müssen **Preisänderungen** nicht direkt ihren Kunden mitteilen. Es genügt die Benachrichtigung der Bundesnetzagentur. Deshalb sollte man sich nicht an eine Nummer gewöhnen, sondern immer wieder neu vergleichen. Die verlässlichste Quelle ist das Amtsblatt der Bundesnetzagentur (frühere Regulierungsbehörde für Telekommunikation und Post).

## Preselection

Mit Preselection wird eine **vertragliche Bindung** mit dem jeweiligen Anbieter eingegangen. Alle Telefonate werden automatisch auf das Netz des Providers umgeschaltet. Für diese Möglichkeit sollte man sich aber erst dann entscheiden, wenn man den Anbieter geprüft hat.

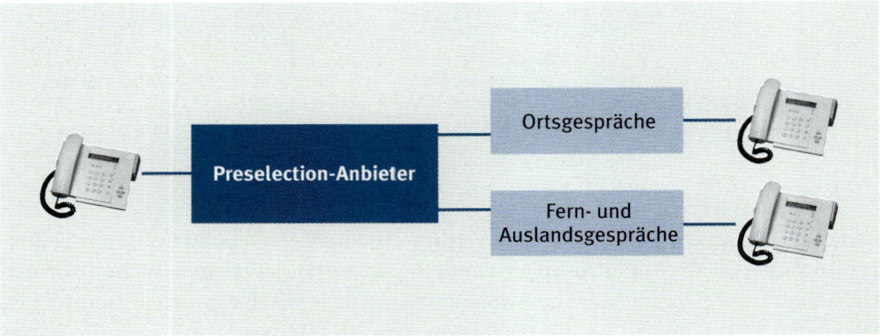


Die Nutzer bleiben weiter Kunden der Deutschen Telekom AG und bezahlen auf deren Konto auch die monatliche Grundgebühr für den Telefonanschluss. Für die Umstellung berechnet die Deutsche Telekom AG eine einmalige Gebühr. Manche Anbieter übernehmen die Kosten für den Antrag und die Ummeldung.

8

Wer die Deutsche Telekom AG komplett verlassen hat und mit seinem Telefonanschluss zu einem anderen Anbieter gewechselt ist, kann weder Preselection noch Call-by-Call nutzen.

**Was ist vor einem Anbieterwechsel zu tun?**

- Überprüfen Sie Ihr Telefonverhalten. Das Erstellen von Anruf-Protokollen, die Auskunft über die Länge, die Uhrzeit und die Entfernung zum Gesprächspartner geben, ist dabei sehr hilfreich.
- Besonders wichtig ist auch die Erprobung der freien Leitungskapazitäten zu unterschiedlichen Zeiten.
- Gehen Sie zunächst keine langfristigen Verträge ein. Testen Sie die Telefongesellschaft – wenn möglich – zunächst einmal über das Call-by-Call-Verfahren.
- Lesen Sie vor Vertragsabschluss die „Allgemeinen Geschäftsbedingungen“ gründlich durch. Informieren Sie sich über Kündigungsfristen, Rechnungsstellung, Einzelverbindungsnachweise, Gültigkeit der Tarife und Entstörungsfristen.

## 8.2.3 Servicenummern im Festnetz

**Tarife und Besonderheiten der Servicenummern**

| | |
|---|---|
| 0800 | Immer für den Anrufer kostenlos |
| 00800 | Kostenlose Anrufe aus dem Ausland möglich |

| | |
|---|---|
| 0180 **1** | **Die fünfte Ziffer gibt Aufschluss über den Preis.** Die Anbieter sind verpflichtet, die Preise zu den entsprechenden Nummern anzugeben. |
| 0180 **2** | |
| 0180 **3** | |
| 0180 **4** | |
| 0180 **5** | |

| | |
|---|---|
| 0900 **1** ... | Information |
| 0900 **3** ... | Unterhaltung |
| 0900 **5** ... | überwiegend Erwachsenenunterhaltung |
| 0900 **9** ... | Interneteinwahlprogramme (Dialer) |

## 8.2.4 Telefonapparate

Das Angebot von Telefonapparaten für das digitale ISDN und das analoge Netz ist groß. Die Tastenbelegung ist ähnlich wie beim Mobiltelefon. Die schnurlosen Geräte bestehen aus einer Basisstation und einem Mobilteil. Die Basisstation kann mit zusätzlichen Funktionstasten ausgestattet sein. Das Mobilteil ähnelt einem Handy.

*Arbeitsblatt 3 Wir lernen die Telefonanlage unserer Übungsfirma kennen*

Für den Schreibtisch sind die digitalen ISDN-Tischapparate geeignet. Die einzelnen Funktionen werden durch Tastencode über das Display aktiviert. Je nach Hersteller und Modell ist der Apparat mit fest programmierten Tasten (z. B. Verbinden, Makeln, Konferenz) ausgestattet.

*ISDN-Tischapparat*

*Mobiltelefon*

Die wichtigsten **Leistungsmerkmale:** menügeführte Bedienung, Klangmelodie einstellbar, Telefonbuchfunktion, Interngespräche gleichzeitig, Freisprechen, Wahl bei aufliegendem Hörer, Anruferliste, Wahlwiederholungsliste, automatische Wahlwiederholung, Funktionstasten, Anschluss für Headset, Direktruf, Anklopfen, Anrufweiterschaltung, Anzeige der Rufnummer des Anrufers, Tarif-/Entgeltanzeige, MMS/SMS im Festnetz, Unterdrückung der eigenen Rufnummer, Dreierkonferenz, Rückfrage/Makeln, Rückruf bei Besetzt.

Tipp

Telefon

**Bewegungsfreiheit durch ein Headset**

Beim Telefonieren muss meistens noch die PC-Tastatur bedient oder es müssen Unterlagen herausgesucht werden. Mit einem schnurlosen Headset ist man im Büro uneingeschränkt mobil. Die meisten Headsets garantieren eine Sprechzeit von acht Stunden und bieten einen Aktionsradius von bis zu 100 m vom Schreibtisch entfernt. Die Rufannahme und -beendigung, Stummschaltung sowie die Lautstärkenregelung können am Headset selbst vorgenommen werden.

8

## 8.2.5 Telekommunikationsanlagen

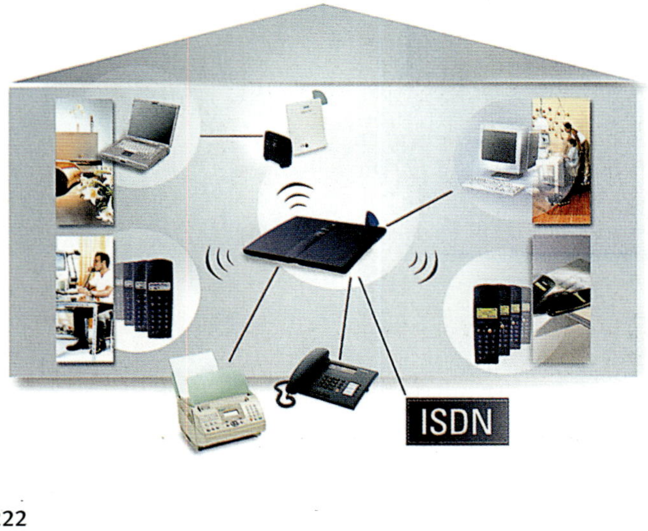


Von verschiedenen Herstellern werden analoge oder auch ISDN-fähige TK-Anlagen angeboten. TK-Anlagen können an einen analogen oder digitalen Telefonanschluss angeschlossen werden.

Mögliche Endgeräte einer TK-Anlage sind: Telefonapparate, Anrufbeantworter, Faxgeräte, Personal Computer, Türsprecheinrichtung. Je nach Ausführung können an die TK-Anlage zehn oder zwölf analoge Geräte oder je zur Hälfte digitale ISDN- und Analoggeräte an das ISDN-Netz angeschlossen werden.

Den mit der Anlage verbundenen Endgeräteanschluss (z. B. Telefon) bezeichnet man als **Nebenstelle.** Jede Nebenstelle verfügt über die Leistungsmerkmale der Telekommunikationsanlage. Darüber hinaus können die Nebenstellen kostenlos innerbetrieblich kommunizieren. Der Nutzungsgrad wird dadurch wesentlich gesteigert.

Nebenstellen werden über die entsprechende Durchwahlnummer direkt von außen angewählt.

**Für Nebenstellen können unterschiedliche Sprechberechtigungen eingerichtet werden:**

- **Voll berechtigte Nebenstelle.** Es können alle ankommenden und abgehenden Gespräche geführt werden.
- **Halb berechtigte Nebenstelle.** Ankommende Gespräche können entgegengenommen werden. Abgehende Gespräche sind häufig auf eine bestimmte Tarifzone beschränkt.
- **Nicht berechtigte Nebenstelle.** Es können weder ankommende noch abgehende Orts- und Ferngespräche geführt werden. Es sind nur Verbindungen zwischen den Nebenstellen möglich.

**Die wichtigsten zusätzlichen Leistungsmerkmale einer Telekommunikationsanlage:**

Neben den Leistungsmerkmalen, die im ISDN-Netz je nach Anschluss standardmäßig zur Verfügung stehen, können Telekommunikationsanlagen über folgende zusätzliche Leistungsmerkmale verfügen:

- **Anrufzuordnung**
  Mehrere Endgeräte der TK-Anlage werden bestimmten Telefonanschlüssen zugeordnet. So können über den ersten Telefonanschluss z. B. alle ankommenden Gespräche dem Endgerät für private Gespräche (oder geschäftlich, Faxe usw.) zugeleitet werden.
- **Aufschalten**
  Ein anderer Gesprächspartner kann sich in eine bestehende Gesprächsverbindung innerhalb der Nebenstellenanlage einblenden. Dies wird akustisch signalisiert.
- **Signaltaste**
  Bei Telefonen mit R-Taste kann man während eines Gesprächs Rückfragen tätigen oder eine Nebenstelle anrufen.
- **Anrufweiterschaltung von einzelnen Nebenstellen**
  Bei einem Komfortanschluss können Anrufweiterschaltungen zu externen Zielen für einzelne Nebenstellen eingerichtet werden.
- **„Apothekerschaltung“**
  Spezielle Verbindung zwischen einer TK-Anlage und einer Tür-Freisprech-Einrichtung.

## 8.2.6 Leistungsmerkmale im ISDN

Neben den gängigsten Leistungsmerkmalen bieten das **digitale** ISDN-Netz und das **analoge** Netz sowie viele **Telefonapparate** noch zusätzliche Leistungsmerkmale und Funktionen.

**Die wichtigsten Leistungsmerkmale im ISDN werden im Folgenden beschrieben.**

*Arbeitsblatt 4 Leistungsmerkmale unserer Telefonanlage*

### 8.2.6.1 Gleichzeitige, unabhängige Nutzung zweier Geräte

Im ISDN-Netz besteht die Möglichkeit der gleichzeitigen, unabhängigen Nutzung zweier Geräte durch zwei Leitungen.

BEISPIELE:

- *Zwei Personen können gleichzeitig telefonieren.*
- *Während eines Telefongesprächs kann dem Gesprächspartner ein Fax gesendet werden.*
- *Während des Surfens im Internet ist man trotzdem telefonisch erreichbar.*
- *Eine Leitung kann geschäftlich, die andere privat genutzt werden.*

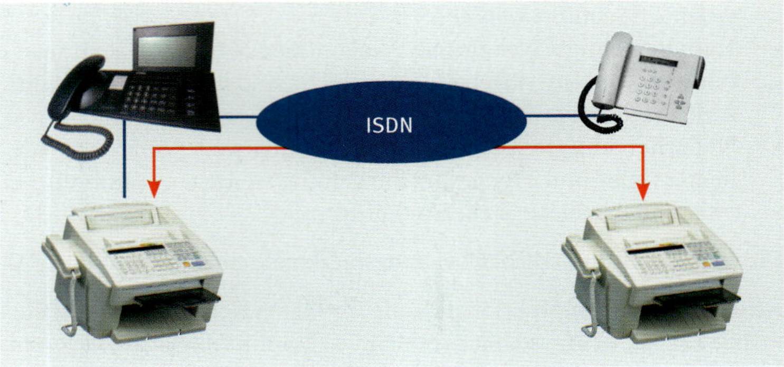


### 8.2.6.2 Rufnummernübermittlung/-anzeige

Die Rufnummer, der Name und die Verbindungsart werden vom Anrufer zum Angerufenen auf das Telefon-Display übermittelt. Umgekehrt kann die Rufnummer des Angerufenen zurück zum Anrufer übertragen werden.

**Vorteile:**

- Der Angerufene kann entscheiden, ob er das Gespräch annehmen möchte.
- Man kann nach Abwesenheit auf Knopfdruck überprüfen, wer in der Zwischenzeit angerufen hat.

Der Anrufer kann die Übermittlung seiner Rufnummer aber auch unterdrücken.

BEISPIEL:

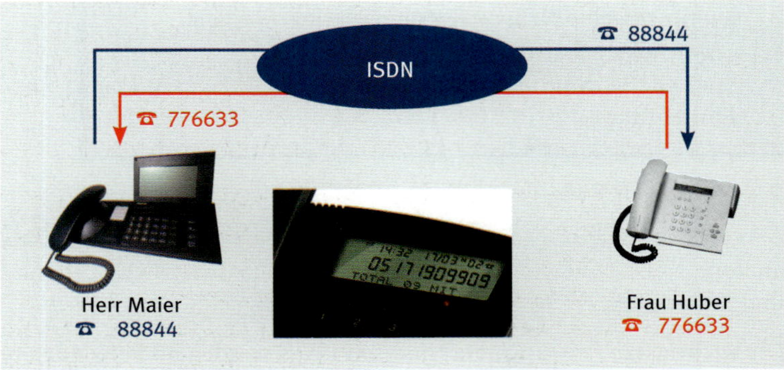

### 8.2.6.3 Rückruf bei Besetzt/Nichtmelden

Bei besetztem Anschluss muss nicht immer wieder neu gewählt werden. Dazu ist die Rückruf-Funktion zu aktivieren. Sobald der Anschluss frei geworden ist, kündigt dies ein Signalton an und der Anruf wird automatisch wiederholt.

Dieses Leistungsmerkmal funktioniert nicht bei den Servicenummern (z. B. 0180 oder 0900) oder wenn andere Anrufer beim Angerufenen „warten".

BEISPIEL:

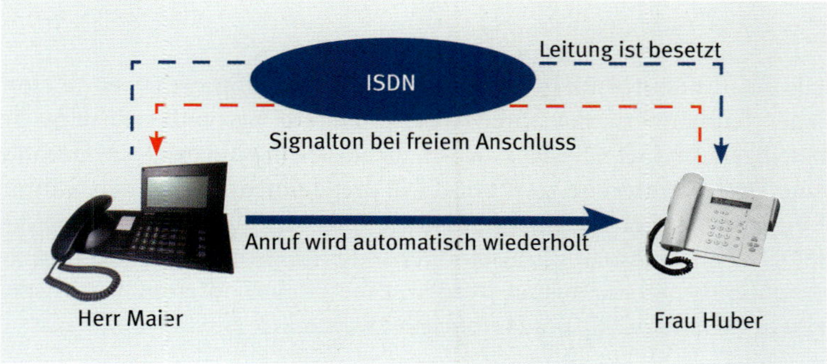


Meldet sich ein Teilnehmer nicht, kann man sich signalisieren lassen, wenn er wieder telefoniert. Sobald er sein Gespräch beendet hat, wird der Signalton gesendet.

### 8.2.6.4 SMS/MMS im Festnetz

Mit einem geeigneten Telefon können Sie ins Festnetz und in alle nationalen und internationalen Mobilfunknetze SMS oder MMS verschicken und empfangen.

Verfügt der Empfänger über kein entsprechendes Telefon, wird die Nachricht per Sprachcomputer vorgelesen oder er kann sie im Internet ansehen bzw. herunterladen.

### 8.2.6.5 Anrufweiterschaltung

Eine bekannte Situation: Man erwartet jeden Augenblick einen wichtigen Anruf, müsste aber schon längst ganz woanders sein. Die Lösung besteht in einem Umdirigieren des Anrufs an die andere Adresse. Am ISDN-Telefon können ankommende Anrufe zu jedem beliebigen Anschluss (D-Netz, E-Netz und analoger Telefonanschluss) weltweit weitergeleitet werden. Damit ist der Nutzer jederzeit erreichbar. Die Anrufweiterschaltung wird jeweils am eigenen Telefon eingeschaltet.

Dabei unterscheidet man vier Arten der Anrufweiterschaltung:

- **Direkte Anrufweiterschaltung** – Anrufe werden sofort weitergeleitet.
- **Anrufweiterschaltung bei Nichtmelden** – Anrufe werden erst nach 15 Sekunden weitergeschaltet.
- **Anrufweiterschaltung bei besetztem Anschluss.**
- **Selektive Anrufweiterschaltung** – Durch Einspeichern der entsprechenden Rufnummern kann bestimmt werden, für wen man erreichbar sein möchte.

Die Verbindungskosten bis zum angerufenen Anschluss werden dem Anrufer berechnet. Die Kosten für den weitergeschalteten Verbindungsabschnitt trägt der Auftraggeber der Anrufweiterschaltung.

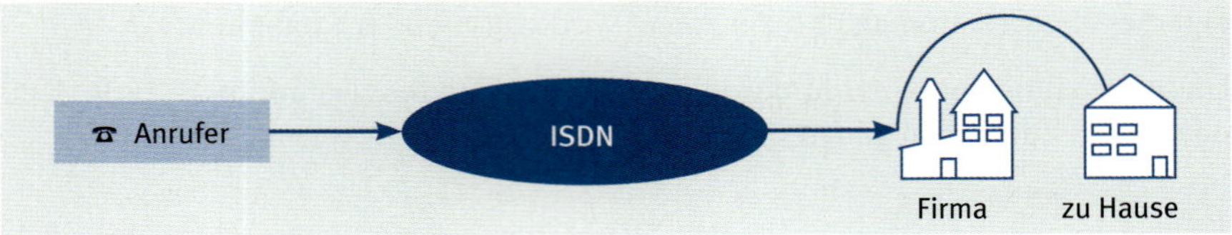


## 8.2.6.6 Dreierkonferenz

Die Telefonkonferenz ist eine Zusammenschaltung mehrerer Telefonanschlüsse. Jeder Teilnehmer kann hören, was der andere sagt, und sich selbst am Gespräch beteiligen. Im ISDN besteht die Möglichkeit, mit zwei externen Gesprächspartnern eine **Dreierkonferenz** zu führen. Die drei Teilnehmer können während des Telefongesprächs gleichzeitig miteinander sprechen. Auch Teilnehmer, die nicht über ISDN verfügen (analoges Telefonnetz oder Mobilfunknetz), können an eine Dreierkonferenz angeschlossen werden. Eine Dreierkonferenz kann jedoch nur von einem ISDN-Anschluss aus eingeleitet werden.

BEISPIEL:

## 8.2.6.7 Makeln

Während eines Telefonats kann ein weiterer Anruf angenommen werden, wenn das erste Gespräch in den sogenannten Haltezustand gebracht wird. So kann man mit dem zweiten Anrufer kurz sprechen und danach die erste Verbindung wieder aktivieren. Zwischen beiden Verbindungen kann gemakelt werden. Beim Makeln können maximal zwei Gesprächspartner in der Leitung gehalten werden, wobei man abwechselnd mit den Teilnehmern sprechen kann.

BEISPIEL:

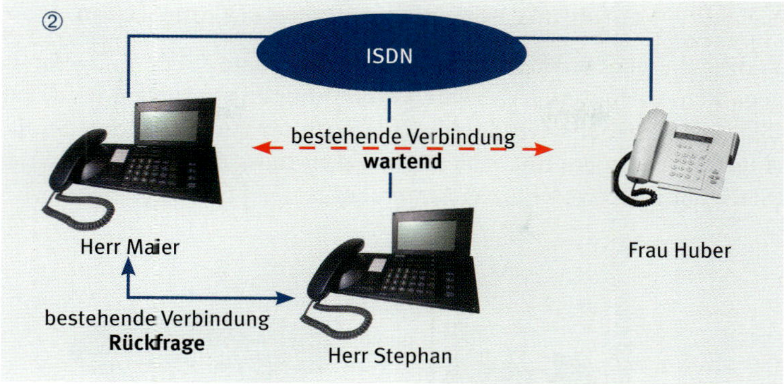


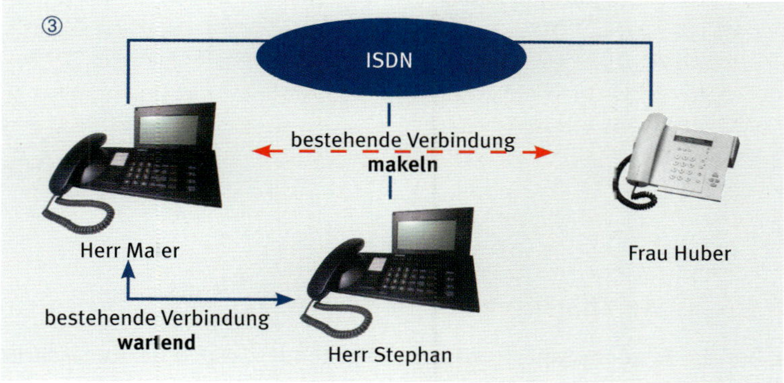


## 8.2.6.8 Anklopfen

Während eines Telefonats kann ein Verbindungswunsch eines Dritten am ISDN-Telefon optisch oder akustisch signalisiert werden. Der gerufene Teilnehmer kann sein Gespräch unterbrechen, Rücksprache mit dem Anklopfenden halten und anschließend das erste Gespräch fortsetzen.

BEISPIEL:

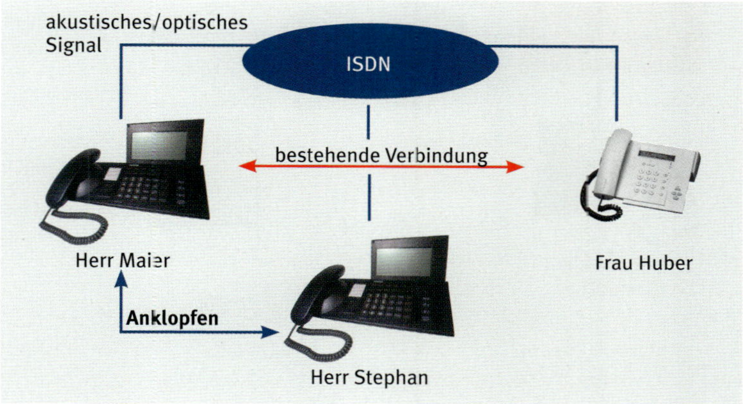

### 8.2.6.9 Verbindung parken und Endgeräte umstecken

Während einer bestehenden Verbindung kann am ISDN-Endgerät das Gespräch geparkt werden. Ohne dass die Verbindung unterbrochen wird, kann nun das ISDN-Endgerät aus der Steckdose gezogen und in eine andere Steckdose wieder eingesteckt werden. Nach dem Umstecken muss die bestehende Verbindung am ISDN-Endgerät wieder aktiviert werden.

BEISPIEL:

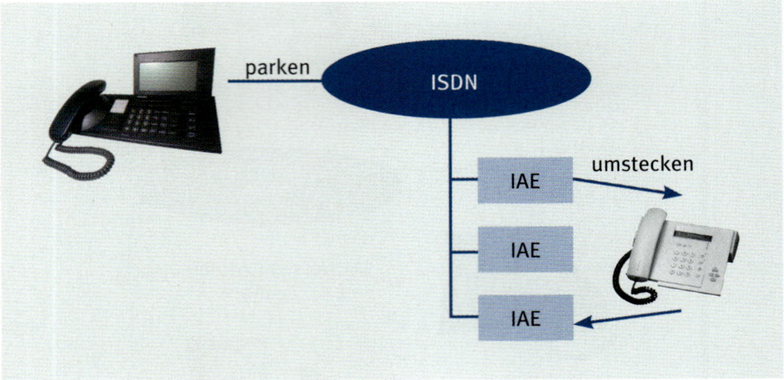


### 8.2.6.10 Anschlusssperre

Über die Anschlusssperre können abgehende Gespräche eingeschränkt werden. Dabei gibt es verschiedene Möglichkeiten:

- Alle abgehenden Gespräche außer Notrufe sind gesperrt.
- Außer den kostenpflichtigen Servicenummern (z. B. 0180-Nummern) sind alle abgehenden Gespräche möglich.
- Auslands- und Interkontinentalverbindungen können nur mit Eingabe einer PIN geführt werden.
- Grundsätzlich ist für abgehende Gespräche eine PIN notwendig.

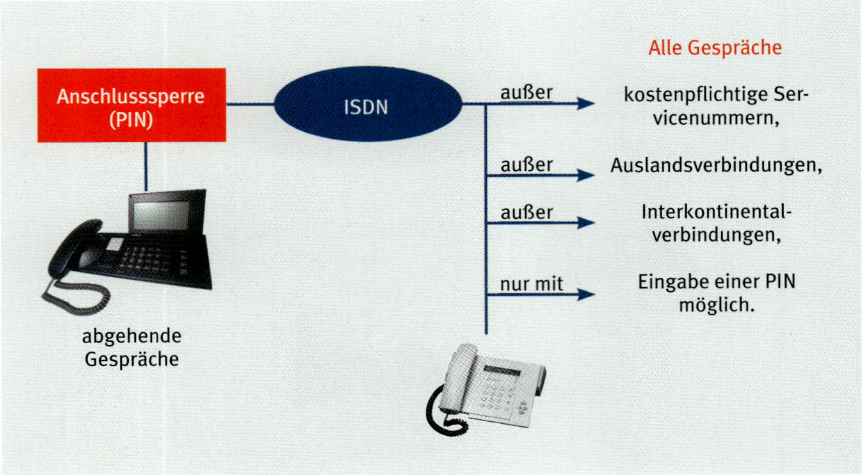

### 8.2.6.11 Rufnummernsperre

Durch die Rufnummernsperre kann gezielt verhindert werden, dass bestimmte Rufnummern/Rufnummergruppen angerufen werden. Die Aufhebung der Sperrung ist jederzeit möglich.

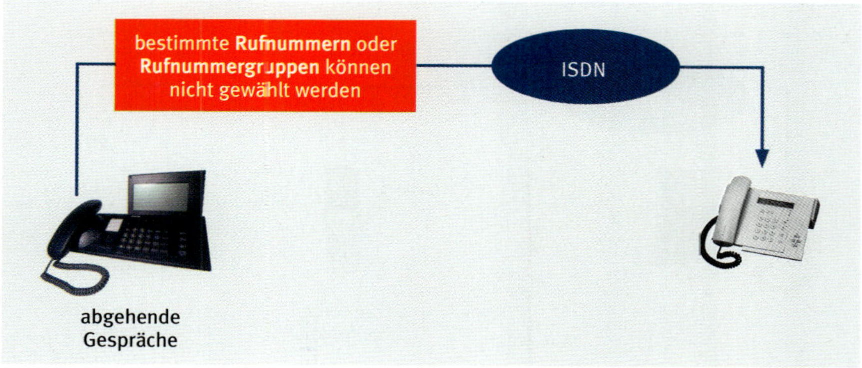


### 8.2.6.12 Abweisen unerwünschter Anrufe

Am Telefonapparat können bis zu 20 unerwünschte Rufnummern eingegeben werden. Das Abweisen erfolgt je nach Bedarf durch Ein- oder Ausschalten der Funktion am Gerät.

### 8.2.6.13 Annahme erwünschter Anrufe

Der Nutzer kann bis zu 30 Rufnummern festlegen, die er annehmen möchte. Ist die Funktion aktiviert, werden alle anderen Telefongespräche abgewiesen.

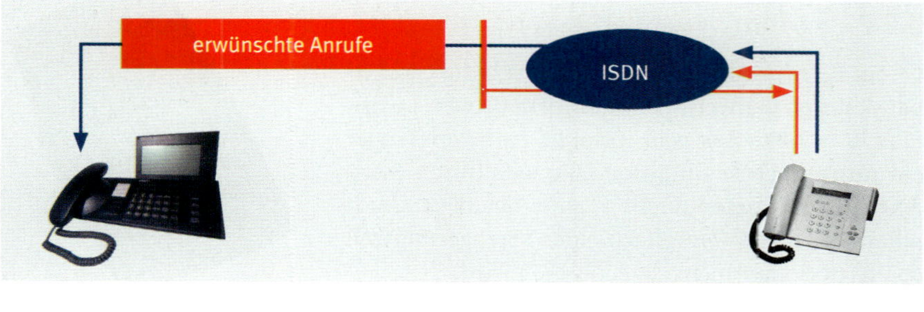

### 8.2.6.14 Parallelruf

Eingehende Anrufe werden gleichzeitig an zwei Geräten signalisiert. Je nach Programmierung klingelt es z. B. nicht nur am Telefon im Festnetz, sondern auch auf dem Handy oder im Büro. Wird das Gespräch an einem der Anschlüsse angenommen, ist der andere Anschluss wieder frei.

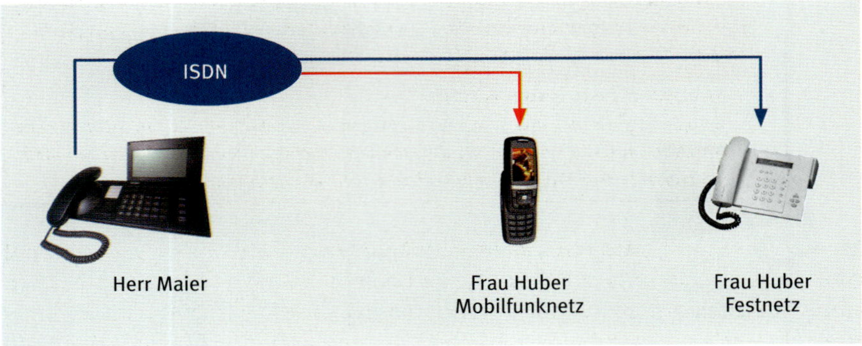


### 8.2.6.15 Weitere Leistungsmerkmale

| | |
|---|---|
| **Mehrfachrufnummern** | Mit einem Mehrgeräteanschluss werden bereits drei Mehrfachnummern vergeben. Diese können den entsprechenden Endgeräten (Telefonen, Faxgeräten, ...) zugeordnet werden. Dadurch hat ein Anrufer die Möglichkeit, ein bestimmtes Endgerät anzuwählen. Auf Wunsch können bis zu sieben weitere Rufnummern je Anschluss gegen Aufpreis eingerichtet werden. |
| **Entgeltanzeige nach der Verbindung** | Nach einer Verbindung übermittelt die Vermittlungsstelle an das entsprechende Endgerät die Verbindungsentgelte. Die Gebühr kann auf dem Display entweder in Tarifeinheiten oder Euro-Beträgen angezeigt werden. |
| **Rufdaueranzeige** | Das Display bestimmter Telefone zeigt die Dauer eines Telefongesprächs in Minuten und Sekunden an. |
| **Erweiterte Wahlwiederholung** | Eine erfolglos gewählte Rufnummer wird in einem Speicher des Telefons gehalten. Sie kann später durch Knopfdruck wieder gewählt werden, auch wenn zwischendurch andere Rufnummern eingegeben wurden. |
| **Menügeführte Bedienung** | Komfortable Möglichkeit, Funktionen, Namen oder Rufnummern auf dem Display auszuwählen und zu aktivieren. Entsprechende Tasten erleichtern das Blättern im Funktionsmenü. |
| **Paging** | Bei schnurlosen Telefonen können – innerhalb der Reichweite – mit dieser Funktion verlegte Geräte gesucht werden. Dazu wird ein Signal von der Feststation zum Handgerät bzw. umgekehrt gesendet. |

### 8.2.7 Anrufbeantworter und Sprachbox

*Arbeitsblatt 5*
*Anrufbeantworter*

Ist ein Fernsprechteilnehmer nicht ständig erreichbar, können zeitweise keine Informationen ausgetauscht werden, Zeit geht verloren, manchmal sogar ein Auftrag. Diese Situation lässt sich durch einen **Anrufbeantworter** leicht vermeiden. Das Gerät schaltet sich ein, wenn nach einer Verzögerungszeit der Telefonhörer nicht abgenommen wird.

Mit der Einstellung **„ohne Aufzeichnungsmöglichkeit“** kann der Anrufer keine Nachricht übermitteln.

BEISPIELE:

***Ansagetext im geschäftlichen Bereich:***
*Guten Tag! Sie sind verbunden mit dem Anrufbeantworter der Firma ABC. Am 6. Juli ist unser Büro von 14:00 bis 18:00 Uhr nicht besetzt. Wenn Sie eine Bestellung aufgeben wollen oder einen Rückruf wünschen, dann wählen Sie bitte die Nummer 07191 1090. Vielen Dank für Ihren Anruf!*

***Ansagetext im privaten Bereich:***
*Guten Tag! Es tut mir leid, aber ich bin heute Nachmittag unter meinem Anschluss nicht erreichbar. In dringenden Angelegenheiten erreichen Sie mich bei Herrn Georg Mayer, Telefon 887688. Auf Wiederhören!*

Mit der Einstellung **„mit Aufzeichnungsmöglichkeit“** kann dem Anrufer sowohl eine Nachricht hinterlassen als auch seine Nachricht aufgezeichnet werden. Nach einem Signalton spricht der Anrufer seine Nachricht. Wie viel Zeit soll dem Anrufer dafür gegeben werden? Eine, zwei, fünf Minuten oder „unbegrenzt“? Dies kann – abhängig vom Gerätetyp – eingestellt werden, wobei die Aufnahmezeit meist auf max. 30 Minuten begrenzt ist. Vorsicht, manche Geräte schalten nach einer längeren Sprechpause automatisch ab.

BEISPIEL:

***Ansagetext im geschäftlichen Bereich:***
*Guten Tag! Hier ist der automatische Anrufbeantworter der Firma ABC. Unser Büro ist im Moment nicht besetzt. Falls Sie uns eine Nachricht hinterlassen wollen, sprechen Sie bitte ohne lange Pause nach dem Signalton. Sie haben dazu zwei Minuten Zeit. Wir bedanken uns für Ihren Anruf.*

8

## Elektronischer Anrufbeantworter (Sprachbox)

Die meisten Netzbetreiber bieten ihren Kunden einen elektronischen Anrufbeantworter an. Die **Sprachbox** ist sowohl im Mobilfunk- als auch im Festnetz nutzbar.

**Vorteile:**

- Der Nutzer benötigt kein zusätzliches Gerät.
- Einfache Bedienung.
- Während telefoniert wird, können Nachrichten gespeichert werden.
- Die Sprachbox kann weltweit von jedem beliebigen Telefon aus abgefragt werden.
- Ist die Sprachbox im Festnetz eingerichtet, kann der Nutzer auf seinem Handy über eingegangene Nachrichten informiert werden.
- Faxempfang möglich.
- Zugangssicherung durch Geheimnummer möglich.

## Mögliche Leistungsmerkmale bei Anrufbeantwortern

- Display zur Kennzeichnung aller eingegangenen Nachrichten mit Datum und Uhrzeit.

- Mehrere Wiedergabegeschwindigkeiten, z.B. schnelles Abhören bei der Fernabfrage.
- Mitschneiden von Telefongesprächen.
- Digitale Sprachspeicherung.
- Selektives Abhören – man überspringt bestimmte Bandbereiche, um nur eine bestimmte Nachricht abzuhören.
- VIP-Funktion – nach Aktivierung dieser Funktion werden nur Gespräche mit der Geheimnummer akustisch signalisiert. Vor allen anderen Anrufern hat der Empfänger Ruhe.
- Mailboxfunktion – Möglichkeit, bei Abwesenheit Nachrichten auf den Anrufbeantworter zu „diktieren“ und für bestimmte Personen zu hinterlassen.
- Weitermelden – der Benutzer wird über den Eingang von Nachrichten informiert. Dies erfolgt zu einer vorher eingegebenen Telefonnummer oder zu einem Funkrufgerät.

Q Tipp

Telefon

Garantieren Sie die ständige **Erreichbarkeit an Ihrem Arbeitsplatz:**

Aktivieren Sie bei Abwesenheit den **Anrufbeantworter** oder leiten Sie Ihre Gespräche ins **Sekretariat** oder auf Ihr **Mobiltelefon** um.

## 8.3 Vorbereiten und Führen von Telefongesprächen



*Fallbeispiel*

Heute ist Susannes erster Tag in der Übungsfirma, sie soll die Kundenanrufe entgegennehmen. Ihr ist ziemlich unwohl. Als das Telefon klingelt, fängt sie zu stottern an, was sich im weiteren Verlauf des Gesprächs fortsetzt. Nach dem Gespräch ärgert sich Susanne über ihre Unsicherheit. Sicher hätte sie im Vorfeld einiges dafür tun können, um am Telefon souveräner zu wirken.

In Deutschland wird pro Jahr mehr als 30 Milliarden Mal zum Telefonhörer gegriffen. Dieser Griff ist gerade im Berufsalltag so selbstverständlich, dass man kaum noch darüber nachdenkt, wie man telefoniert. Dabei ist dies durchaus wichtig, denn gerade für das Telefonieren gilt: „Wie man in den Wald hineinruft, so hallt es zurück.“ Jeder weiß, welchen Schaden ein unbedacht ausgesprochenes Wort anrichten kann. Eine Vielzahl von Redewendungen macht auf diese Zusammenhänge aufmerksam:

> *„Ein Wort ist wie ein Pfeil, der, einmal von der Sehne geschnellt, nicht zurückgehalten werden kann.“* (Aus dem Arabischen)

> *„Du bist Herr deiner Worte, aber einmal ausgesprochen, beherrschen sie dich.“* (Schottisches Sprichwort)

Aus diesen Sprichwörtern wird deutlich, wie kompliziert und störanfällig die zwischenmenschliche Kommunikation ist; umso mehr kommt es auf eine gute Gesprächsvorbereitung an.

Gerade im Geschäftsverkehr spielen die Umgangsformen am Telefon eine große Rolle. Durch das Verhalten können Rückschlüsse auf die Firma gezogen werden. So ist das Telefongespräch quasi die „Visitenkarte" eines Unternehmens.

### 8.3.1 Gesprächsvorbereitung

Vor entscheidenden und umfangreichen Gesprächen empfiehlt es sich, folgende Vorbereitungen zu treffen:

- Notieren Sie die **Vorwahlnummer, Rufnummer, Name bzw. Firma** des gewünschten Teilnehmers.
- Achten Sie auf die **Geschäftszeiten** Ihres Gesprächspartners.
- Telefonieren Sie nicht, wenn Sie innerlich erregt sind. **Unbedachte Äußerungen** können die Folge sein.
- Überlegen Sie, was Sie mit dem Gespräch erreichen wollen **(Gesprächsziel).**
- Schreiben Sie die zu **klärenden Fragen** auf.
- Vor wichtigen Gesprächen notieren Sie stichwortartig die Fakten, die Sie im Gespräch ansprechen werden. Machen Sie dazu einen kurzen Verlaufsplan: **Einleitung, Hauptteil, Schluss.** Das hilft Ihnen, den „roten Faden" nicht zu verlieren und sicher aufzutreten.
- Legen Sie Unterlagen (z. B. bisherige Korrespondenz) und Schreibmaterial bereit.
- Gegebenenfalls bereiten Sie auch Ihren Gesprächspartner auf das Telefonat vor, indem Sie ihm durch eine E-Mail die zu klärenden Fragen zuschicken.



### 8.3.2 Gesprächsführung

- Melden Sie sich am Telefon zunächst mit einer **Begrüßung** (z. B. Guten Tag), mit Ihrem Vor- und Zunamen sowie dem Firmennamen. Nur der Firmenname oder ein einfaches „Ja" verunsichert den Anrufer.
- In welcher Reihenfolge Sie sich am Telefon melden, hängt von der **Corporate Identity** des jeweiligen Unternehmens ab.

  **Die Meldeformel sollte**
  - nicht zu lang sein,
  - in der Firma einheitlich verwendet,
  - authentisch vorgetragen und
  - nicht heruntergeleiert werden.

  BEISPIELE:

  1. *MODE CONNECTION GmbH – Susanne Maier – Guten Tag!*
  2. *Guten Tag! – MODE CONNECTION GmbH – Susanne Maier.*
  3. *Susanne Maier – MODE CONNECTION GmbH – Guten Tag!*
  4. *MODE CONNECTION GmbH – Susanne Maier – den Anrufenden sprechen lassen – Guten Tag, Herr/Frau … den Anrufenden mit Namen ansprechen.*

- Haben Sie den Namen Ihres Gesprächspartners nicht verstanden, dann bitten Sie ihn auf jeden Fall, **seinen Namen zu wiederholen** bzw. zu buchstabieren.

- Sprechen Sie Ihren Gesprächspartner während eines Telefonats öfter **mit Namen** an.
- Geben Sie Ihrem Gesprächspartner zu verstehen, **wie lange** das Telefonat dauern soll. Dies kann durch die Frage „Haben Sie etwa 15 Minuten Zeit für mich?“ oder durch den Hinweis auf einen wichtigen Termin (falls man angerufen wurde) signalisiert werden.
- Bringen Sie Ihre **Sympathie für Gesprächspartner**, mit denen Sie gern sprechen, zum Ausdruck, wie z. B. „Ich freue mich, von Ihnen zu hören …“. Das freut den anderen und stärkt die Beziehung.
- Setzen Sie Ihre **Körpersprache** ein. Experten haben herausgefunden, dass unsere Körpersprache am Telefon **hörbar** ist. **Lächeln** Sie beim Telefonieren. Setzen Sie sich aufrecht, wenn Sie energischer auftreten wollen.

## Telefongespräch annehmen

| Nr. | Teilprozess | Hilfsmittel | Bemerkung |
|---|---|---|---|
| 1 | Telefon klingelt ↓ | | |
| 2 | Hintergrundgeräusche minimieren ← maximal dreimal klingeln lassen ↓ | Standards | |
| 3 | Telefon ist links auf dem Schreibtisch positioniert ← Telefonhörer mit der linken Hand abnehmen → Lächeln ↓ | Spiegel | |
| 4 | einheitliche Meldeformel authentisch vortragen ↓ | Standards | |
| 5 | Gesprächsverlauf und -steuerung → Notizen ↓ | Standards: Phasen der Gesprächsführung | Bürohandbuch: Vorlage |
| 6 | Telefonhörer auflegen ↓ | | |
| 7 | Gespräch nachbereiten → Telefonnotiz | Standard: Telefonnotiz | |

- Achten Sie darauf, dass Sie beim Telefonieren **mehr Fragen stellen** und weniger Aussagen machen. Das hilft Ihnen, Ihr Gesprächsziel besser durchzusetzen.
- Machen Sie während eines Telefonats **strategische Pausen**. Sie veranlassen so Ihren Gesprächspartner zum Reden und verschaffen auch sich selbst Zeit zum Überlegen.
- Es ist sinnvoll, **Zahlen** (Artikelnummern, Telefonnummern, Kontonummern usw.) zu wiederholen.
- Sprechen Sie **langsam, deutlich** und **nicht zu laut**. Vermeiden Sie eine zu dialektgefärbte Sprache.
- Bleiben Sie **höflich, geduldig**, aber auch **bestimmt**.
- Führen Sie Ihre Telefongespräche zu einem Zeitpunkt, an dem die Wahrscheinlichkeit am größten ist, die gewünschte Person zu erreichen.
- Werden Sie **unvorbereitet** angerufen, bitten Sie Ihren Gesprächspartner um Verständnis und rufen Sie kurzfristig zurück.
- Im umgekehrten Fall können Sie Ihrem Gesprächspartner vorschlagen, ihn zu einem **passenderen Zeitpunkt** nochmals anzurufen.
- Erledigen Sie während eines Telefongesprächs **keine anderen Arbeiten**.
- Handelt es sich um ein **wichtiges Gespräch**, dann machen Sie sich während des Telefonats **Notizen**, die Sie anschließend in einer **Telefonnotiz** zusammenfassen.
- Stellen Sie das Telefon auf die **linke Seite** Ihres Schreibtisches. Nehmen Sie den Hörer mit der linken Hand ab. Dann haben Sie die rechte Hand frei, um Notizen zu machen. Als Linkshänder verfahren Sie genau umgekehrt.
- Wenn Sie jemanden anrufen und von einem Dritten ausgerichtet wird, dass der gewünschte Gesprächspartner **nicht erreichbar** ist, so versuchen Sie in Erfahrung zu bringen:
  - Kann man ihn anderswo erreichen?
  - Kann der Gesuchte zurückrufen?
  - Kann ihm eine Nachricht übermittelt werden?
  - Wann ist er wieder zurück?
  - Wer vertritt ihn?
- Schwer verständliche Namen bzw. Sachbezeichnungen sollten buchstabiert werden. Man benutzt hier die **Amtliche Buchstabiertafel.**

| Inland | | Ausland | |
|---|---|---|---|
| A = Anton | O = Otto | A = Amsterdam | Q = Quebec |
| Ä = Ärger | Ö = Ökonom | B = Baltimore | R = Roma |
| B = Berta | P = Paula | C = Casablanca | S = Santiago |
| C = Cäsar | Q = Quelle | D = Dänemark | T = Tripoli |
| Ch = Charlotte | R = Richard | E = Edison | U = Uppsala |
| D = Dora | S = Samuel | F = Florida | V = Valencia |
| E = Emil | Sch = Schule | G = Gallipoli | W = Washington |
| F = Friedrich | ß = Eszett | H = Havanna | X = Xanthippe |
| G = Gustav | T = Theodor | I = Italia | Y = Yokohama |
| H = Heinrich | U = Ulrich | J = Jerusalem | Z = Zürich |
| I = Ida | Ü = Übermut | K = Kilogramme | |
| J = Julius | V = Viktor | L = Liverpool | |
| K = Kaufmann | W = Wilhelm | M = Madagaskar | |
| L = Ludwig | X = Xanthippe | N = New York | |
| M = Martha | Y = Ypsilon | O = Oslo | |
| N = Nordpol | Z = Zacharias | P = Paris | |

8

**Tipp**

**Telefon**

**Zeitfresser „Telefon"**

- Achten Sie beim Telefonieren auf die **Zeit**. Eine optische Hilfe (z. B. eine Uhr auf dem Schreibtisch) macht Ihnen bewusst, wie viel Zeit Sie für ein Telefonat brauchen.
- Beachten Sie die Standards Ihres Unternehmens für das Telefonverhalten. Zu den **Telefonstandards** gehören z. B.:
  - Eine einheitliche Meldeformel, die für den Wiedererkennungswert eines Unternehmens wichtig ist.
  - Eingehende Telefonanrufe rasch annehmen (maximal dreimal klingeln lassen).
  - Anrufer maximal einmal weiterverbinden.
  - Die telefonische Erreichbarkeit innerhalb der Geschäftszeiten muss gewährleistet sein. Wer nicht am Platz ist, schaltet auf den Anrufbeantworter um oder leitet die Anrufe auf das Mobiltelefon weiter.
- Prüfen Sie, ob ein Telefonanruf nötig ist oder ob eine E-Mail ausreicht.
- Fassen Sie Ihre Telefonate in Blöcke zusammen.

**Fehler, die Sie beim Telefonieren vermeiden sollten:**

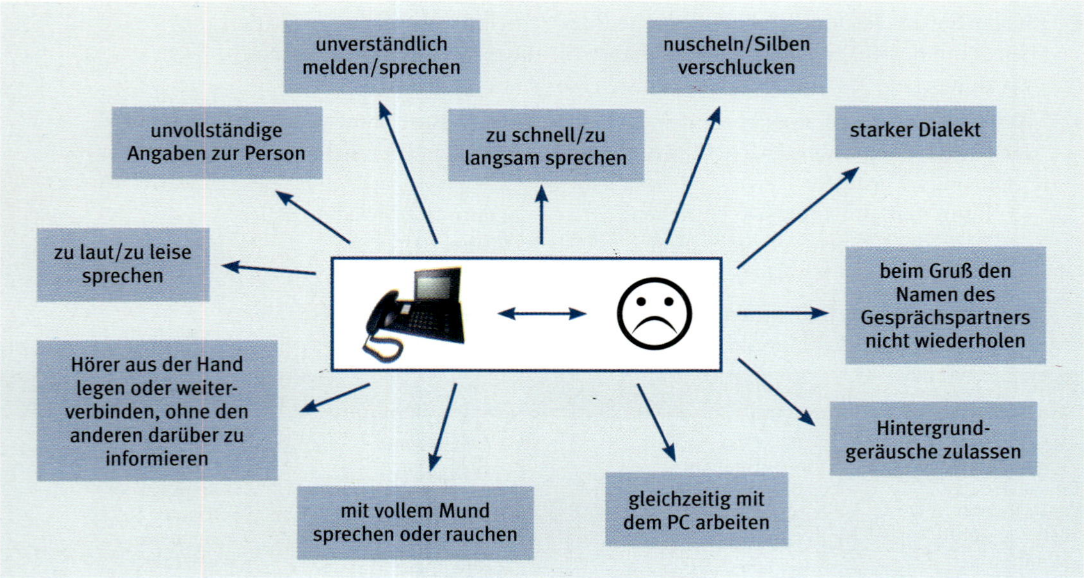


## 8.3.3 Telefontraining

Web

In der Übungsfirma ist das Telefon eines der wesentlichen Kommunikationsmittel. Deshalb ist es wichtig, sich möglichst früh eine gute Gesprächsführung am Telefon anzueignen. Denn ein gut geführtes Telefongespräch bildet eine wichtige Kommunikationsbrücke zwischen dem Unternehmen und dem Anrufer.

### 8.3.3.1 Wie melde ich mich am Telefon richtig?

*Arbeitsblatt 6 Telefontraining I*

| | | |
|---|---|---|
| 1 | **Telefon rasch abnehmen** | Maximal **dreimal** klingeln lassen! |
| 2 | **Guten Tag.**<br>– kleine Pause – | Die Stimme ist **klar, deutlich und freundlich** (beim Sprechen lächeln!). |
| 3 | **Firma MODE CONNECTION GmbH**<br>– kleine Pause – | Name der Firma in verkürzter Form nennen. |
| 4 | **Mein Name ist Susanne Maier**<br>– kleine Pause – | Den eigenen Vor- und Nachnamen nennen. |
| 5 | **Was kann ich für Sie tun?**<br>oder<br>**Wie kann ich Ihnen helfen?** | Nur wenn der Anrufer/die Anruferin nicht gleich reagiert. |

### 8.3.3.2 Wie gehe ich mit einem Kunden am Telefon um?

*Arbeitsblatt 7 Telefontraining II*

**Stimmung** des Anrufers erkennen und angemessen reagieren.

Sie sind nicht die richtige Ansprechpartnerin/der richtige Ansprechpartner?

... dann wissen Sie, wie Sie den Kunden schnell mit dem **richtigen Ansprechpartner** verbinden.

Das **Telefonverzeichnis** der Firma liegt griffbereit am Telefon.

Sie nutzen souverän die entsprechende **Funktion des Telefons.**

→ Ist die Ansprechpartnerin/der Ansprechpartner nicht erreichbar, bieten Sie Ihre Hilfe an.

Können Sie nicht weiterhelfen, fragen Sie den Kunden, ob er einen **Rückruf** wünscht oder eine **Nachricht hinterlassen** bzw. **selbst wieder anrufen** möchte.

↓

Sie informieren den Kunden über die **Erreichbarkeit** des gewünschten Ansprechpartners

oder

Sie erstellen eine **Telefonnotiz.**

*Arbeitsblatt 8*
*Telefontraining III*

### 8.3.3.3 Wie beende ich ein Telefongespräch richtig?

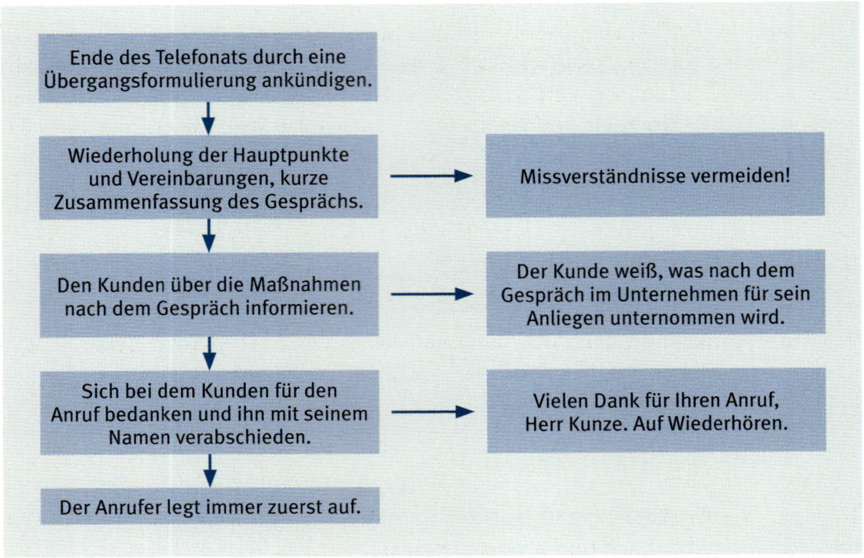


### 8.3.4 Telefonnotiz

Handelt es sich um ein wichtiges Gespräch, dann machen Sie sich während des Telefonats Notizen, die Sie anschließend in einer Telefonnotiz zusammenfassen.

MC MODE CONNECTION GmbH

**Telefonnotiz**

| | |
|---|---|
| Datum: | Uhrzeit: |
| Aufgenommen von: | Für: |
| Anruf von: | Telefonnummer des Anrufers: |
| ☐ Ruft selbst wieder an | Bittet<br>☐ **dringend**<br>☐ **gelegentlich**<br>um Rückruf |
| Gesprächsinhalt: | Vereinbarungen/Ergebnisse: |
| Unterschrift: | Weitergeleitet an: |

**Eine Telefonnotiz beinhaltet folgende Punkte:**

- Datum und Uhrzeit des Anrufs,
- Name des Gesprächspartners,
- Telefonnummer des Gesprächspartners,
- Erreichbarkeit des Gesprächpartners (wann und wo),
- kurze Inhaltsangabe über das Gespräch,
- Festhalten von Vereinbarungen und Ergebnissen,
- Erledigungsvermerk,
- Handzeichen des Bearbeitenden.

Die fertige Telefonnotiz muss rasch an die richtige Person weitergeleitet werden.

# 8.4 Telefax

Das Wort „Telefax“ entstand aus dem Lateinischen „fac simile“, was übersetzt so viel wie „mach ein Gleiches“ bedeutet. Mit Telefax können Text- und Bildvorlagen, die hand- oder maschinenschriftlich erstellt worden sind, originalgetreu übermittelt werden. Die Übertragung der Telefax-Nachricht erfolgt über das analoge oder das digitale Telefonnetz.

Als die Post im Januar 1979 den Telefaxdienst als Kombination von Telefon und Kopiergerät einführte, konnte man den revolutionären Erfolg nicht vorhersehen. Seit die Preise für die Endgeräte, das Zubehör und die Verbindungen drastisch gesunken sind, kam es zu einem ausgesprochenen Boom.

Trotz der Konkurrenz durch E-Mail wird das Faxgerät für den schnellen Dokumentenaustausch in den Unternehmen gerne eingesetzt.

## 8.4.1 Faxgeräte

*Arbeitsblatt 9 Das Faxgerät in unserer Übungsfirma*

Faxgeräte können bei der Telekom oder bei anderen Anbietern gekauft oder gemietet werden. Zum Senden und Empfangen benötigt man:

- einen Anschluss im **analogen** Telefonnetz mit **TAE-Steckdose** oder eine **IAE-Steckdose** bei **ISDN**,
- ein **Telefaxgerät** oder einen **PC mit Faxkarte.**

### Gerätegruppen

8

| Gruppe | Übermittlungszeit einer A4-Seite |
|---|---|
| 2 | 3 Minuten (veraltet) |
| 3 | 40 Sekunden bis 1 Minute (digitaler Standard für analoge Geräte) |
| 4 | 3 bis 10 Sekunden (ISDN-Geräte) |

Im Alltag werden Faxgeräte mit unterschiedlicher Leistungsfähigkeit verwendet. Geräte mit ähnlicher **Übermittlungsgeschwindigkeit** für eine Standardseite bilden eine Gerätegruppe.

Faxgeräte der gleichen Gruppe können immer miteinander kommunizieren. Abwärtskompatible Geräte können mit der nächstniedrigeren Gruppe zusammenarbeiten.

Moderne Faxgeräte arbeiten mit **High-Speed-Modems** und einer Übertragungsgeschwindigkeit von maximal 33 600 Bit/s. Ein Standardbrief kann damit innerhalb von drei Sekunden verschickt werden. Allerdings muss die Gegenstelle auch diese Transferrate bieten. Ansonsten müssen sich beide Faxgeräte auf die größte gemeinsame Geschwindigkeitsstufe verständigen.

Je nach Gerätetyp werden unterschiedliche Kopier- und Druckverfahren angewandt. Danach richten sich das Kopiermaterial und die Kopierqualität.

**Faxgeräte können nach der verwendeten Drucktechnologie in drei Klassen eingeteilt werden:**

| | |
|---|---|
| **Thermodruckverfahren** | Die älteren und günstigeren Faxgeräte benötigen das teure, umweltbedenkliche und umständlich zu handhabende Thermopapier. |
| **Tintenstrahldruckwerk** | Beim Faxgerät mit Tintenstrahldruckwerk sind die Anschaffungskosten meist gering, die Materialkosten (Tintenpatronen) aber hoch. Tintenstrahler haben den Vorteil, dass auch farbige Faxe möglich sind. Dank eines einheitlichen Standards (ITU-T30E) können beim Faxen von farbigen Vorlagen Geräte unterschiedlicher Hersteller miteinander kommunizieren. |
| **Laserdruckwerk** | Moderne Laserfaxgeräte bringen es auf eine Auflösung von 600 dpi und ermöglichen damit hochwertige Ausdrucke. Integrierte Speicher können Nachrichten empfangen, während das Faxgerät noch andere Nachrichten empfängt oder sendet (wie z. B. beim Verschicken von Rundschreiben an mehrere Empfänger oder beim zeitversetzten Senden). |

### Multifunktionale Faxgeräte

Die Zukunft gehört den kompakten Laserfaxgeräten, die **übertragen, drucken, scannen, kopieren** und **mailen** können. Über eine zweite Schnittstelle kann das Faxgerät **mit dem PC gekoppelt und multifunktional** eingesetzt werden. Der Ausdruck erfolgt auf Normalpapier.

Überwiegend im **privaten** Bereich werden folgende multifunktionale Faxgeräte genutzt:

- Telefax mit integriertem Telefon,
- Telefax mit integriertem Telefon und Anrufbeantworter,
- Telefax mit Scanner, Drucker und Kopierer.

8

!

***Checkliste für den Kauf eines Faxgerätes:***
- Übertragungsgeschwindigkeit,
- Speicherkapazität,
- Bedienungsmöglichkeiten entsprechend den Anforderungen,
- Netzwerktauglichkeit,
- multifunktionale Nutzung.

## 8.4.2 PC-Fax

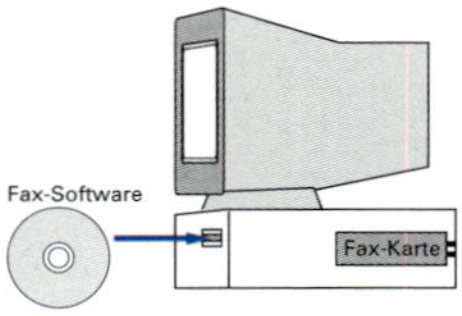


Mit einer Faxkarte und der dazugehörenden Software kann auch mit dem PC gefaxt werden. Die Fax-Software lässt sich über die Windows-Oberfläche einfach bedienen. Texte und Grafiken, die zuvor im entsprechenden Programm am PC erstellt worden sind, werden als Dokument in die Faxmaske einkopiert und über die Telefonleitung an die gewünschten Adressen verschickt. Damit erspart man den Umweg, die Vorlage auszudrucken.

### 8.4.3 Arbeitsablauf und Funktionsweise

Zuerst wird die **Vorlage** (Text, Zeichnung usw.) in das Faxgerät eingelegt. Dann wird die **Telefaxnummer** des Empfängers eingegeben. Mit einem Druck auf die Senden-Taste stellt das Gerät die Verbindung her und leitet den Kopiervorgang ein.

Ein akustisches/optisches Signal meldet am Empfangsgerät den Eingang einer Nachricht. In der Regel wird die Kopie sofort ausgedruckt, d. h., niemand muss beim Empfang anwesend sein oder das Faxgerät bedienen.

Es können maschinenschriftliche, handschriftliche und grafische Darstellungen als Vorlage dienen.

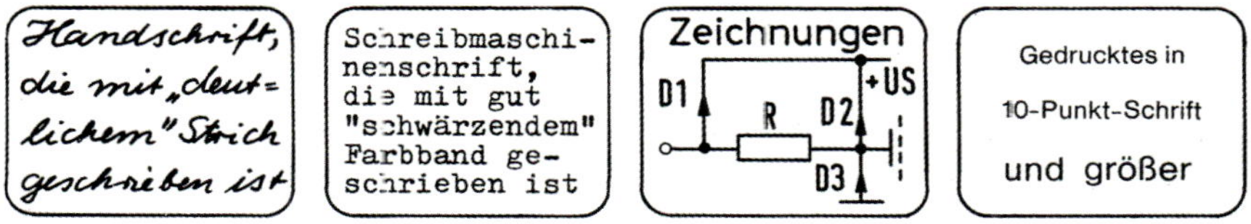


Damit jederzeit überprüfbar ist, an welchem Tag und zu welcher Uhrzeit welche Teilnehmernummer angewählt wurde, erstellt das **Absendergerät** – je nach Einstellung – sofort oder nach einer bestimmten Zahl von Kopiervorgängen automatisch ein **Journal.** In dieser Liste sind sämtliche Kopiervorgänge (abgesandte und eingegangene Kopien) mit der Identifikation (Telefonnummer), der Seitenzahl, der Übertragungsdauer, dem Datum und der Uhrzeit sowie der Kommentar OK oder der Fehlercode für die Übermittlung aufgelistet.

BEISPIELE:

*Teilnehmerkennung (Informationszeile) am oberen Papierrand eines empfangenen Telefaxes:*

*Muster eines Journalausdruckes*

*************** – JOURNAL – **************** DATUM 17. JAN. 20.. ** UHRZEIT 11:11 ********

| Nr. | KOMM. | SEITEN | DATEI | DAUER | S/E | IDENTIFIKATION | DATUM | UHRZEIT | DIAGNOSE |
|---|---|---|---|---|---|---|---|---|---|
| 23 | OK | 001 | 010 | 00:00:53 | EMPF | 49 7541 7614 | 2.DEZ. | 14:58 | 0150260AC0000 |
| 24 | 408* | 001 | | 00:00:54 | SEND | ☎ E-0821701571 | 2.DEZ. | 15:55 | 9840440CC2080 |
| 25 | OK | 001 | | 00:00:55 | SEND | ☎ E-0821701571 | 2.DEZ. | 16:01 | 9840440CC2000 |
| 26 | OK | 001 | | 00:00:45 | SEND | ☎ E-54942 | 3.DEZ. | 14:36 | 0840440CC2000 |

*Teilnehmerkennung (Informationszeile) am oberen Papierrand eines empfangenen Telefaxes:*

| 17. Mai | 12:14 | von MASCHINENBAU ULM | AN 700369 | S.01 |
|---|---|---|---|---|
| Datum | Uhrzeit | Absender | Empfänger | Seite |

Das **Empfängergerät** druckt auf den oberen Papierrand eine **Informationszeile.** Auf diese Weise lässt sich überprüfen und sicherstellen, ob eine Unterlage an den richtigen Teilnehmer versandt wurde.

Diese Art der Übermittlung ist nicht beweisbar, da durch beliebiges Umprogrammieren (Uhrzeit, Datum, Absender) wichtige Daten vorsätzlich verändert werden können und somit nicht als Beweis vor Gericht gelten.

### 8.4.4 Leistungsmerkmale

| | |
|---|---|
| **Ziel- und Kurzwahl, Wahlwiederholung** | Gleiche Funktionen wie beim Telefon. |
| **Automatische Betriebsweise** | Faxgeräte mit automatischer Betriebsweise können rund um die Uhr Nachrichten senden und empfangen. |
| **Zeitversetztes Senden** | Aus dem Speicher können Vorlagen selbstständig zu einer vorprogrammierten Zeit übertragen werden. So können kostengünstige Billigtarife bei nicht eiligen Nachrichten ausgenutzt werden. |
| **Rundsenden oder Gruppenwahl** | Durch das vorherige Eingeben von mehreren Fax-Empfängernummern können Dokumente aus dem Speicher an verschiedene Telefaxteilnehmer gesendet werden. |
| **Fax-Polling** | Eingelegte Vorlagen können vom Empfänger auf dessen Kosten abgerufen werden. Bei diesem sog. freien Polling kann jeder Teilnehmer auf abrufbereite Originale zugreifen. Beim geschützten Polling ist der Abruf nur über einen persönlichen Code möglich. |
| **Fax-on-Demand** | „Fax-on-Demand" heißt „Fax auf Abfrage". So wird der Faxabruf mit einer sprachgeführten Faxdatenbank genannt. Das Fax-on-Demand-System reagiert auf die Stimme oder auf die Tastenwahl des Telefons des Anrufers. Per Tastenwahl kann der Anrufer die Nummer des gewünschten Dokuments auswählen und an sein Faxgerät übermitteln lassen. |
| **Expressmodus** | Die Weißanteile eines Dokuments (z. B. Leerzeichen) werden mit einer extrem hohen Geschwindigkeit übersprungen. Damit verringern sich die Übertragungsdauer und die Kosten. |
| **Graustufenübertragung** | Sie ermöglicht die Wiedergabe von Vorlagen mit Grau- oder Halbtönen. |
| **Fehlerkorrektur** | Übertragungsfehler werden automatisch erkannt. |
| **Automatischer Vorlageneinzug** | Vorlagen werden in einen sogenannten Stapelanleger gegeben, aus dem das Faxgerät automatisch einzieht und überträgt. |
| **Blockübertragung** | Einzelne Abschnitte einer Vorlage können isoliert übertragen werden. |
| **Vorlagenformat** | Manche Faxgeräte nehmen auch B4-Vorlagen an und übertragen sie verkleinert an den Empfänger. |

### 8.4.5 Kosten

Wird ein Faxgerät an einem vorhandenen Telefonanschluss genutzt, entstehen keine zusätzlichen Kosten. Es ist der monatliche Grundpreis für den Telefonanschluss zu entrichten. Die Übertragung wird nach den Preislisten des Anbieters berechnet, d.h., beim Faxen bezahlt man die gleichen Preise für die Übermittlungszeit wie beim Telefonieren.

### 8.4.6 Vorteile

**Vorteile von Telefaxgeräten sind:**

- Durch die direkte Verbindung zum Empfängergerät entfallen die herkömmlichen Arbeiten im Posteingang und Postausgang.

- Innerbetriebliche Verbindungen ersparen Botengänge.
- Das Faxgerät ist – bei geringer Seitenzahl – auch als einfaches Kopiergerät nutzbar.
- Ein Telefax ist sehr viel schneller als ein Eilbrief. Die Übermittlung einer A4-Seite dauert je nach Gerätetyp zwischen drei Sekunden und drei Minuten.
- Weltweite Übermittlung von originalgetreuen Texten, handschriftlichen Mitteilungen, Stempelabdrücken, Skizzen und Grafiken.
- Anschluss und Bedienung der Geräte sind sehr einfach.
- Automatisches Senden und Empfangen sind möglich.
- Die Versendung von Telefaxen ist kostengünstig.

## 8.5 Das Internet

Das Internet ist das größte Datennetz. Wie ein riesiges Nervensystem verbindet es heute weltweit Computer bzw. deren Benutzer. Ihre Zahl wird auf 1 Milliarde geschätzt – Tendenz steigend. Internet ist somit das Supernetz! Seinen Ursprung hat es im **ARPAnet.** Dieses Datennetz wurde für militärische (Forschungs-)Zwecke vom amerikanischen Verteidigungsministerium in den späten 60er-Jahren des vorigen Jahrhunderts entwickelt. Zwei Bedingungen musste das neuartige Netz erfüllen: Es sollte Rechner unterschiedlicher Bauart (beispielsweise Computer, Satellitensteuerungen und Funkanlagen) miteinander verbinden und sollte auch dann zuverlässig arbeiten, wenn einzelne Netzteile ausgefallen waren.

*Arbeitsblatt 10 Internet*

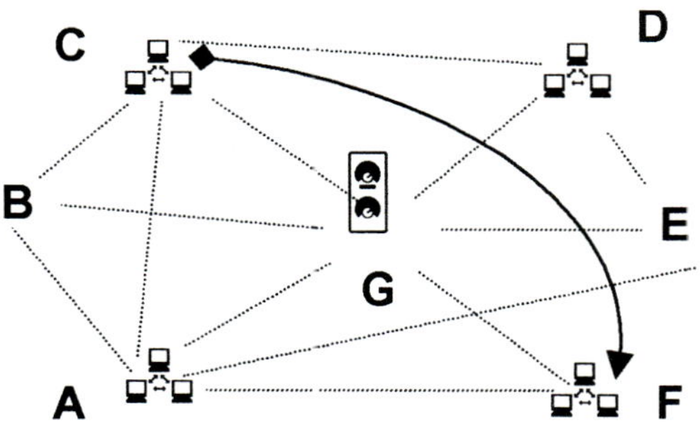


G = Knotenrechner

*Arbeitsblatt 10*

Dahinter steht eine neue Denkweise. Herrschte bisher die **Zentralisierung** vor, so wird jetzt **dezentralisiert**: Die Rechner werden durch das Netz mit sog. Knotenrechnern, die gleichzeitig mehrere Netzverbindungen haben, verbunden. Sie werden auch als Router bezeichnet. Router verbinden die lokalen Netze miteinander. Sollen Daten von C nach F übermittelt werden, so wird die Nachricht beim Absender in viele kleine Datenpakete zerlegt und jeweils mit einer Nummer und der Adresse des Empfängers versehen. Erreichen die Pakete einen Knotenrechner, entscheidet dieser, über welche Datenleitung jedes einzelne Paket geschickt wird. Bei Störungen wird eine andere Leitung angesteuert. Entscheidend ist, dass die Pakete alle beim Empfänger ankommen, wo sie der Nummernfolge entsprechend zusammengesetzt werden.

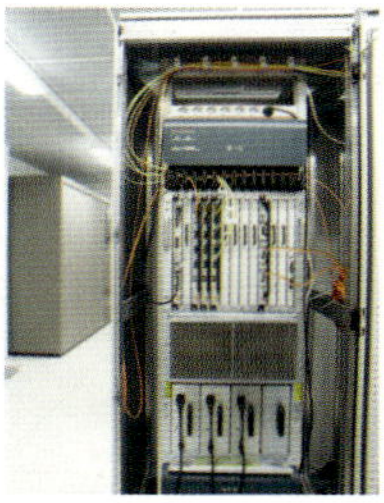

*Internet-Router*

Die neue Technik arbeitete so gut, dass 1973 die ersten internationalen Verbindungen nach Europa hergestellt wurden. 1983 war der Ansturm auf das Netz so groß, dass die Militärs das ARPAnet in einen militärischen und einen öffentlichen Teil – das Internet – teilten. Jedes Netz, das zum Verbinden von Netzen dient, ist ein Internet. Umgangssprachlich wird das ganze weltweite Datennetz als Internet bezeichnet. Alle Informationen, die der Benutzer abrufen kann, liegen auf Millionen Rechnern verstreut abgelegt. Dies ist problematisch, da die Programm- und Dateistrukturen unübersichtlich sind und die gezielte Suche dadurch sehr erschwert wird.

Die Teilnehmer im Internet, die Dienste anbieten, nennt man **Server,** diejenigen, die das Angebot nutzen, **Klienten.** Typische Dienste im Internet sind die elektronische Post, Homebanking, Bestell- und Informationsdienste u. a.

Um ans Netz zu gehen, braucht man einen **Serviceprovider** oder **Onlinedienst.** Das sind Unternehmen, die die Zugangsberechtigung erteilen, eine Adresse für den elektronischen Briefkasten einrichten und über lokale Einwählpunkte den direkten Zugang zum Internet anbieten.

Damit jeder Computer mit dem anderen unabhängig vom Hardwaresystem kommunizieren kann, bedienen sie sich einer gemeinsamen Sprache. Eine solche Sprache nennt man Protokoll. Das **Protokoll** legt fest, auf welche Weise Daten übertragen werden und welche Operationen erlaubt sind. Dies sind:

- Befehlsausführung auf anderen Rechnern,
- Zugang zu anderen Rechnern,
- Konfiguration eines Netzes,
- Versand von Informationen,
- Zugriff auf entfernt stehende Drucker.

Mit den Jahren verlor das Internet rasch den Charakter einer Bühne für Forscher und Wissenschaftler. Unternehmen, Privatleute, Vereine und Freaks nutzen die grenzenlosen Möglichkeiten, eine weltweite Öffentlichkeit zu haben. Dadurch ist das Internet zu einem wilden, unkontrollierten Tummelplatz geworden.

## 8.5.1 Zugang

### Mögliche Internetzugänge

- **Normaler Telefonanschluss** mit Analogmodem
- **ISDN-Anschluss** mit **ISDN-Steckkarte**
- **DSL-** oder **ADSL2+-Breitbandanschluss**
- Internetzugang über **Kabelfernsehanschluss**
- Internetzugang über das **Stromnetz**
- **Bluetooth** und **Handy**
- **Satellit**

### Onlinedienste und Internet-Serviceprovider

Der Serviceprovider oder Onlinedienst stellt den Kontakt zwischen dem Computer des Benutzers und dem Internet her. Sobald der Benutzer ins Internet geht, wird über die Telefonleitung eine Verbindung mit dem Zentralcomputer des Providers aufgebaut. Die dazu benötigte Software wird – durchweg kostenlos – zur Verfügung gestellt.

Die Benutzer können zwischen **Onlinediensten** und **Internet-Serviceprovidern** wählen.

| Onlinedienste | Internet-Serviceprovider |
|---|---|
| Sie stellen den Zugang zum Internet bereit und bieten außerdem zusätzliche Inhalte und Serviceleistungen (Informationsangebote wie Nachrichten und Suchmaschinen, E-Mail-Adresse, Speicherkapazität für eine eigene Homepage) an. Onlinedienste operieren in der Regel weltweit.<br><br>T-Online ist der größte deutsche Onlinedienst, dessen Stärke vor allem im Bereich Homebanking liegt. AOL dagegen verfügt über eine große Zahl von Datenbanken.<br><br>Der Zugang zum Internet über einen Onlinedienst ist sicherlich der einfachste Weg. Im Monat muss mit einer Grundgebühr zwischen 4,09 und 9,20 EUR gerechnet werden. | Internet-Serviceprovider ermöglichen ihren Kunden ausschließlich Zugang zum Internet. Zusatzdienste gibt es nicht. Sie sind regional oder deutschlandweit tätig.<br><br>Meistens haben sie günstigere Tarife als Onlinedienste und eine schnellere Datenübertragung.<br><br>Internet-Serviceprovider sind in der Lage, sich flexibel an die Bedürfnisse des Kunden anzupassen. Deshalb werden sie vor allem von Unternehmen geschätzt, die auf spezielle Dienstleistungen, wie z. B. Standleitungen, angewiesen sind. |

## 8.5.2 Dienste im Internet

**Wichtige Dienste im Internet**

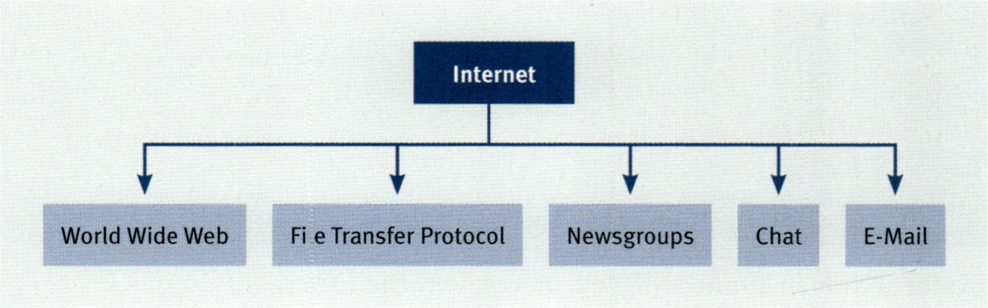


### 8.5.2.1 World Wide Web

Das **W**orld **W**ide **W**eb *(***WWW***)* ist der Dienst, der für den Boom des Internets verantwortlich ist. Das Web entstand 1990 in der Schweiz, wo es vor allem im Bereich der Forschung eingesetzt wurde. Man schätzte die große Flexibilität: Texte, Grafiken, Töne und Bilder oder Filme konnten versendet oder heruntergeladen werden. Diese **Multimedia-Fähigkeit** macht es bis heute sowohl für Firmen als auch für Privatpersonen interessant. Dazu lässt es sich mühelos bedienen. Die grafische Oberfläche bleibt immer gleich und durch seine einfache Menüsteuerung ermöglicht es auch Laien, durchs Internet zu surfen. Im WWW können weltweit Informationen zu den unterschiedlichsten Anwendungsbereichen abgerufen werden. Dabei ist es keine Seltenheit, dass der Text einer Seite aus Amerika und die Grafik dazu aus Europa geliefert wird. Der Nutzer merkt davon nichts.

Die Informationen sind auf Bildschirmseiten (sog. Websites) grafisch aufbereitet. Die erste Seite einer **Website** ist die **Homepage.** Auf einer Homepage stellt sich zum Beispiel eine Firma oder Privatperson vor und bietet Informationen an. Von hier verzweigt sich das Angebot des Anbieters durch sogenannte **Hyperlinks.** Dies sind markierte Textteile (Wörter, Wortgruppen) oder Grafiken, die auf andere Dokumente verweisen und die durch einen Mausklick zu den entsprechenden Dokumenten verzweigen. Auch das Windows-Hilfesystem ist ein solches Hypermediasystem, in dem man anhand von Stichworten durch erläuternde Dokumente „navigieren“ kann. Über **Internetportale** ist der Zugriff auf viele Dienstleistungen und Informationen auf einen Schlag möglich. Allgemein werden horizontale und vertikale Portale unterschieden. Horizontale Portale haben ein breites Angebot an unterschiedlichen Diensten und Informationen, vertikale Portale konzentrieren sich auf einzelne Bereiche.

Erreichbar ist jede Homepage über eine Adresse, die **URL** (Abk. für **U**niform **R**esource **L**ocator). Sie beginnt meist mit: **http://www.** oder **https://www.**

**Die einzelnen Teile der Adresse bedeuten:**

| | |
|---|---|
| **http** | = Hypertext Transfer Protocol. Ein Übertragungsprotokoll, mit dem HTML-Seiten vom Internetserver zum Klient übertragen werden. |
| **https** | = das „s“ steht für sicher (safety). Bei „https“ werden die Daten verschlüsselt und damit sicher übertragen. |
| **www** | = der Dienst, in dem im Netz nach der gewünschten Seite gesucht wird. |
| **.** | = der Punkt nach dem www ist wichtig. Wird er vergessen, kommt keine Verbindung zustande. |
| **ARD.de** | = die Internetadresse des Rechners, der diesen Dienst anbietet. Die Abkürzung „de“ verrät, dass sich die Adresse in Deutschland befindet. |
| **/tv/tagesschau** | = der Verzeichnispfad, unter dem das Dokument auf dem Rechner zu finden ist. |
| **wetter.html** | = der genaue Name des Dokuments in diesem Verzeichnis. |

**In einem Namen können folgende Bereiche vorhanden sein:**

BEISPIEL: *http://www.drucker.kyocera.de*
*www = Rechnername* *kyocera = Domain*
*drucker = Sub-Domain* *de = Top-Level-Domain*

**Top-Level-Domains und ihre Bedeutung**

| **Unternehmen und Organisationen** | |
|---|---|
| com | kommerzielle Unternehmen |
| edu | Bildungseinrichtungen |

| Unternehmen und Organisationen | |
|---|---|
| gov | US-amerikanische Regierungseinrichtungen |
| mil | US-amerikanische Militäreinrichtungen |
| net | verwaltende Einrichtungen für Netzwerke oder Internetanbieter |
| org | private Organisationen |
| int | internationale Organisationen |

| Länderkennzeichnungen | | | | | |
|---|---|---|---|---|---|
| **at** | Österreich | **de** | Deutschland | **nl** | Niederlande |
| **au** | Australien | **es** | Spanien | **no** | Norwegen |
| **be** | Belgien | **fr** | Frankreich | **tr** | Türkei |
| **ca** | Kanada | **fi** | Finnland | **uk** | Großbritannien |
| **ch** | Schweiz | **it** | Italien | **us** | USA |

Wer im WWW Dokumente bereitstellen möchte, muss die einheitliche Dokumentenbeschreibungssprache = **HTML (Hypertext Markup Language)** beachten. Im Textverarbeitungsprogramm Word für Windows ab Office 97 ist es möglich, Word-Dateien im HTML-Standard zu speichern.

Damit der Empfänger-Computer die HTML-Dokumente entschlüsseln kann, benötigt er einen **Browser.** Die bekanntesten Browser sind der Microsoft **„Internet Explorer“** und **„Mozilla Firefox“.** Browser erhält man über einen Onlinedienst oder kostenlos direkt von der Homepage des Anbieters bzw. beim Kauf von Windows.

**Explorer-Oberfläche:**

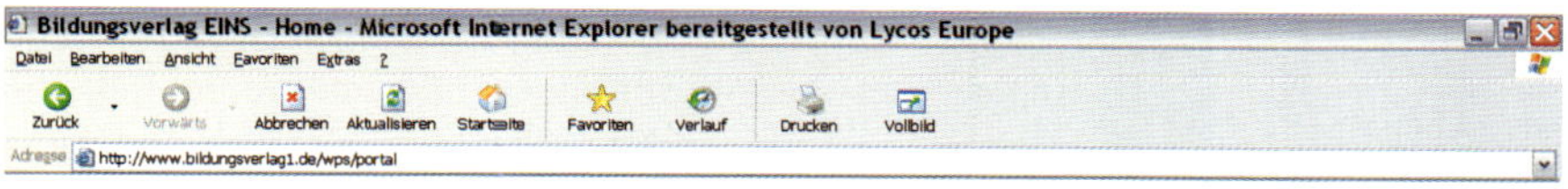


Im Internet können Recherchen zu bestimmten Themen durchgeführt werden, im WWW gibt es aber kein Inhaltsverzeichnis. Um die gewünschten Informationen auf Millionen Rechnern finden zu können, bedient man sich spezieller elektronischer **Suchdienste,** sog. **Suchmaschinen** (z. B. **DINO** und **YAHOO**). Es sind hierarchisch gegliederte **Themen-Suchsysteme.** Suchmaschinen wie **AltaVista** und **Hotbot** sind **Stichwort-Systeme.** Sie durchsuchen Tag und Nacht das Internet und sammeln den Inhalt von Webseiten in einer großen Datenbank.

### 8.5.2.2 File Transfer Protocol

Mit dem **F**ile **T**ransfer **P**rotocol **(FTP)** kann man über das Internet von bestimmten Computerherstellern die neuesten Programme, Bilder, Filme und Treiberdateien auf den eigenen Rechner herunterladen. Dieser Vorgang wird auch **„Downloaden“**

genannt. Auch Wissenschaftler arbeiten gerne mit FTP, um große Datenmengen auszutauschen.

Die FTP-Server lassen sich wie Websites anwählen. Statt http:// wird ftp:// eingegeben.

**ftp://ftp.name.com**

Über das Passwort „ANONYMOUS" kann man sich bei den meisten FTP-Servern als Gast anmelden. Anstelle des Namens gibt man die eigene E-Mail-Adresse an.

### 8.5.2.3 Newsgroups

| Kürzel | Thema |
|---|---|
| comp. | Rund um den Computer |
| news. | Über die Newsgroups |
| rec. | Hobbys, Freizeit und Erholung |
| sci. | Wissenschaft und Forschung |
| soc. | Gesellschaftliches und Soziales |
| talk. | Diskussionen |
| misc. | Vermischtes |

Die Newsgroups bilden eine Art Zeitung im Internet: Eine breit gefächerte Zeitschrift, die zu allen Themen ständig die neuesten Nachrichten bereithält, die aber auch Leserzuschriften abdruckt, die auf der ganzen Welt gelesen werden. Auf „Pinnwänden" oder „Schwarzen Brettern" kann jeder zu einem bestimmten Thema seine Meinung kundtun.

Die Newsgroups sind in unterschiedliche Bereiche gegliedert. Je nachdem, welchen Bereich man anwählen möchte, gibt man anstelle von www. ein Themenkürzel ein (siehe Tabelle).

Fast alle Internetbrowser unterstützen die Teilnahme an den Newsgroups.

### 8.5.2.4 Chat

Das Wort „to chat" heißt „plaudern", „ein Schwätzchen halten" und ist eine textorientierte zeitgleiche Kommunikation mit einem oder mehreren Teilnehmern im Internet. Ein Chatter meldet sich nicht mit seinem richtigen Namen an. Er benutzt einen Alias-Namen (oder engl. Nickname). Wer „chatten" möchte, kann sich z. B. über *www.webchat.de* einen passenden Chatroom auswählen. Die aufgelisteten Kataloge sind thematisch geordnet und geben einen Überblick über deutschsprachige „Chats".

„Chatter" bedienen sich meist eines eigenartigen Sprachstils. Es wird kaum Wert auf perfekt ausformulierte Sätze gelegt, sondern vielmehr auf die schnelle, unmittelbare Kommunikation. Man benutzt einen eigenen Slang, der die Kommunikation verknappt. Dazu gehören z. B. die **Emoticons,** mit deren Hilfe Empfindungen und Stimmungen mitgeteilt werden.

BEISPIELE FÜR EMOTICONS:

| | |
|---|---|
| :-) | glücklich |
| :-( | traurig, enttäuscht, schlecht drauf |
| :-x | Küsschen |
| :-p | Chatter streckt die Zunge raus |
| :,-) | Chatter weint vor Freude |
| :-] | Chatter lacht sarkastisch |
| cu | see you; bis später |
| lol | laughing out loud; lautes Lachen |
| :-l | „hmmm..." |
| :-l l | ärgerlich |
| :´-C | ich bin sehr skeptisch |
| ´:-/ | weinen |
| 8-O | Oh Nein!!! |

### 8.5.2.5 E-Mail-Adresse

Die E-Mail-Adresse im Internet setzt sich aus der Benutzerkennung des Teilnehmers und dem Namen des Mailservers zusammen. Umlaute und Sonderzeichen müssen ausgeschrieben werden (z. B. ä = ae, ß = ss).

*E-Mail-Adressen suchen:*
*www.suchen.de*
*www.iaf.de*
*www.email-verzeichnis.de*
*www.people.yahoo.com*
*www.whowhere.lycos.de*

Um die E-Mail-Funktion nutzen zu können, benötigt man eine entsprechende Software. Dieses Programm ist meistens im Browser oder der Decoder-Software integriert. Die bekanntesten E-Mail-Programme sind Microsoft Outlook und Netscape Messenger.

BEISPIEL:

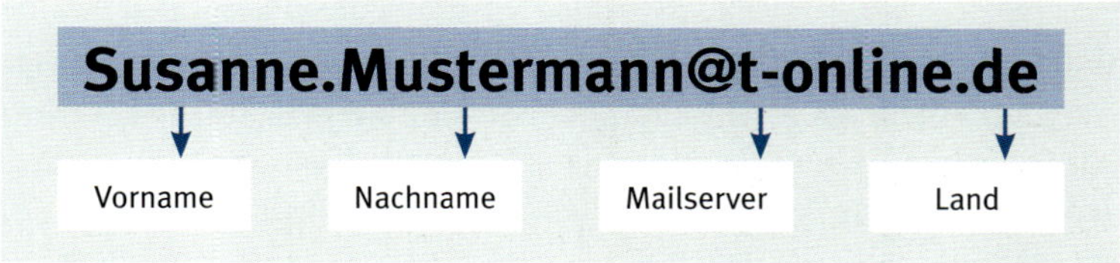


### 8.5.2.6 Kosten

Für die Nutzung des Internets fallen an:

- Telefonkosten,
- Provider-Kosten,
- Flatrate,
- Kosten für Leistungen, die im Internet in Anspruch genommen werden.

## 8.5.3 Wikipedia

Wikipedia wurde im März 2001 gegründet, der Name setzt sich aus dem hawaiianischen Wort „Wiki“ für „schnell“ und „pedia“ für „Enzyklopädie“ zusammen.

Wikipedia ist eine **Online-Enzyklopädie,** die nicht von einer festen, bezahlten Redaktion, sondern von freiwilligen Autoren verfasst wird. Jeder Eintrag kann von jedem Internetnutzer weltweit verändert oder überarbeitet werden. Dafür bedarf es keinerlei technischer Kenntnisse, da die Eingabemaske im ganz normalen Internetbrowser erscheint. Und insbesondere bei technischen oder naturwissenschaftlichen Begriffen funktioniert dies besonders gut.

Eine Zensur findet nicht statt. Man geht davon aus, dass falsche Einträge von der Community selbst geregelt werden. Bei Wikipedia kann man als anonymer Autor Artikel verfassen, die IP-Adressen, von denen aus die Artikel angelegt oder überarbeitet wurden, werden jedoch archiviert. Jeder einzelne Computer ist im Internet durch eine IP-Nummer oder IP-Adresse eindeutig identifizierbar.

## 8.5.4 Kontaktnetzwerke

Im Internet gibt es eine ständig steigende Anzahl von Kontaktnetzwerken. Die Angebote sind unterschiedlich. Die Nutzer können z.B. Freundschaften im Netzwerk abbilden und so Freunde von Freunden kennenlernen. Außerdem können sie sich zu speziellen Themen zusammenfinden und Nachrichten austauschen. Spezielle Netzwerke für Geschäftsleute (z. B. *www.xing.com*), Schüler und Studenten (z. B. *www.studivz.de*), Familien (z. B. *www.eltern.de*) und Nutzer mit bestimmten Interessen (z. B. *www.buchpfade.de*) sind sehr beliebt.

### 8.5.5 Instant Messaging (IM)

Instant Messaging heißt übersetzt „sofortige Nachrichtenübermittlung". Es handelt sich um eine **Kommunikationsplattform** für Computer-Netzwerke, mit der **Textnachrichten** in **Echtzeit** gesendet und empfangen werden können – ähnlich wie beim „Chatten". IM wird überwiegend geschäftlich eingesetzt und unterstützt vor allem die Zusammenarbeit in Team- und Projektgruppen.

Will man IM nutzen, braucht man eine geeignete Software. Durch die Registrierung auf einem Server erhalten die Nutzer eine persönliche IM-Nummer (auch UIN genannt – Universale Internet-Nummer). Nach dem Einloggen können die Teilnehmer sehen, wer gerade online ist und ihre Nachrichten liest.

### 8.5.6 Podcast/Video-Podcasts

**Podcast** ist ein Kunstwort, es setzt sich aus dem Namen des verbreiteten MP3-Players **„iPod"** und **„Broadcasting" (Rundfunk)** zusammen. Es bezeichnet eine Serie von Medienbeiträgen, die über das Internet bezogen werden können. Der Anwender muss die gewünschten TV- und Radiosendungen nicht erst mühevoll einzeln abrufen, sondern erhält die neuen Folgen über ein Abonnement automatisch. Dies geschieht in der Regel über einen RSS-Feed. **RSS** bedeutet „Really Simple Syndication". Über einen sogenannten RSS-Reader erhält der Nutzer aus dem Internet eine ständig aktualisierte Nachrichtenliste. Da die Nachrichten laufend aktuell ersetzt und nicht per E-Mail zugesandt werden, muss der Nutzer die Informationen zeitnah lesen, wenn er nichts verpassen will.

8

**Video-Podcasts** sind Mini-Filmclips, die sich mit Digicam oder Webcam leicht anfertigen, am Computer bearbeiten und im Internet über passende Videoportale umsonst verbreiten lassen. Ob Halbprofi, Nachwuchskünstler oder Unternehmen, die Mini-Filme sind das günstigste und schnellste Format, um die eigene Botschaft zu verbreiten. Kurzfilme, Musikclips, Nachrichten oder Produktfilme sind als Video-Podcast problemlos und preisgünstig zu realisieren.

!

*Tipps – wie suche ich richtig?*

1. Wenn die Internetadresse einer Institution, Firma oder eines Produkts unbekannt ist, können Sie es mit der Eingabe der Adresse nach dem Muster *www.firmenname.de* oder *.com* versuchen. In den meisten Fällen kommen Sie so rasch zum Ziel.
2. Haben Sie zu **bestimmten Themen** konkrete Fragen, dann suchen Sie am besten über die **Suchmaschinen.**
3. Wollen Sie sich zu einem **allgemeinen Thema** informieren, dann helfen Kataloge weiter. Die angebotenen Hyperlinks in Katalogen werden ständig durch eine Redaktion bewertet und eingeordnet.

4. Verwenden Sie **spezialisierte Suchmaschinen** wie z. B. *www.wlw.de* („Wer liefert was?" – Suchmaschine für Produkte und Dienstleistungen).

!

*Safer-Surf-Tipps*

1. Geben Sie keine persönlichen Informationen über sich und Dritte weiter! Sie können nicht mehr kontrollieren, wie diese genutzt werden.
2. Vorsicht bei unbekannten E-Mails und Anhängen – Virengefahr! Ist Ihr Virenschutz aktuell?
3. Meiden Sie verbotene Seiten! Verstärkte Virengefahr! Auch illegale Handlungen im Internet werden strafrechtlich verfolgt!
4. Wenn Sie im Netz etwas ängstigt, bedroht oder erschreckt: Hilfe finden Sie unter anderem bei: *www.fsm.de* und *www.jugendschutz.net*
5. Vorsicht, Sie hinterlassen Spuren beim Surfen! Es kann nachvollzogen werden, auf welchen Seiten Sie waren und was Sie gemacht haben.
6. Wehren Sie sich, wenn Sie beim Chatten oder durch E-Mails sexuell belästigt werden. Informieren Sie sich z. B. bei *www.frauennotrufe.de* (auch für Jungs).
7. Auch im Internet gibt es Betrug und Fälschung! Vorsicht bei Auktionen und Geschäften!
8. Angst, Stress, Kummer? Im Netz finden Sie Hilfe und Kontakte! Z. B. bei: *www.loveline.de, www.pille.com, www.jugendline.de*

!

### 8.5.7 Private Recherchen am Arbeitsplatz

Untersuchungen haben ergeben, dass mehr als 90 Prozent aller vernetzten Arbeitnehmer am Arbeitsplatz **privat** mailen und surfen. Dadurch entsteht der deutschen Wirtschaft ein Schaden in Höhe von rund 54 Milliarden EUR.

Grundsätzlich ist aber das private Surfen **ohne** die **ausdrückliche Erlaubnis** des Arbeitgebers **verboten.** Dennoch erlauben/dulden die meisten Firmen die private Nutzung des betrieblichen Internetanschlusses. Geschieht dies länger als ein halbes Jahr, kommt es einer Erlaubnis gleich.

Bei der privaten Internetnutzung am Arbeitsplatz darf der Arbeitgeber keine privaten Nachrichten protokollieren oder anderweitig aufzeichnen und kontrollieren. Selbst bei einem Verbot darf der Arbeitgeber nur bei gewichtigen Sicherheits- oder Verdachtsgründen kontrollieren, ansonsten verstößt er gegen das **Fernmeldegeheimnis.**



## 8.6 Der elektronische Brief

Der klassische Postbrief hat gegenüber der herkömmlichen E-Mail einen großen Vorteil: Die Zustellung ist verbindlich und rechtssicher. Die herkömmlichen E-Mails werden weder vor Veränderungen geschützt noch kann ihre Zustellung vor

*Arbeitsblatt 12 Der elektronische Brief*

Gericht nachgewiesen werden. Außerdem können Absender und Empfänger nicht immer sicher sein, mit wem sie kommunizieren. Durch den elektronischen Brief soll die elektronische Kommunikation sicher und rechtsverbindlich werden.

Die Nutzer können bei einem der vier Anbieter – Deutsche Post, Telekom, GMX und Web.de eine E-Brief-Adresse erhalten. Die herkömmlichen E-Mail-Programme können nicht genutzt werden. Jeder Anbieter stellt ein eigenes Programm zur Verfügung, mit dem der Nutzer seine elektronischen Briefe schreiben kann. Ein Nachrichtenaustausch zwischen E-Brief und herkömmlichen E-Mail-Adressen ist nicht möglich.

### 8.6.1 E-Postbrief

Seit dem 1. Juli 2010 bietet die Deutsche Post den „E-Postbrief" an. Er ist genauso einfach wie eine E-Mail, besitzt aber die folgende wesentlichen Eigenschaften eines Briefes:

- **Verbindlichkeit**
  Bei der Erstregistrierung wird die Identität des Nutzers über das POSTIDENT-Verfahren überprüft. Durch die kombinierte Eingabe von Passwort und Handy-TAN erfolgt ein eindeutiger Identifikationsnachweis.

- **Vertraulichkeit**
  Der E-Postbrief wird auf seinem Weg durch das Internet verschlüsselt übermittelt. Der Briefinhalt kann nicht gelesen oder verändert werden.

- **Verlässlichkeit**
  Die Deutsche Post garantiert die Zustellung des E-Postbriefs durch einen durchgängig protokollierten Transport innerhalb eines geschlossenen Systems. Die vom klassischen Brief bekannten Versendungsarten wie z. B. das Einschreiben können auch beim E-Postbrief genutzt werden.

Nach der Registrierung und gegen Vorlage des Personalausweises erhält der Nutzer eine E-Brief-Adresse mit seinem vollen Namen, die wie folgt aufgebaut ist:

**Vorname.Nachname@epost.de**

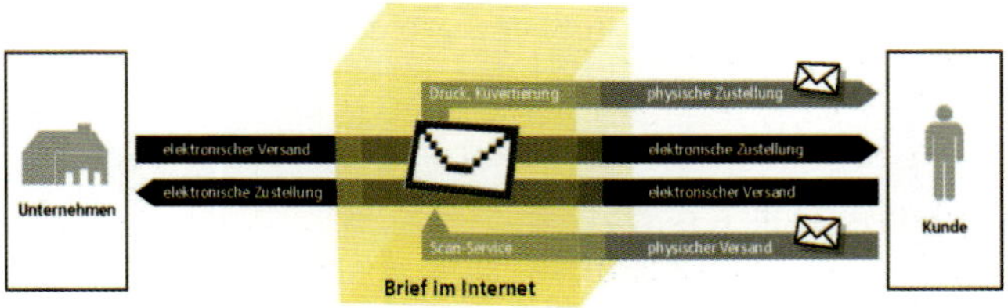

### 8.6.2 De-Mail

In Zusammenarbeit mit dem Bundesministerium des Innern (BMI) hat die Deutsche Telekom, GMX und Web.de die De-Mail entwickelt. Mit der De-Mail können Privatnutzer, Behörden und Unternehmen rechtsgültige elektronische Nachrichten und Dokumente rechtsverbindlich, vertraulich sowie fälschungssicher verschicken.

Voraussetzung für die Nutzung von De-Mail ist, dass sich Absender und Empfänger eindeutig identifizieren. Darüber hinaus bekommt der Versender einer De-Mail vom Provider eine rechtsverbindliche Bestätigung, dass die Information versendet wurde und beim Adressaten angekommen ist. Die über De-Mail verschickte Nachrichten und Dokumente werden verschlüsselt übermittelt und sind so vor Veränderungen geschützt. Auch die Identität von Absender und Empfänger sind eindeutig feststellbar.

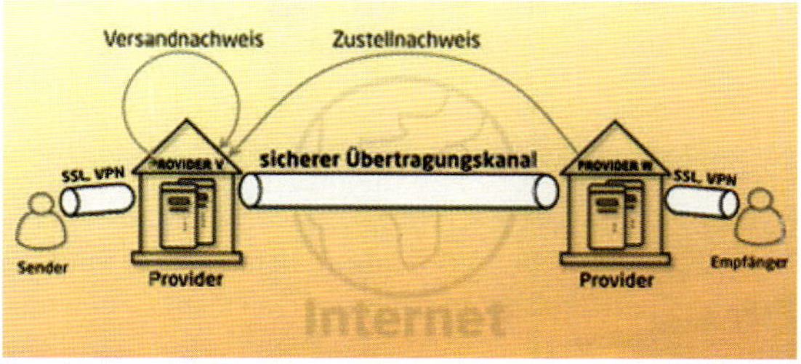


## Zusammenfassung



1 Unter Telekommunikation versteht man den **Austausch** von Nachrichten und Informationen auf elektronische Weise über größere Entfernungen.

2 Man unterscheidet das **analoge,** das **digitale Telefonnetz** und das **Mobilfunknetz.**

3 Es gibt drei verschiedene Arten von Telefonbüchern: das **Telefonbuch** für den jeweiligen Geltungsbereich, die **„Gelben Seiten"** und das **„Das Örtliche".** Das „Telefonbuch für Deutschland" und die „Gelben Seiten für Deutschland" sind auch als CD-ROM erhältlich.

4 Über das **Internetportal** *www.dastelefonbuch.de* können Telefon- und Vorwahlnummern schnell gefunden werden.

5 Mit **Call-by-Call** und **Preselection** kann der Teilnehmer seinen Telekommunikations-Anbieter selbst auswählen.

6 **ISDN** bietet standardmäßig viele **Leistungsmerkmale:** Rufnummernübermittlung, Anrufweiterschaltung, Telefonkonferenz, Makeln, Anklopfen, Parken, Umstecken am Bus, gleichzeitige Nutzung zweier Geräte usw.

7 An eine **TK-Anlage** können z. B. Telefone, Anrufbeantworter, Faxgeräte, Personal Computer und eine Türsprecheinrichtung angeschlossen werden.

8 Anrufbeantworter gibt es **ohne** oder **mit Sprachaufzeichnung,** Letztere mit oder ohne **Fernabfrage.**

**Zusammenfassung**



9 Ein **elektronischer Anrufbeantworter (Sprachbox)** ist im Mobilfunk- und im Festnetz nutzbar und kann von jedem beliebigen Telefon abgefragt werden.

10 Wichtige Gespräche sollten **vorbereitet** und die Ergebnisse in einer **Telefonnotiz festgehalten** werden.

11 **Richtiges Verhalten** beim Telefonieren vermeidet unnötigen Zeitaufwand sowie Ärger und hinterlässt beim Gesprächspartner einen guten Eindruck.

12 Mit einem **Telefaxgerät** kann man handschriftliche, maschinenschriftliche und bildhafte Darstellungen über die Telefonleitung übertragen.

13 Die **wichtigsten Fax-Gerätegruppen** sind:
- Gruppe 3 überträgt eine A4-Seite in 40 Sek. und darunter,
- Gruppe 4 überträgt eine A4-Seite in 10 Sek. und darunter.

14 Moderne Faxgeräte bieten dem Anwender besondere Leistungen wie **Fax-Polling, Fax-on-Demand, zeitversetztes Rundsenden** usw.

15 **Informationszeile** und **Sendejournal** ermöglichen dem Benutzer eine Überprüfung des einwandfreien Sendevorgangs bzw. der versandten und empfangenen Telefaxe.

16 Die besondere Bedeutung des Telefaxdienstes liegt darin, dass man nicht nur Texte, sondern alle schriftlichen Vorlagen (Zeichnungen, Pläne, handschriftliche Notizen usw.) schnell und vor allem sehr preiswert versenden kann.

17 Das **Internet,** das größte **Datennetz,** verbindet weltweit Millionen Computer bzw. deren Benutzer.

18 Den **Zugang zum Internet** bekommt man durch einen **Computer,** ein **Modem** oder eine **ISDN-Karte,** einen **Telefonanschluss,** einen **Provider** und die **Zugangs-Software.**

19 **Onlinedienste** und **Internet-Serviceprovider** stellen den Kontakt zwischen dem Computer des Benutzers und dem Internet her.

20 Die tragenden Säulen des Internets sind das **W**orld **W**ide **W**eb **(WWW),** das **File Transfer Protocol, Newsgroups, Chat** und **E-Mail.**

21 Im WWW können **weltweit Informationen** zu den unterschiedlichsten Anwendungsbereichen abgerufen werden.

22 Die erste Seite einer Website ist die **Homepage,** die zum Beispiel eine Firma oder Privatperson vorstellt und weitere Informationen durch sogenannte **Hyperlinks** anbietet.

23 Die Adresse im WWW beginnt meist mit **http://www.**

24 In einer **Internetadresse** können folgende Bereiche vorhanden sein: Rechnername, Sub-Domain, Domain, Top-Level-Domain.

25 Wer im WWW Dokumente bereitstellen möchte, muss die einheitliche Dokumentensprache **HTML** (**H**ypertext **M**arkup **L**anguage) beachten.

26 **Browser** können HTML-Dokumente entschlüsseln.

27 Die bekanntesten **Internetbrowser** heißen Mozilla Firefox und Internet Explorer.

## Zusammenfassung

28 **„Chatten“** ist eine Möglichkeit, im Internet textorientiert und zeitgleich mit einem oder mehreren Teilnehmern zu kommunizieren.

29 Mit dem **File Transfer Protocol (FTP)** kann man über das Internet von bestimmten Computerherstellern die neuesten Programme, Bilder, Filme und Treiberdateien auf den eigenen Rechner herunterladen.

30 Mit **Newsgroups** kann jeder auf „Pinnwänden“ oder „Schwarzen Brettern“ zu bestimmten Themen seine Meinung kundtun.

31 **Wikipedia** ist eine **Online-Enzyklopädie**, die nicht von einer festen bezahlten Redaktion, sondern von freiwilligen Autoren verfasst wird.

32 **Kontaktnetzwerke** im Internet gibt es mit **unterschiedlichen Angeboten**, z. B. Netzwerke für Geschäftsleute, Schüler und Studenten oder Familien.

33 **Instant Messaging (IM)** ist eine **Kommunikationsplattform** für Computer-Netzwerke, mit der Textnachrichten in Echtzeit gesendet und empfangen werden können.

34 **Podcast** bezeichnet eine Serie von Medienbeiträgen, die über das Internet bezogen werden können.

35 Mit dem elektronischen Brief (E-Postbrief und De-Mail) sicher und rechtsverbindlich kommunizieren. Ein Nachrichtenaustausch zwischen E-Postbrief und der herkömmlichen E-Mail ist nicht möglich.



## Aufgaben

1 Susanne arbeitet zurzeit im Sekretariat der Übungsfirma MODE CONNECTION GmbH. Sie soll die Telefonnummern folgender Personen und Firmen herausfinden. Wie kann sie vorgehen?
- Frau Irene Müller aus Esslingen
- Firma Stephan aus Mannheim. Die Rufnummer ist bekannt, es fehlt lediglich die Vorwahlnummer.
- Firma Ergo, Büromöbelhersteller aus Stuttgart
- Frau Anneliese Sturm aus Stuttgart

2 Beim Durchforsten der Telefonbücher fielen Susanne folgende Zeichen auf. Erklären Sie diese.
a) ‹9343›
b) D1 0171 8745
c) D2 0172 336622
d) § 116677
e) + 115555
f) E-Plus 0177 1973245

3 Susanne möchte Telefonkosten einsparen und einen anderen Anbieter als die Telekom in Anspruch nehmen. Was kann sie tun?

**Aufgaben**

4 Mehr als 60 Telefongesellschaften werben um Kunden. Wie kann Susanne ohne großen Zeitaufwand den günstigsten Anbieter herausfinden?

5 Nennen Sie fünf Telefonanbieter.

6 Mit dem Vorwählen von Call-by-Call-Nummern kann man mühelos auf günstige Telefongesellschaften ausweichen. Allein bei Ortsgesprächen beispielsweise lassen sich die Verbindungskosten um zwei Drittel drücken. Die Geschäftsführung beauftragt Sie, für Ihre Mitarbeiterinnen und Mitarbeiter Tipps für den Gebrauch von Call-by-Call zusammenzufassen.

7 Sie sind der Meinung, dass Ihre Firma ihren Kunden den Service Freecall 0800 anbieten sollte. Mit welchen Argumenten versuchen Sie Ihren Chef von der Notwendigkeit dieser Maßnahme zu überzeugen?

8 Grenzen Sie die unterschiedlichen Sprechberechtigungen bei TK-Anlagen für Nebenstellenanlagen gegeneinander ab.

9 Entwerfen Sie den Text für einen Anrufbeantworter ohne Sprachaufzeichnung. Teilen Sie dem Anrufer mit, dass Ihr Büro (Übungsfirma MODE CONNECTION GmbH) von 12:00 bis 14:00 Uhr geschlossen ist.

10 Die Übungsfirma MODE CONNECTION GmbH steht vor der Entscheidung, einen Anrufbeantworter zu kaufen oder eine Sprachbox zu mieten. Was spricht
- für den Kauf eines Anrufbeantworters,
- für die Miete einer Sprachbox?

11 Beschreiben Sie, wie Sie sich auf ein wichtiges Telefongespräch vorbereiten.

12 Wie verhält man sich am Telefon richtig?

13 Buchstabieren Sie Ihren Vor- und Zunamen nach der „Amtlichen Buchstabiertafel" In- und Ausland.

14 Nachdem sich die Geschäftsführung von der Notwendigkeit der Anschaffung eines Telefaxgerätes überzeugen ließ, stellt sich die Frage, aus welcher Gerätegruppe das Gerät ausgewählt werden soll. Das Telefon ist an das digitale Telefonnetz angeschlossen.
a) Erklären Sie Ihrem Chef den Unterschied der einzelnen Gerätegruppen.
b) Welche Gerätegruppe passt zu Ihrem Anschluss?

15 Für die Kaufentscheidung haben Sie sich mehrere Prospekte über Telefaxgeräte besorgt. In den Prospekten lesen Sie u. a. die Begriffe:
- zeitversetztes Senden,
- Lokalkopie,
- Journal,
- Fax-Polling,
- Fax-on-Demand.

Was bedeuten diese Begriffe?

**Aufgaben**

16 Sie sollen einem Geschäftspartner einen Planungsentwurf als Fax schicken, wissen aber die Nummer seines Faxgerätes nicht. Wo sehen Sie nach?

17 Ihre Firma benötigt einen Internetanschluss.
a) Sie sollen Ihren Kolleginnen und Kollegen erklären, was das Internet ist.
b) Wie bekommt Ihre Firma den Zugang zum Netz?

18 Wie nennt man die Teilnehmer im Internet, die
a) Dienste anbieten,
b) Angebote nutzen?

19 Ein Dienst des Internets war im Wesentlichen für den Boom verantwortlich!
a) Welcher Dienst ist dies? Erläutern Sie, wie es dazu kam.
b) Begründen Sie, warum das Internet sowohl für Firmen als auch für Privatpersonen gleichermaßen interessant ist.

20 Erklären Sie die Begriffe Website, Homepage und Hyperlink.

21 Nach den Nachrichten, Wirtschaftsmagazinen u. Ä. im Fernsehen, in Anzeigen von Tageszeitungen und Fachzeitschriften usw. werden Internetadressen angegeben, unter denen man sich weitere Informationen zu bestimmten Themen holen kann. Woran erkennt man eine Internetadresse?

22 Die Übungsfirma MODE CONNECTION GmbH will in Zukunft im Internet Dokumente bereitstellen.
a) Was muss sie dabei beachten?
b) Welche Voraussetzung muss beim Empfänger-Computer gegeben sein?

23 Direkt vom Internet lässt sich die neueste Computer-Software auf seinen Rechner herunterladen.
a) Über welchen Bereich des Internets ist dies möglich?
b) Wie nennt man diesen Vorgang in der Fachsprache?
c) Wie lassen sich die Websites anwählen?

24 Ohne E-Mail läuft in der Übungsfirma MODE CONNECTION GmbH nichts mehr.
a) Was verstehen Sie unter E-Mail?
b) Woran erkennt man eine E-Mail-Adresse?

25 Susanne möchte auch zu Hause Anschluss ans Netz haben. Computer, Modem und Telefonanschluss sind vorhanden! Was muss sie tun?

26 Mit welchen Kosten muss Susanne rechnen?

27 Die Modelldee GmbH will zukünftig die Lohn- und Gehaltsabrechnungen an ihre Mitarbeiter per E-Mail verschicken.
a) Welche Probleme könnten sich daraus ergeben?
b) Machen Sie einen Lösungsvorschlag.

8

Öko-Tipps

## Öko-Tipps

- Geben Sie Ihre veralteten Endgeräte bei Ihrem Händler ab. Jährlich fallen in Deutschland ca. 6 000 Tonnen gebrauchte Endeinrichtungen an. Sie werden zerlegt und soweit wie möglich in den Produktionskreislauf zurückgegeben.
- Plastikkarten gehören nicht in den Müll! Geben Sie Ihre alten, abtelefonierten Telefonkarten in die dafür vorgesehenen Sammelbehälter. Um die Mülldeponie nicht auch noch mit Plastikkarten zu belasten, wurde ein Recyclingsystem aufgebaut. Die gesammelten Karten werden zu Folien u. Ä. verarbeitet.
- Fragen Sie bei der Telekom nach Telefonkarten aus Recyclat! Ihr Material besteht zu 80 % aus recyceltem Kunststoff.
- Achten Sie beim Kauf von Faxpapier auf Papiere, die mit dem „Blauen Engel" gekennzeichnet sind. Benötigt Ihr Faxgerät ein wärmeempfindliches Papier, so ist dieses – trotz Kennzeichnung mit dem „Blauen Engel" – zwangsweise mit Chemikalien behandelt. Besser ist, man achtet bei der Neuanschaffung eines Faxgerätes auf dessen Betrieb mit Normalpapier bzw. Recyclingpapier.
- Achten Sie bei der Neuanschaffung auf langlebige und nachrüstbare Geräte. Gehäuse mit Schnappverschlüssen werden häufiger demontiert und die Komponenten dem Recycling zugeführt als geschraubte Geräte (Lohnkosten).
- Die elektronische Post bietet die Möglichkeit, den wachsenden Papierberg etwas zu reduzieren. Mit der richtigen Software können Daten gespeichert, bearbeitet und bei Bedarf wieder elektronisch versandt werden. Der unökonomische und unökologische Medienbruch unterbleibt!
- Durch Multimedia und mit der Globalisierung beginnt sich auch eine weltweite Umweltpartnerschaft zu entwickeln.
- Auswirkungen von elektromagnetischen Strahlungen, wie sie am Bildschirm oder im Mobil- und Richtfunk entstehen, auf den menschlichen Organismus werden diskutiert. Uneinigkeit herrscht noch darüber, welche Auswirkungen diese auf die Gesundheit des Menschen haben. Zur Vorsorge: Halten Sie den jeweils empfohlenen Abstand zum Gerät ein!
- Träger von Herzschrittmachern sollten darauf achten, dass die eingeschalteten Handys nicht unmittelbar am Oberkörper getragen werden, da sonst Störungen auftreten können.
- Auch bei Hörgeräten können in der Nähe von Mobilfunkgeräten Störgeräusche auftreten. Träger von Hörgeräten sollten deshalb den empfohlenen Abstand einhalten.



HOT

## Fragerunde

### Methodenbeschreibung

Die Fragerunde ist eine Methode, die zur Wiederholung und Festigung des Unterrichtsstoffes dient. Der unterrichtliche Interaktionsprozess wird intensiviert und die Frage- und Antworttechnik verbessert.

Eine gut durchdachte Frage ist die Voraussetzung für eine gute Antwort. Die Fragen sollten so formuliert werden, dass sie rasch erfasst und konsequent beantwortet werden können. Das Formulieren von Fragen hilft einen Lernstoff zu strukturieren und den Blick für die konträren Positionen, Erkenntnisse und Handlungswünsche zu öffnen.

HOT

Aus A4-Blättern werden Kärtchen im Format A6 vorbereitet. Zum Sammeln der Frage-/Antwort-Kärtchen sollte eine Moderationstafel bereitgestellt werden. Zum

Aufbewahren der ausgewählten Frage-/Antwort-Kärtchen kann ein entsprechender Behälter (z. B. Schuhkarton) hergerichtet werden.

**1. Phase**
Zum ausgewählten Thema wird jeweils eine Frage überlegt, formuliert und auf einem Karteikärtchen notiert. Mithilfe der Arbeitsunterlagen wird eine Musterlösung ausgearbeitet und auf der Rückseite der Karteikarte notiert.
**Tipp:** Die Frage soll mit einem W-Fragewort beginnen, wie z. B. Wer? Wieso? Womit? Wofür? Wen? Wann? Weshalb? Wovon? usw.

**2. Phase**
Die Karteikarte wird im Uhrzeigersinn durch die Lerngruppe gereicht und beantwortet.

**3. Phase**
Die Lerngruppe sammelt sich im Plenum. Die Fragen werden vorgelesen, ausgewählt und in eine strukturierte Reihenfolge an der Moderationstafel gebracht. Dabei ist darauf zu achten, dass keine Frage doppelt vorhanden ist.

**4. Phase**
Die gesammelten Fragen werden in einem entsprechenden Behälter nach Themen geordnet und können zu einem späteren Zeitpunkt, z. B. zur Prüfungsvorbereitung, genutzt werden.

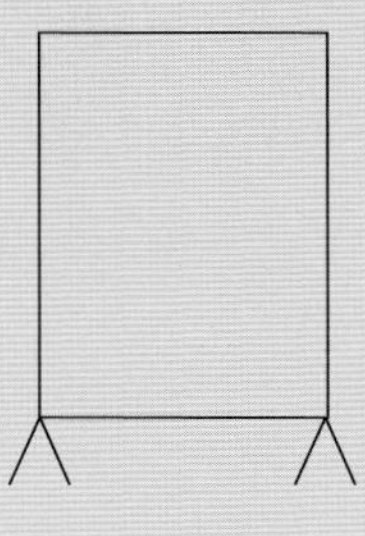

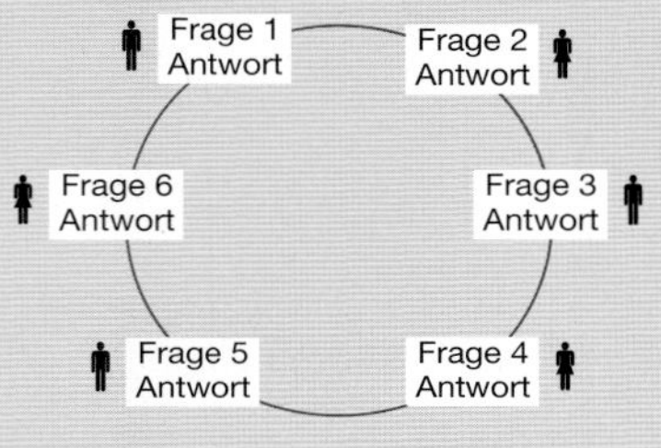


**Variante:** Es werden Gruppen gebildet, die sich mit bestimmten Themen beschäftigen.

**Arbeitsaufträge**

1. *Bilden Sie folgende Lerngruppen:*
   *Gruppe 1: Günstig telefonieren und faxen*
   *Gruppe 2: Telefonieren im ISDN*
   *Gruppe 3: Suchen und Finden im Internet*
   *Gruppe 4: Richtiges Verhalten am Telefon*
2. *Jede Gruppe arbeitet gemeinsam zu dem jeweiligen Thema Fragen aus, die innerhalb der Gruppe in Partner-Interviews abgearbeitet werden.*
3. *Anschließend werden die Fragen in der jeweiligen Lerngruppe ausgewertet und an der Moderationstafel strukturiert.*
4. *Die so entstandenen Frage-Sets werden zur Bearbeitung in andere Gruppen weitergegeben.*

8

# 9 Veranstaltungen

**Vorbereitung und Planung**

- Um welche Art von Veranstaltung handelt es sich?
- Welchen Nutzen soll die Veranstaltung dem Unternehmen bringen?
- Welches Ziel soll erreicht werden?
- Welcher Ablauf eignet sich dazu optimal?
- Welche Mittel können aufgewendet werden?

**Veranstaltungen**

- Konferenz
- Videokonferenz
- Kongress
- Tagung
- Sitzung
- Besprechung/Meeting
- Seminar
- Lehrgang
- Roadshow
- Messe
- usw.

9

Messetermin →

**Messeunterlagen**

- Anmeldeformulare
- Termin und Dauer
- Hallenpläne
- Auf- und Abbauzeiten
- Hallenordnung
- ...

→ Messeordner

Messestand →

- Ausstellungsstücke
- Präsentationen
- Besprechungskabinen
- Bewirtungsbereich
- ...

↓

**Kostenplanung**

*Lernziele*

- Unterschiedliche Arten von Veranstaltungen kennen.
- Veranstaltungen vorbereiten.
- Checklisten führen.
- Veranstaltungen durchführen.
- Abschlussarbeiten erledigen.

*Fallbeispiel*

Im Herbst nächsten Jahres wird die HEMDEN CONNECTION GmbH an der regionalen Übungsfirmenmesse teilnehmen. Frau Bold bittet Susanne und Adrian, sich schon einmal über die Vorbereitung und Planung Gedanken zu machen. Was ist zu tun?

Susanne und Adrian stellen sich folgende Fragen:

- Um welche Art von Veranstaltung handelt es sich?
- Welchen Nutzen soll die Veranstaltung dem Unternehmen bringen?
- Welches Ziel soll erreicht werden?
- Welcher Ablauf eignet sich dazu optimal?
- Welche Mittel können aufgewendet werden?

## 9.1 Veranstaltungsarten

Man unterscheidet verschiedene Veranstaltungsarten, bei denen aber Teile der Planung, Vorbereitung und Durchführung sich ähneln oder gleich sind. Allgemein werden bei Besprechungen, Sitzungen und Tagungen zwischen den Teilnehmern Informationen ausgetauscht.

*Arbeitsblatt 1*
*Planung von Veranstaltungen*

**Zu den bekanntesten Veranstaltungen gehören:**

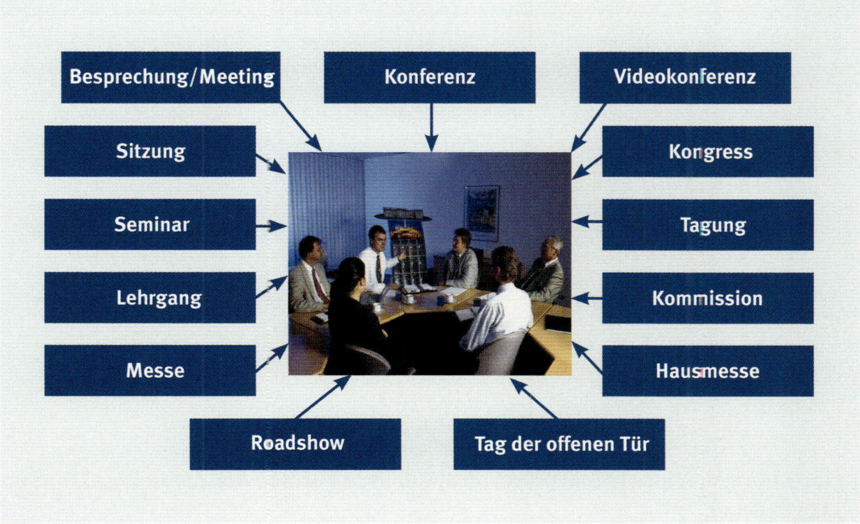


9

**Weitere Veranstaltungen sind:**

Pressekonferenzen, Ausstellungen, Ergebnispräsentationen, Foren/Podiumsdiskussionen, Hauptversammlungen, Produktpräsentationen, Symposien, Workshops, Betriebsjubiläen, Geschäftsfeiern, Weihnachtsfeiern, Betriebsausflüge u. Ä.

### 9.1.1 Kongress

Handelt es sich bei der Veranstaltung um einen größeren nationalen oder internationalen Teilnehmerkreis, so spricht man von einem Kongress. Dieser erfordert besonders umfangreiche und fachgerechte Vorbereitungen. Veranstalter sind deutsche oder internationale Verbände eines bestimmten Fachgebiets oder Berufs, die durch ihre geistige Orientierung eng verbunden sind.

BEISPIEL:

*Kongress von Ärzten, die an einem international renommierten Konferenzort zusammenkommen mit dem Ziel, in ihrem speziellen medizinischen Bereich neue wissenschaftliche Forschungsergebnisse zu besprechen, neue Therapien zu erfahren oder die Wirkung neuer Medikamente zu erörtern.*

*www.tagungonline24.de*
*www.intergerma.de*
*www.euromeetings.de*
*www.tagungsplaner.de*

Ein Kongress findet in regelmäßigen Zeitabständen (z. B. Turnus: 1 – 2 Jahre) statt. Die Einladung erfolgt stets schriftlich mit Antwortkarte, Informationsprospekt, eventuell mit Presseveröffentlichung. Nationale und internationale Kongresse dauern meist mehrere Tage. Zur Finanzierung werden Teilnehmergebühren erhoben oder auch öffentliche oder private Finanzmittel in Anspruch genommen. Bei internationalen Kongressen bedient man sich u. U. professioneller Tagungsplaner.

### 9.1.2 Seminar, Tagung, Lehrgang und Kommission

9

| Seminar | Tagung | Lehrgang | Kommission |
|---|---|---|---|
| Ein Seminar muss mit unterschiedlichen Teilnehmerzahlen rechnen. Im Allgemeinen handelt es sich dabei um eine Schulung innerhalb des Betriebes oder eine offene Fortbildungsveranstaltung auch mit betriebsfremden Teilnehmern. Immer aber hat das Seminar **Schulungscharakter.** | Auf die Tagung treffen die gleichen Voraussetzungen wie beim Seminar zu. Allerdings wird allgemein der Teilnehmerkreis größer sein und damit entsprechende **technische, sachliche und organisatorische Vorbereitungen** erfordern. Die Teilnehmer sind meist Personen mit gemeinsamen, jedoch nicht gleichen Interessen. | Auch der Lehrgang dient in erster Linie einer Schulung; im Vordergrund stehen Vorträge, Referate und Gruppenarbeit.<br><br>BEISPIEL:<br>*Schiedsrichterlehrgang des Deutschen Fußballbundes, um die Unparteiischen mit den gestiegenen Anforderungen des Bundesliga-Alltags vertraut zu machen.* | Die Teilnehmer einer Kommission kommen in **bestimmten Zeitabständen** zusammen. Sie haben eine Tätigkeit, die sich über Monate oder auch Jahre hinzieht. Es werden bestimmte Sachfragen erörtert, ein abschließendes Ergebnis wird angestrebt. |

### 9.1.3 Besprechung, Meeting und Sitzung

Besprechungen und Sitzungen sind die häufigsten Formen der Zusammenkunft im Geschäftsleben.

| Besprechung/Meeting | Sitzung |
| --- | --- |
| Unter einer Besprechung oder einem Meeting versteht man den Gedankenaustausch zwischen Personen. Eine Besprechung kann kurzfristig erforderlich sein. Meist findet sie im Hause statt.<br><br>BEISPIEL:<br>***Mitarbeiterbesprechung***<br>*Es entfallen zeitaufwendige Formalitäten. Die Vorbereitungen sind gering. Die Einladung zu der Besprechung erfolgt im Allgemeinen mündlich oder telefonisch, seltener schriftlich. Die Besprechung im Hause hat den Vorteil, dass die Teilnehmer leicht zu erreichen sind. Die Mitarbeiter müssen nur so lange teilnehmen, wie ihre Anwesenheit erforderlich ist. Die Unterlagen können schnell beschafft werden. Die Kosten sind gering.* | Eine Sitzung ist das Treffen eines kleinen Teilnehmerkreises unter einer bestimmten formalen Regelung, z. B. Einberufung, Tagesordnung.<br><br>BEISPIEL:<br>***Vorstandssitzung eines Fördervereins***<br>*Die Teilnehmer sind Angehörige von Verbänden oder Körperschaften. Sie sind bei der Abwicklung ihrer Tagesordnung meist ihrer Satzung verpflichtet. Wenn keine eigene Tagungsstätte zur Verfügung steht, geht man gelegentlich ins Nebenzimmer eines öffentlichen Lokals. Die Einladung erfolgt satzungsgemäß meist schriftlich, selten mündlich.* |

**Die Besprechungs- und Sitzungsvorbereitung sollte folgendermaßen aussehen:**

- Erstellen Sie zu jeder Besprechung/Sitzung eine **Tagesordnung**.
- Formulieren Sie die Tagesordnungspunkte nicht als Diskussionsthemen, sondern in Form von **Besprechungszielen**. Dann wissen die Teilnehmer genau, welche Ziele in der Besprechung erreicht werden sollen.
- Legen Sie für jeden Tagesordnungspunkt einen **Zeitrahmen** fest und signalisieren Sie damit die Bedeutung der einzelnen Punkte.
- Planen Sie kurze **Pausen** ein.
- Verschicken Sie die **Einladung** mit Tagesordnung und evtl. Informationsmaterial rechtzeitig. Informieren Sie die Teilnehmer über **Anfangs- und Endzeiten**.
- Legen Sie die Tagesordnung oben auf die **Sitzungsmappe** und sortieren Sie die Unterlagen nach den Tagesordnungspunkten.
- Bereiten Sie eine **Anwesenheitsliste** vor.
- Stellen Sie bei längeren Besprechungen/Sitzungen **Getränke** und einen kleinen **Imbiss** bereit.
- Erstellen Sie **Namensschilder**, falls sich die Teilnehmer nicht kennen.
- Führen Sie für jede wiederkehrende Besprechung/Sitzung z. B. eine **Hängemappe**.
- **Terminieren** Sie die Besprechungs-/Sitzungsunterlagen ein bis zwei Tage vor der Zusammenkunft in der **Wiedervorlage**.
- Achten Sie während der Besprechung auf die **Einhaltung der Tagesordnung**.
- Vermerken Sie **Abweichungen** von der Tagesordnung.
- Erstellen Sie ein **Ergebnisprotokoll**. Das macht Arbeitsaufträge verbindlich und hat einen positiven Einfluss auf die Umsetzungsmoral.

Präsentationsmappe

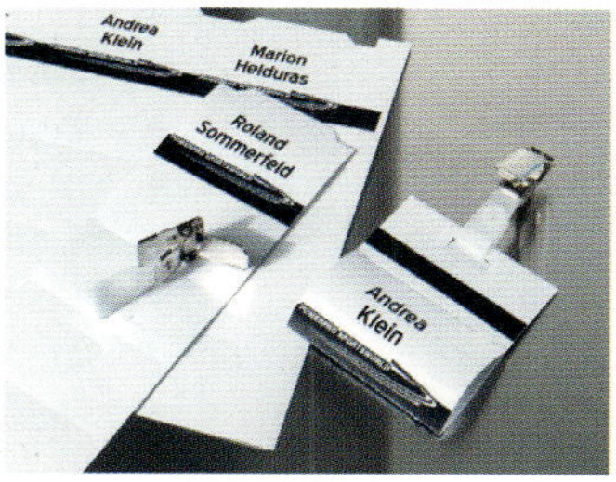

Namensschilder

9

*Tischkarten*

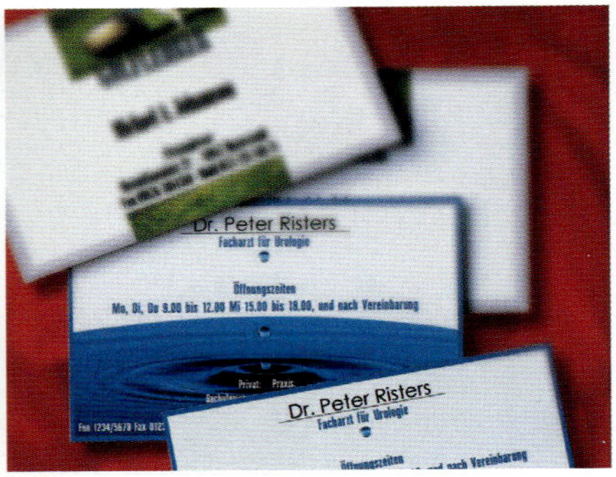


*Visitenkarten*

BEISPIEL:

| ***Anwesenheitsliste*** | | | |
|---|---|---|---|
| | ***Titel der Veranstaltung*** | | |
| | ***Datum*** | | |
| ***Nr.*** | ***Vor- und Zuname*** | ***Funktion*** | ***Unterschrift*** |
| | | | |
| | | | |
| | | | |



**Tipp**

**Besprechungen und Sitzungen**

- Kleine **Besprechungsinseln** mit Stehtischen ermöglichen ohne großen Aufwand **Kurzbesprechungen.** Der dynamische Arbeitsstil und die Kommunikation werden dadurch gefördert.
- Nutzen Sie **elektronische Raumbelegungspläne** (z. B. Funktion in Outlook). Alle Mitarbeiterinnen und Mitarbeiter haben dadurch die Möglichkeit, sich schnell zu informieren und zentral **Raumbuchungen** vorzunehmen.

**Die meisten Besprechungen/Sitzungen dauern zu lange und das Ergebnis ist häufig nicht zufriedenstellend.**

**Verbessern Sie die Situation durch**

- Festlegung der maximalen Dauer (eine Stunde),
- sorgfältige Wahl der Themen,
- Einladung von nur unmittelbar betroffenen Personen,
- pünktliches Erscheinen,
- Einhaltung der vereinbarten Redezeit,
- Erstellen eines Simultanprotokolls,
- gezielte Verteilung des Protokolls und
- Vereinbarung von Terminen, bis wann die vereinbarten Aufgaben von den entsprechenden Personen erledigt sein sollen. Dies schafft Verbindlichkeit!

### 9.1.4 Konferenz

Bei einer Konferenz handelt es sich um einen größeren Personenkreis. Teilnehmer können Politiker, Wissenschaftler, Angehörige von Interessenverbänden oder betriebliche Mitarbeiter sein. Die Konferenz hat eine spezifische Zielsetzung (Leitthema).

BEISPIEL:
*Konferenz einer Werbeabteilung mit dem Ziel, neue Ideen zu entwickeln und zu konkretisieren.*

Für die Konferenz sind meist umfangreiche Vorbereitungen notwendig. Es gibt dabei formelle Regelungen. Die Einladung geschieht schriftlich mit Tagesordnung und geplanter Dauer.

### 9.1.5 Videokonferenz

Bei Videokonferenzen kommunizieren die Gesprächspartner live mit Bild und Ton. Durch Kamera, Mikrofon und Bildschirm werden die Konferenzmitglieder hör- und sichtbar – was sonst nur in einem persönlichen Gespräch der Fall ist. Mit wenig Zeit- und Planungsaufwand können diese Konferenzen abgehalten werden.

Lange Zeit war das Abhalten von Videokonferenzen nur größeren Firmen mit elitären Einrichtungen vorbehalten. Die sehr kostspielig eingerichteten Videokonferenzräume konnten in der konferenzlosen Zeit nur bedingt genutzt werden. Heutzutage ist die Videokonferenz eine Zusammenkunft per Mausklick. Durch die neuen Medien haben sich Konferenzlösungen entwickelt, die sich von jedem technisch geeigneten Multimedia-PC direkt vom Schreibtisch aus – zu einem erstaunlich niedrigen Preis – durchführen lassen. Es genügt die Eingabe einiger Befehle auf der Tastatur und der visuelle Kontakt zu weit entfernten Gesprächspartnern ist hergestellt.

www.picturetel.de

**Die Vorteile der Videokommunikation sind:**

- Verringerung von Reisekosten,
- Zeitgewinn durch Wegfall der Reisezeit,
- umweltfreundlich durch Vermeidung unnötigen Verkehrs,
- kurze Entscheidungsprozesse durch direkte Klärung und Abstimmung,
- schneller Informationsfluss,
- bessere Zusammenarbeit durch den engen persönlichen Kontakt.

### 9.1.6 Roadshow

Roadshow (Show auf Rädern) ist ein Begriff aus dem Eventmarketing. Ein Unternehmen zeigt mithilfe eines Präsentations- bzw. Veranstaltungskonzepts seine Produkte im Rahmen einer Tour nach einem vorher ausgesuchten Routenplan. Die Route wird so festgelegt, dass alle zu erreichenden Zielgruppen besucht werden können. Anlässlich der Roadshow werden z. B. neue Produkte präsentiert oder spezielle Produkte gepusht. Durch die Kombination von Präsentation, Informationsveranstaltung, Vorträgen und Attraktionen (z. B. Gewinnspiel) schafft man Anreize, an der Veranstaltung teilzunehmen.

Roadshows finden üblicherweise in den Veranstaltungsräumen von Hotels oder in Kongress- oder Stadthallen statt.

### 9.1.7 Tag der offenen Tür

Beim „Tag der offenen Tür" präsentieren Firmen, Institutionen, Verbände u. Ä. ihr Unternehmen in der Öffentlichkeit und nutzen die Möglichkeit, um auf ihre Produkte und Dienstleistungen aufmerksam zu machen. Häufig wird ein Motto gewählt, das der Veranstaltung einen inhaltlichen Rahmen gibt. Die Veranstaltung eignet sich insbesondere, um bestehende Kontakte zu pflegen und neue Kontakte zu knüpfen. Für die Mitarbeiter ist es eine gute Gelegenheit, ihre Erfolge nach außen zu tragen.

### 9.1.8 Messe

Eine Messe ist eine regionale, überregionale, nationale oder internationale Ausstellung eines oder mehrerer Wirtschaftszweige, die sich an Fachbesucher oder an Verbraucher richtet. Meistens finden Messen in einem bestimmten Turnus am gleichen Ort statt. Messen haben heute eine große wirtschaftliche Bedeutung: Im Gegensatz zu früher geht es heute statt um Kaufen und Verkaufen vielmehr um Informationen und Kontakte. Im Trend liegen sogenannte Kongressmessen, die dem Wissensaustausch dienen.

### 9.1.9 Hausmesse

Die Hausmesse ist eine regionale Messe, sie findet meistens im Gebäude des Unternehmens statt. Dort können sich Kunden und Interessierte über die neuesten Produkte und Entwicklungen informieren. Um neue Kunden anzulocken, wird häufig ein attraktives Rahmenprogramm geboten.

## 9.2 Messeplanung

Für die Übungsfirmen finden jährlich regionale, überregionale und internationale Übungsfirmenmessen statt. Die Ausrichtungsorte wechseln. Die Mitarbeiterinnen und Mitarbeiter der Übungsfirmen präsentieren während der Messe ihre Produkte, führen Verhandlungen, Einkaufs- und Verkaufsgespräche und werben für ihre Firma.

**Ein erfolgreicher Messeauftritt setzt eine sorgfältige Planung voraus!**

Grundsatzfragen:

- Lässt der zeitliche Rahmen und der Messeort eine Teilnahme zu?
- Welche Gründe sprechen für eine Messeteilnahme?

  BEISPIELE:
  *Akquise neuer Kunden, (Stamm-)Kundenpflege, Imagepflege, neue Produkte*

- Können wir uns die Messeteilnahme finanziell leisten (Kostenrahmen)?

Sind diese Punkte geklärt und Sie haben sich für eine Messeteilnahme entschieden, folgt der Einstieg in die Messevorbereitungen.

### Vorbereitungsteam bilden

Die Messeplanung muss im Team erfolgen. Die Teambesprechungen müssen gut vorbereitet und sorgfältig durchgeführt werden (siehe Kapitel 9.1.3).

## 9.2.1 Messetermin

- Für die Zeit des Messebesuches werden alle anderen Aktivitäten im Terminplaner gesperrt.
- Welche Aktivitäten können mit dem Messeaufenthalt sinnvoll verbunden werden?
- Wann können die Messeunterlagen bezogen werden?

Fordern Sie die **Messeunterlagen** so früh wie möglich an.

**Die Messeunterlagen enthalten:**

1. Anmeldeformulare
2. Termin und Dauer der Messe
3. Hallenpläne
4. Leitungs- und Steckdosenpläne
5. Auf- und Abbauzeiten
6. Hallenordnung, besondere Vereinbarungen
7. Preisübersicht

## 9.2.2 Arbeitsordner erstellen

Erstellen Sie zu Beginn Ihrer Planung einen **Arbeitsordner**, in dem alle Aktivitäten rund um die Messeplanung dokumentiert werden.

**Die Struktur kann wie folgt aussehen:**

**Messeordner – Inhalt**

- Budget
- Ablaufplanung
- Besprechungen
- Zulassung zur Messe
- Technische Daten und Ausstattung der Messehallen
- Installationen: Strom, Beleuchtung, Telefon, Internet, Lautsprecher
- Bestimmungen über Standbau
- Stand- und Wachpersonal
- Haftung, Versicherung, Unfallschutz
- Abfallentsorgung, Reinigung
- Zahlungsbedingungen

### 9.2.3 Planung des Messestands

**Prüfen Sie folgende Punkte in einer Teambesprechung:**

- Welche Fläche steht für den Stand zur Verfügung?
- Welche Standart kann gewählt werden (Reihenstand, Eckstand, Kopfstand)?
- Wieviel Platz beanspruchen die Ausstellungsstücke?
- Soll die Messeteilnahme unter einem Motto stehen?
- Müssen Arbeiten vergeben werden?
- Welche Präsentationsarten kommen infrage?
- Sind die Ausstellungsstücke frei zugänglich oder müssen sie vor Zugriff geschützt werden?
- Können die Ausstellungsstücke und Unterlagen außerhalb der Messezeiten vor Diebstahl geschützt werden?
- Brauchen Sie Besprechungskabinen und/oder einen Bewirtungsbereich?

### 9.2.4 Kostenplanung

Der Kostenrahmen wurde bereits bei der Entscheidung für die Teilnahme an der Messe abgeklärt, nun müssen alle anfallenden Kosten zusammengestellt werden.

- **Grundkosten,** z. B.
  - Standmiete,
  - Nebenkosten (Strom, Wasser usw.),
  - Standausstattung und -gestaltung,
  - Standaufbau und -abbau,
  - Reinigung;
- **Standservice,** z. B.
  - Bewirtungskosten,
  - Werbegeschenke;
- **Kosten für Kommunikation,** z. B.
  - Werbedruckschriften,
  - Banner und Grafiken am Stand,
  - Einladungen,
  - Eintrittsgutscheine,
  - Werbung;
- **Transportkosten;**
- **Hotel- und Reisekosten der Mitarbeiterinnen und Mitarbeiter;**
- **Andere Kosten,** z. B. einheitliche Kleidung für das Personal am Messestand.

## Interne Veranstaltungen vorbereiten

(Besprechung, Meeting, Sitzung und Konferenz)

| Nr. | Teilprozess | Hilfsmittel | Bemerkung |
|---|---|---|---|
| 1 | Veranstaltung vorbereiten | Mappe anlegen | |
| 2 | Teilnehmer festlegen und informieren → Vorsitz klären | | nur unmittelbar betroffene Personen |
| 3 | Termin abstimmen | Telefon, Outlook | |
| 4 | Tagesordnung festlegen → Zeitbedarf der einzelnen Tagesordnungspunkte ermitteln | Vorlage | Tagesordnungspunkte, Besprechungsziele |
| 5 | Pausen einplanen ↔ Zeitrahmen festlegen | | |
| 6 | Bewirtung ← Raum buchen → Raum gestalten | Outlook, Cateringservice, Technik | Bewirtung, Blumen |
| 7 | Einladungen verteilen | E-Mail, interne Postverteilung | |
| 8 | Protokollant bestimmen → Follow-up | Vorlage | |
| 9 | Ende | | |



***Zusammenfassung***

1 Zu den bekanntesten **Veranstaltungen** gehören Besprechung/Meeting, Sitzung, Konferenz, Videokonferenz, Seminar, Lehrgang, Kongress, Tagung, Kommission, Tag der offenen Tür, Roadshow, Hausmesse und Messe.

2 **Kongresse und Konferenzen** sind Veranstaltungen mit einem größeren Teilnehmerkreis und umfangreichen Vorbereitungen.

3 **Seminare, Tagungen und Lehrgänge** sind Veranstaltungen mit Schulungscharakter.

*Zusammenfassung*

4 **Besprechungen, Meetings** und **Sitzungen** sind die häufigsten Formen der Zusammenkunft im Geschäftsleben.

5 **Videokonferenzen** sind leicht durchzuführen und helfen Reisekosten zu sparen.

6 Roadshow, Tag der offenen Tür, Messe und Hausmesse sind wirkungsvolle Marketingveranstaltungen, um ein Produkt bekannt zu machen und neue Kundenkontakte zu knüpfen.

7 Ein erfolgreicher Messeauftritt setzt eine **sorgfältige Planung** voraus!

*Aufgaben*

1 Unterscheiden Sie Besprechung und Sitzung.

2 In Ihrer Übungsfirma werden in regelmäßigen Abständen Besprechungen durchgeführt. Beschreiben Sie, welche Vorbereitungen Sie dazu treffen.

3 In Ihrer Übungsfirma haben Sie festgestellt, dass die meisten Meetings/Sitzungen zu lange dauern und die Ergebnisse häufig nicht zufriedenstellend sind. Entwickeln Sie Ideen, wie die Situation verbessert werden könnte.

4 Ihr Geschäftsführer möchte eine Hausmesse durchführen. Was verspricht er sich davon?

5 Ihre Übungsfirma möchte an der Übungsfirmenmesse teilnehmen. Beschreiben Sie eine gute Messevorbereitung.

*Öko-Tipps*



## Öko-Tipps

- Für den Weg zum Veranstaltungsort können Fahrgemeinschaften gebildet oder öffentliche Verkehrsmittel genutzt werden.
- Setzen Sie wiederverwendbare Namensschilder ein (z. B. Hüllen aus Hartfolie mit Clip).
- Verzichten Sie bei der Bewirtung der Veranstaltungsteilnehmer auf Pappbecher, Plastikgeschirr usw.
- Achten Sie auf energiesparende Beleuchtungsanlagen.
- Prüfen Sie, ob in den Veranstaltungsräumen die für die Mülltrennung notwendigen Behälter aufgestellt sind.
- Verzichten Sie auf Repräsentationsmappen aus Plastik.
- Ordnen Sie anfallende Tagungsunterlagen in Hefter aus Recyclingmaterial ein. Beim Studieren der auf dem Markt angebotenen Varianten fällt auf, dass „Recycling“ nicht gleichbedeutend mit „grau“ oder „langweilig“ ist. Ein auffallend gestalteter und von außen gut lesbarer Zusatz „Der Umwelt zuliebe ...“ weckt beim Leser Interesse. Dies kommt dem Inhalt und dem Image der Firma zugute.
- Sitzungszimmer nicht überheizen, in den Pausen kurz und kräftig lüften (Stoßlüftung).

Öko-Tipps

- Achten Sie bei der Unterbringung der Tagungsteilnehmer auf ökologisch geführte Hotels.
- Wenn es die verkehrstechnische Anbindung des Tagungsortes an den öffentlichen Verkehr zulässt, können Sie einen kleinen Fahrplan mit dem Zusatz „Der Umwelt zuliebe ...“ beilegen.

## Moderationsmethode

HOT

### Methodenbeschreibung

Die Moderationsmethode ist eine Hilfe, um die Kommunikation untereinander und das Lernen miteinander zu fördern und zu verbessern. Durch die Visualisierung der Problematik kommt man rascher zu Ergebnissen. Die Moderationsmethode kann sowohl zur **Erarbeitung** eines bestimmten Themas als auch zur **Problemlösung** oder **Präsentation** eingesetzt werden.

Zur Grundausstattung gehören Moderationstafeln, Packpapier Größe A0, Filzschreiber und Gestaltungselemente wie Wolken, Kreise, rechteckige Karten, Klebepunkte, ovale Karten, lange und kurze Streifen in verschiedenen Größen und Farben.

### Frageformen der Moderationsmethode

- **Punktfrage**

Mit der Punktfrage können Meinungen erkundet oder Bewertungen vorgenommen werden. Auf dem Plakat an der Moderationstafel steht eine klar formulierte Aussage oder Auswahlmöglichkeit. Jeder Teilnehmer erhält einen oder mehrere Klebepunkte, die an die Stelle gesetzt werden, die seiner persönlichen Meinung entspricht. Diese Meinungsäußerung sollte ohne Einblick durch den Moderator erfolgen, damit die Teilnehmer nicht beeinflusst werden.

9

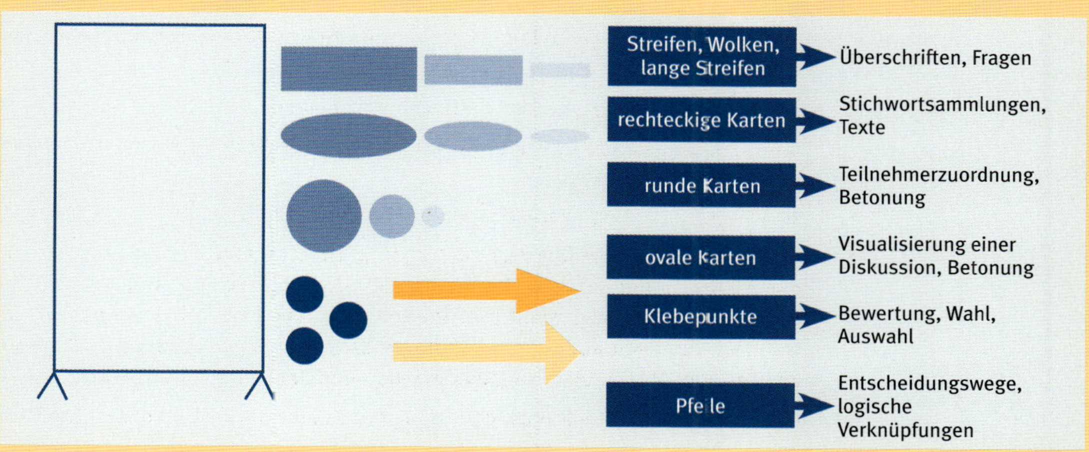

HOT

- **Kartenfrage**

Die Teilnehmer schreiben die Antworten zu der an der Moderationstafel stehenden Frage auf eine oder mehrere Karten. Vom Moderator darf keine Antwort vorweggenommen oder unterdrückt werden. Anschließend werden die Karten vom Moderator eingesammelt und gemeinsam mit der Gruppe nach Themenbereichen sortiert.

- **Zuruffrage**

Auf einer leeren Moderationstafel steht eine Frage/Aussage/Problem. Die Gruppe ruft dem Moderator Antworten zu, die er direkt auf das Plakat der Moderationstafel schreibt. Die Gesprächsbeiträge müssen vom Moderator sinngemäß wiedergegeben werden. Alternativ können die Antworten auf Karten geschrieben werden, die dann von den Teilnehmern an die Moderationstafel gepinnt werden. Die gesammelten Antworten werden anschließend gemeinsam mit den Teilnehmern nach Themenbereichen geordnet.

**Arbeitsauftrag**

*Ihre Klasse möchte sich anlässlich eines Schulinformationstages präsentieren. Die Besucher sollen ausreichend Informationen über die Schulart, Prüfung usw. erhalten.*

1. *Bestimmen Sie aus Ihrer Gruppe eine/eine Moderator/-in.*
2. *Führen Sie eine Moderation zu folgenden Fragen durch:*
   - *Wie wollen wir uns präsentieren?*
   - *Welche Informationen sollen in welcher Form zur Verfügung gestellt werden?*
3. *Präsentieren Sie das Ergebnis an Moderationstafeln.*

# Bildquellenverzeichnis

**1&1 Internet AG, Montabaur**, S. 243
**Arcor AG & Co. KG, Eschborn**, S. 244
**AVERY DENNISON ZWECKFORM Office Products Europe GmbH, Holzkirchen**, S. 263, 264
**Beiersdorf AG, Hamburg**, S. 120
**BITCOM Bundesverband Informationswirtschaft, Telekommunikation und neue Medien e. V., Berlin**, S. 24
**Brother International GmbH, Bad Vilbel**, S. 54
**BV1, Köln/Elisabeth Galas, Bad Breisig**, S. 20, 21, 34, 35, 58, 167, 172, 233
**Bundesministerium des Inneren, Berlin**, S. 253
**CardScan, Cambridge, MA, USA**, S. 59
**Canon Deutschland GmbH, Krefeld**, S. 49, 54, 65
**CASIO Europe GmbH, Norderstedt**, S. 33
**conference-tv GmbH & Co. KG, Hamburg**, S. 265
**Daimler AG/Mercedes Car Group, Stuttgart**, S. 120
**DHL Vertriebs GmbH & Co. OHG, Bonn**, S. 106, 107
**Deutsche Post AG, Bonn**, S. 81, 96, 97, 101, 104, 105, 106, 107, 120, 252,
**Deutsche Telekom AG, Bonn**, S. 222
**Egon Heimann GmbH, Classei-Büroorganisation, Marquartstein**, S. 174, 181
**EPSON Deutschland GmbH, Meerbusch**, S. 52
**Esselte Leitz GmbH & Co KG, Stuttgart**, S. 33, 49, 50, 51, 158, 172, 174, 180, 267
**Fireball – Deutschlands Suchdienst, Zug, CH**, S. 200
**Fotolia Deutschland GmbH, Berlin**, S. 38 (Henne-Design), Seite 139 (patrimonio designs)
**G3 Worldwide Mail (Germany) GmbH/Spring Global Mail, Emmerich**, S. 102
**Google Germany GmbH, Hamburg**, S. 198
**Hewlett-Packard GmbH, Böblingen**, S. 53
**Hund Büromöbel GmbH, Biberach/Baden**, S. 25
**IDEAL Krug & Priester GmbH & Co. KG, Balingen**, S. 90
**Igepa group GmbH & Co. KG, Hamburg**, S. 71
**Initiative Pro Recyclingpapier, Berlin**, S. 71
**Klöber GmbH, Owingen**, S. 23
**Kodak GmbH, Stuttgart**, S. 85
**König+Neurath AG, Karben**, S. 21
**KYOCERA Fineceramics GmbH, Esslingen**, S. 49, 65, 67
**Landesmesse Stuttgart GmbH, Stuttgart**, S. 260
**Leuwico Büromöbel GmbH, Wiesenfeld**, S. 18, 25
**MAPPEI-Organisationsmittel GmbH & Co. KG, Siegen**, S. 182
**MEDION AG, Essen**, S. 69
**MEV Verlag, Augsburg**, S. 31, 158, 168, 214, 260
**Neopost GmbH & Co. KG, Olching**, S. 79, 84, 85, 90, 91, 93, 94, 95, 98
**Océ Deutschland GmbH, Mülheim a. d. Ruhr**, S. 65
**Olympus Europa Holding GmbH, Hamburg**, S. 68, 69
**PIN Group AG, Leudelange, L**, S. 103
**PostCon Deutschland AG, Berlin**, S. 102
**primeMail GmbH, Hamburg**, S. 102
**Project Photos GmbH & Co. KG, Augsburg**, S. 195, 208,
**Sanford GmbH, Hamburg**, S. 86, 88,
**Sedus Stoll AG, Waldshut**, S. 21, 23
**Siemens AG, München**, S. 214, 222, 224, 225, 226, 227, 228, 229, 230, 236
**Sigel GmbH, Mertingen**, S. 59
**Sony Deutschland GmbH, Köln**, S. 69
**Supra Foto Elektronik Vertriebs GmbH, Kaiserslautern**, S. 69
**Tiptel.com GmbH Business Solutions, Ratingen**, S. 230
**TNT Post Holding GmbH, Ratingen**, S. 102
**Toshiba Europe GmbH, Neuss**, S. 44
**UPM-Kymmene Papier GmbH & Co. KG, Augsburg**, S. 49
**WEB.DE (1&1 Mail & Media GmbH), Karlsruhe**, S. 199
**Wilko Hartz, Düsseldorf**, S. 202

# Sachwortverzeichnis